全国渔业船员培训统编教材

农业部渔业渔政管理局 组编

航海与气象

（海洋渔业船舶一级、二级驾驶人员适用）

李 昕 主编

中国农业出版社

图书在版编目（CIP）数据

航海与气象：海洋渔业船舶一级、二级驾驶人员适
用 / 李昕主编 . —北京：中国农业出版社，2017.3（2024.5 重印）
全国渔业船员培训统编教材
ISBN 978 - 7 - 109 - 22608 - 1

Ⅰ.①航…　Ⅱ.①李…　Ⅲ.①航海学-海洋气象学-
技术培训-教材　Ⅳ.①U675.12

中国版本图书馆 CIP 数据核字（2017）第 008135 号

中国农业出版社出版
（北京市朝阳区麦子店街 18 号楼）
（邮政编码 100125）
策划编辑　郑　珂　黄向阳
责任编辑　王森鹤
———————————————
三河市国英印务有限公司印刷　新华书店北京发行所发行
2017 年 3 月第 1 版　2024 年 5 月河北第 2 次印刷
———————————————

开本：700mm×1000mm　1/16　印张：19.5
字数：308 千字
定价：60.00 元
（凡本版图书出现印刷、装订错误，请向出版社发行部调换）

全国渔业船员培训统编教材
编审委员会

全国渔业船员培训统编教材
编辑委员会

主　　编　刘新中

副主编　朱宝颖

编　　委（按姓氏笔画排序）

航海与气象

（海洋渔业船舶一级、二级驾驶人员适用）

编写委员会

主　编　李　昕

副主编　张大恒　　张飞成

编　者　李　昕　　张大恒　　张飞成

　　　　丁纪铭　　于树龙　　丁守忠

　　　　王炳权

丛书序

安全生产事关人民福祉，事关经济社会发展大局。近年来，我国渔业经济持续较快发展，渔业安全形势总体稳定，为保障国家粮食安全、促进农渔民增收和经济社会发展作出了重要贡献。"十三五"是我国全面建成小康社会的关键时期，也是渔业实现转型升级的重要时期，随着渔业供给侧结构性改革的深入推进，对渔业生产安全工作提出新的要求。

高素质的渔业船员队伍是实现渔业安全生产和渔业经济持续健康发展的重要基础。但当前我国渔民安全生产意识薄弱、技能不足等一些影响和制约渔业安全生产的问题仍然突出，涉外渔业突发事件时有发生，渔业安全生产形势依然严峻。为加强渔业船员管理，维护渔业船员合法权益，保障渔民生命财产安全，推动《中华人民共和国渔业船员管理办法》实施，农业部渔业渔政管理局调集相关省渔港监督管理部门、涉渔高等院校、渔业船员培训机构等各方力量，组织编写了这套"全国渔业船员培训统编教材"系列丛书。

这套教材以农业部渔业船员考试大纲最新要求为基础，同时兼顾渔业船员实际情况，突出需求导向和问题导向，适当调整编写内容，可满足不同文化层次、不同职务船员的差异化需求。围绕理论考试和实操评估分别编制纸质教材和音像教材，注重实操，突出实效。教材图文并茂，直观易懂，辅以小贴士、读一读等延伸阅读，真正做到了让渔民"看得懂、记得住、用得上"。在考试大纲之外增加一册《渔业船舶水上安全事故案例选编》，以真实事故调查报告为基础进行编写，加以评论分析，以进行警示教育，增强学习者的安全意识、守法意识。

相信这套系列丛书的出版将为提高渔民科学文化素质、安全意识和技能以及渔业安全生产水平，起到积极的促进作用。

谨此，对系列丛书的顺利出版表示衷心的祝贺！

农业部副部长

2017 年 1 月

前　言

《中华人民共和国渔业船员管理办法》（农业部令2014年第4号）已于2015年1月1日起实施，2014年9月农业部办公厅印发新的渔业船员考试大纲。为了保障水上交通安全和渔业生产作业安全，更好地帮助、指导渔业船员进行适任考前培训和进一步提高渔业船员适任水平，在农业部的领导下，辽宁渔港监督局组织具有丰富教学、培训经验和渔业船舶实际工作经验的专家共同编写了《航海与气象（海洋渔业船舶一级、二级驾驶人员适用）》一书。

本书适用于一等渔业船舶（船长大于45m）和二等渔业船舶（船长24～45m）的船长和船副的适任考试和培训。本书根据《农业部办公厅关于印发渔业船员考试大纲的通知》（农办渔〔2014〕54号）中关于渔业船员理论考试和实操评估的要求编写，全面涵盖渔业船员考试大纲中对航海与气象科目所要求的知识点，并结合渔业船员整体的实际情况，以岗位需求为出发点，理论联系实际，始终围绕渔业船员培训的特点，具有较强的针对性和适用性。本书重点突出渔业船员适任培训和航海实践所需掌握的知识和技能，适用于渔业船员的考试和培训，也可作为渔业船舶管理人员及航海从业人员的业务参考书。

本书的编写以国际、国内和行业的法规、规则及标准为依据，以"必须和够用"为原则，注重理论在实践中的应用。表述通俗易懂，并附有大量的插图和表格，便于学员的理解和应用。航海与气象是渔业船员必须掌握的专业课程，也是理论和实操评估的考试课程。

全书包括地文航海、航海仪器、航海气象三篇，共分十五章，第一至七章为地文航海篇，主要介绍航海基础知识、海图的读识与使用、航迹推算与陆标定位、潮汐知识与潮汐推算、航标与航标表、航海图书资料以及航线与航行方法；第八至十二章为航海仪器篇，主要介绍雷达导航与定位、船载 GPS 与北斗定位系统的使用、船载 AIS 设备操作、磁罗经和陀螺罗经的结构与使用；第十三至十五章为航海气象篇，主要介绍气象学基础知识、天气系统及其天气特征以及船舶气象信息的获取和应用。每节有要点提示，每章有思考题，便于学员的理解和练习。

本书由李昕主编、张大恒和张飞成副主编。第一至四章由李昕编写，第五至七章由丁纪铭编写，第八至十章由张大恒编写，第十一章由于树龙编写，第十二章由丁守忠编写，第十三章由王炳权编写，第十四、十五章由张飞成编写。

由于编者经历及水平有限，教材在内容上很难覆盖全国各地渔业船员的实际情况，不足和差错在所难免，肯请专家、同人和读者多提宝贵意见和建议，以便修订再版时改正。

本书的编写和出版得到了农业部、大连海洋大学、大连海洋学校、各渔业企业以及中国农业出版社等单位的关心和大力支持，在此深表感谢！

编　者

2017 年 1 月

目 录

第二篇　航海仪器

第三篇　航海气象

第一篇

地 文 航 海

第一章　航海基础知识

第一节　地理坐标

本节要点：地理坐标的建立方法；海上常用的距离和速度单位；物标地理能见距离的计算方法；中版海图射程的定义和灯标的最大可见距离计算方法。

一、地球形状

地球是一个不规则的椭球体，航海上为了计算的简便，在精度要求不高的情况下，通常把地球近似看成圆球体，即将该圆球体作为地球的第一近似体（其半径为 6 366 707m）。但在大地测量学、地图、海图学和需要较为准确的航海计算中，则将地球当做两极略扁的旋转椭圆体，作为地球的第二近似体（其长半轴为 6 378 245m，短半轴为 6 356 863m）。

二、地理坐标

1. 地球上的基本点、线、圆

地理坐标是建立在地球旋转椭圆体表面上的，在其上确定了坐标的起算点和坐标线图网，如图 1-1 所示。

（1）**地轴和地极**　地球的自转轴称为地轴。地轴在地球表面上的两交点称为地极。其中位于北极星一端为北极（P_N），另一端为南极（P_S）。

（2）**赤道**　与地轴垂直的大圆称为赤道（QQ'）。它将地球分成南北两个半球，即北半球和南半球。它是度量纬度的起算线。

（3）**纬度圈**　与赤道平行的小圆称为纬度圈（aa'）。

（4）**经线**　通过北极和南极的大圆称为经线。若该经线通过测者，则称为测者经线（图 1-1 中 $P_N A P_S$）

（5）**基准经线**　通过英国格林尼治天文台的经线称为基准经线或格林经

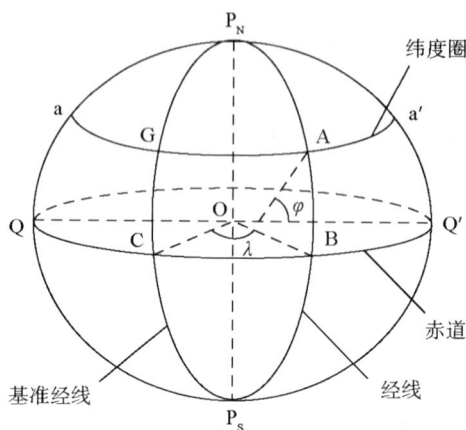

图 1-1　地理坐标

线（图 1-1 中 $P_N G P_S$，G 为格林尼治天文台位置）。基准经线是度量经度的起算线。

赤道与基准经线的交点 C 为地理坐标的原点。

2. 地理坐标

地球表面任何一点的位置都可以用地理坐标，即地理经度和地理纬度来表示，航海上船舶与物标的位置都是用地理坐标来表示的。

（1）经度　通过某点的经线与基准经线在赤道上所夹的小于 180° 的弧长，称为该点的经度，常用符号"λ"表示。经度以基准经线为 000°，向东、西各分为 180°，在基准经线以东的称为东经，以符号"E"表示；以西的为西经，用符号"W"表示。如图 1-1 中，A 点的经度为 CB 弧的度数，或 CB 弧所对应的球心角和极角。表示方法为：$\lambda = 60°47'12''E$。

（2）纬度　某点的纬度是以赤道为准、其椭圆子午线在该点的法线与赤道面的交角，称为该点的纬度，常用符号"φ"表示。纬度以赤道为 000°，向北、向南至地极各分为 90°。在赤道以北的为北纬，用符号"N"表示，以南的为南纬，用符号"S"表示。如图 1-1 所示，表示方法为：$\varphi = 45°23'42''N$。

地理坐标的单位是度（°）、分（'）、秒（"），$1° = 60'$，$1' = 60''$。

三、海上常用的距离和速度单位

1. 海里

海上距离度量单位。规定纬度 1' 所对应的弧长为 1 海里，用符号"n mile"表示。在 1929 年国际水文地理学会议上通过了海里的标准长度。

$$1\text{n mile} = 1\ 852\text{m}$$

因此，在海图上取纬度 1' 所对应的弧长为 1n mile，在计程仪等航海仪器计量距离时取 1 852m 为 1n mile。

2. 链

是海上较小的距离单位，其长度为 1/10n mile，即 1cab = 0.1n mile。

3. 米

国际通用的长度单位，用符号"m"表示，海图上用来表示高程和水深的单位。

4. 节

速度单位，用符号"kn"表示，1kn＝1n mile/h。"kn"在传真图上显示为"KT"。

四、物标地理能见距离

1. 测者能见地平距离

在海上，具有一定眼高 e 的测者 A 向周围大海眺望，所能看到的最远处，水天似相交成一个圆圈 BB′，这圆圈所在的地平平面或者自测者至 BB′ 这一小块球面，叫做测者能见地平平面或视地平平面，圆圈 BB′，就是测者能见地平或视地平，俗称水天线（图1-2）。自测者 A 至测者能见地平的距离 AB，称为测者能见地平距离，用 De 表示。

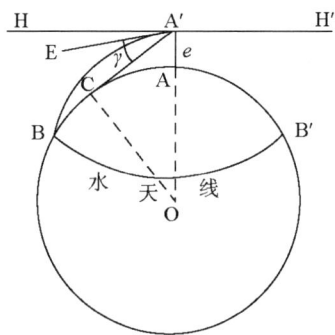

图1-2　测者能见地平距离

不考虑大气的影响，测者最远应当看到 C 点，但是，由于地球表面处于大气的包围之中，通常大气密度随高度的增加而逐渐减小，当光线通过不同密度的大气层时，将发生折射，因此，通过测者眼睛的光线不是以直线 A′C 到达 C 点，而是沿弧线 A′B 到达 B 点的。A′B 的切线方向 A′E 与 A′C 之间的夹角，称为地面蒙气差 γ，γ 越大，测者能见地平距离越大；反之，γ 越小，测者能见地平距离也越小。

测者能见地平距离还与测者眼高和地面曲率有关。将地球看成旋转椭圆体，可以得到：

$$De（n\ mile）＝2.09\sqrt{e}$$

式中　De——测者能见地平距离（n mile）；

　　　 e——测者眼高（m）。

2. 物标能见地平距离

假如测者眼睛位于物标顶端，此时测者的能见地平距离，叫做物标能见地平距离，用 D_h 表示。它等于能见度良好情况下，测者眼高为零时，理论上所能看见物标的最大距离。与测者能见地平距离一样，物标能见地平距离可由下式求得：

$$D_h \text{ (n mile)} = 2.09\sqrt{H}$$

式中　D_h——物标能见地平距离（n mile）；

　　　H——物标顶端距海平面的高度（m）。

3. 物标地理能见距离

能见度良好时，仅由于地面曲率和地面蒙气差的影响，测者理论上所能看到物标的最大距离叫做物标的地理能见距离，用 D_o 表示（图1-3）。

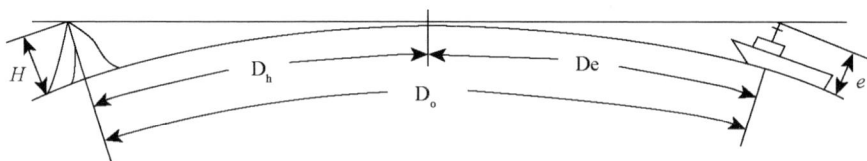

图1-3　物标地理能见距离

物标地理能见距离可由下面公式求得：

$$D_o \text{ (n mile)} = De + D_h = 2.09\sqrt{e} + 2.09\sqrt{H}$$

式中　e——测者眼高（m）；

　　　H——物标高度（m）；

　　　D_o——物标地理能见距离（n mile）。

实际上，测者所能看见物标的最远距离，还与当时的能见度，即大气透明度和人们眼睛能发现物标的分辨率等有关，因此白天发现物标的最远距离往往要小于物标的地理能见距离。

五、灯标射程与可见距离

为了引导船舶航行，在航道附近的岛屿、海岸上设有灯标，并标有灯标的灯光射程，简称灯标射程。

1. 灯标射程的定义

在中版海图和中版《航标表》中，关于灯标射程的定义是：晴天黑夜，当测者眼高为5m时，理论上能够看见灯标灯芯的最大距离。

晴天黑夜，灯光所能照射的最大距离，叫做光力能见距离。如光力能见距离大于或等于5m眼高时的灯标地理能见距离，则灯标射程等于测者眼高为5m时的地理能见距离；否则，当光力能见距离小于5m眼高时的灯标地理能见距离时，灯标射程等于其光力能见距离。航海上习惯将前者称为强光灯标，而将后者称为弱光灯标。

2. 初显与初隐

灯塔是一种重要的航标，其灯光强度较强。夜间观测灯塔灯光时，如灯塔的灯光强度足够强，则可能会出现初显（初隐）现象。晴天黑夜，船舶驶近（驶离）灯塔时，灯塔灯芯初露（初没）测者水天线的瞬间；即测者最初（最后）能够直接看到灯塔灯光的时刻，叫做灯光初显（初隐）。

显然，并不是所有的灯塔都会出现初显（初隐）现象。通常，只有当灯塔的光力能见距离大于或等于该灯塔的地理能见距离时，才会出现初显（初隐）现象。

中版海图和《航标表》中所提供的射程，是该灯塔光力能见距离和5m眼高地理能见距离中较小者。鉴于航海上测者眼高普遍都在5m以上，因此只有强光灯塔才可能有初显（初隐），弱光灯塔一般不会有初显（初隐）。

3. 灯塔灯光最大可见距离

中版海图和《航标表》中灯塔灯光最大可见距离，取决于该灯塔的灯光强度。能见度良好条件下，强光灯塔可能存在初显（初隐），灯光最大可见距离等于灯塔的初显（初隐）距离，即该灯塔的地理能见距离；弱光灯塔一般无初显（初隐），该灯塔灯光最大可见距离等于其射程。

在实际中，由于大部分船舶的测者眼高都会超过5m，关于灯塔灯光最大可见距离需要通过计算来求得。

首先计算在5m眼高下的灯标地理能见距离，然后将标注射程与其比较，如果整数部分相等，则该灯标是强光灯标；如果标注射程小于5m眼高下的灯标地理能见距离，则该灯标是弱光灯标。对于强光灯标，当眼高超过5m时，测者可以在更远的地方看见灯标，灯标灯光最大可见距离等于实际眼高下的灯标地理能见距离；对于弱光灯，灯标灯光最大可见距离等于该灯标的光力射程即灯标标注的射程。

例1-1：中版海图某灯塔灯高40m，图注射程16n mile，已知测者眼高16m，求该灯塔灯光的最大可见距离 D_{max}

解：$D_o = 2.09 (\sqrt{5} + \sqrt{40}) = 17.9$ n mile

因为17.9n mile取整为17n mile，大于标注射程，该灯塔为弱光灯，无初显或初隐，所以：

$$D_{max} = 射程 = 16 \text{n mile}。$$

例 1-2：中版海图某灯塔灯高 81m，图注射程 23n mile，已知测者眼高 16m，求该灯塔灯光的最大可见距离 D_{max}。

解：$D_0 = 2.09 (\sqrt{5} + \sqrt{81}) = 23.5$n mile

因为 23.5n mile 取整为 23n mile，等于标注射程，该灯塔为强光灯，有初显或初隐，所以：$D_{max} = D_0 = 2.09 (\sqrt{16} + \sqrt{81}) = 27.2$n mile。

第二节　航向与方位

本节要点：方向的确定和划分方法；航向、方位和舷角的定义和计算。

一、方向的确定与划分

1. 四个基准方向的确定

测者的方向是建立在测者地面真地平平面上的，测者地面真地平平面即经过测者眼睛的地平平面（如图 1-4 中 A′SENW）。测者子午线在测者地面真地平平面上的投影为测者的南北线，靠近北极的一侧为北，反方向为南。在测者地面真地平平面上过测者并与南北线垂直的直线为东西线。地球自转方向为东，反方向为西。这样就确定了测者的北（N）、东（E）、南（S）、西（W）四个基准方向。在海上，当测者面北背南时，其右手方向为东，左手方向为西（图 1-4）。

2. 航海上方向的划分

为了适应航海上需要，仅在地球上确定北、东、南、西四个基本方向是远远不够的，需将方向作更详细的划分。

（1）圆周法　是目前航海上表示方向最常用的方法。它以正北为 000°，顺时针计量 360° 其中东为 090°，南为 180°，西为 270°（图 1-5）。凡是用圆周法度量的方向必须用三位数表示，不足三位时，用 0 补位，如 005°，010°等。

（2）半圆法　以正北或正南为 0°，向东或向西各划分为 180°，其表示方向的方法除度数外，还必须标明起算点和

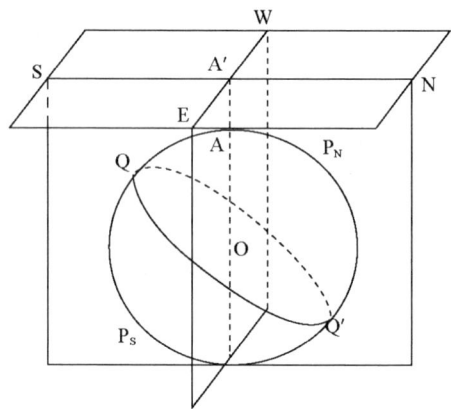

图 1-4　方向的确定与划分

计算方向，即在度数的后面，标出两个字母，第一个字母表示计算的基准点（北或南），第二个字母表示计算的方向（东或西），如 120°NE、50°SW 等。

半圆法主要用在航海天文计算中，表示天体的方位。

（3）罗经点法 以真北为基准，将整个圆周划分为 32 个等分，得 32 个方向点，每个方向点称为一个罗经点。如图 1-5 所示，这种方法精度不高，目前仅用于表示风向和流向。1 点＝11.25°或 1 点＝11°15′。

图 1-5 圆周法与罗经点法示意图

二、航向、方位和舷角

1. 航向

（1）航向线 船首尾线向船首方向的延长线。

（2）航向 以北方向线为准顺时针量至航向线的角度。

由于向位换算存在着三个北，即真北、磁北和罗北，所以以不同的北为准量出的航向也分为真航向（TC）、磁航向（MC）和罗航向（CC）（图 1-6）。

2. 方位

（1）方位线 目标与船舶的连线在测者地面真地平平面上的投影。

（2）方位 以北方向线为准顺时针量至方位线的角度。同样方位也分为真方位（TB）、磁方位（MB）、罗方位（CB）（图 1-7）。

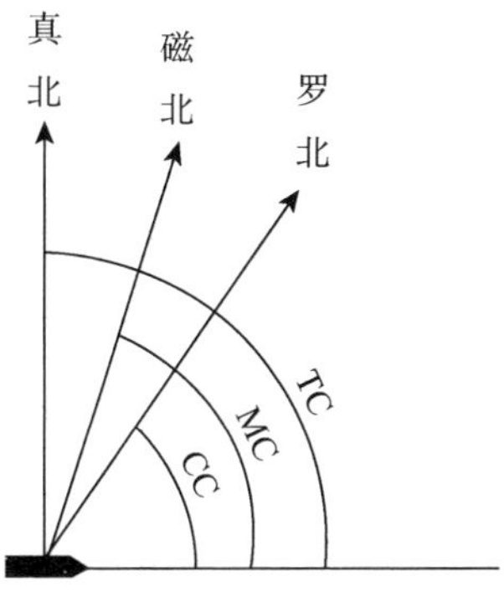

图 1-6 航向划分示意图

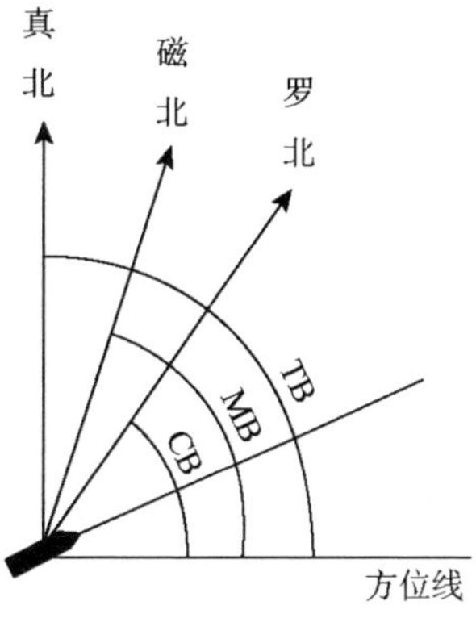

图 1-7 方位划分示意图

3. 舷角

航向线与物标方位线间的夹角，称为舷角，用"Q"表示（图1-8）。舷角有以下两种度量方法。

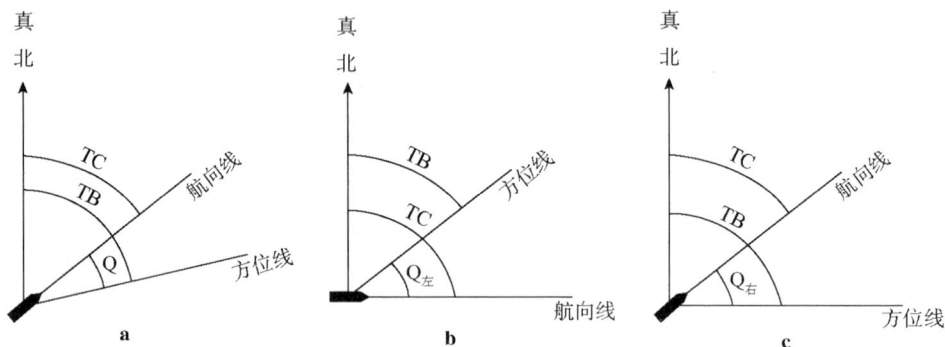

图 1-8 舷角划分示意图

①以船首为000°，顺时针量至物标方位线，范围为0°～360°，如图1-8a所示。

例如：Q＝320°

计算公式：方位＝航向＋舷角

②以船首为0°向左或向右量至物标方位线，范围为0°～180°，分别称为左舷角和右舷角。如图1-8b和图1-8c所示。

例如：$Q_左 = 50°$，$Q_右 = 20°$

计算公式：方位＝航向＋舷角

其中：右舷角为正（＋），左舷角为负（－）

第三节 向位换算

本节要点：磁差、自差和罗经差的定义、求取方法以及使用注意事项。

航海上最常用的指向仪器是磁罗经或陀螺罗经，用它们测定航向、方位时，由于它们的基准北是罗经北或陀罗北，因此读出的是罗方位、罗航向或陀罗方位、陀罗航向。要想在海图上画出以真北为基准的真方位、真航向时，必须先经过必要的换算。这种不同基准北之间的航向和方位的换算，称为向位的换算。

一、陀螺罗经向位和陀罗差

1. 陀螺罗经

陀螺罗经俗称电罗经，它是根据高速旋转的陀螺仪受阻尼作用后能保持其旋转轴在真子午面内的原理制成的。陀螺罗经是一种不受地磁场和电磁场影响的，具有较大指北力的电动机械仪器，它能带动若干分罗经，分别安装在驾驶台、驾驶台两翼、海图室等。它是船上比较理想的测定航向和方位的仪器，得到广泛应用。

2. 陀罗差

陀螺罗经的误差称为陀罗差 ΔG，是陀罗北偏开真北的夹角。以真北为基准，陀罗北偏在真北的东面时，称东陀罗差，用符号"E"或"＋"表示，偏西时称西陀罗差，用符号"W"或"－"表示（图1-9）。

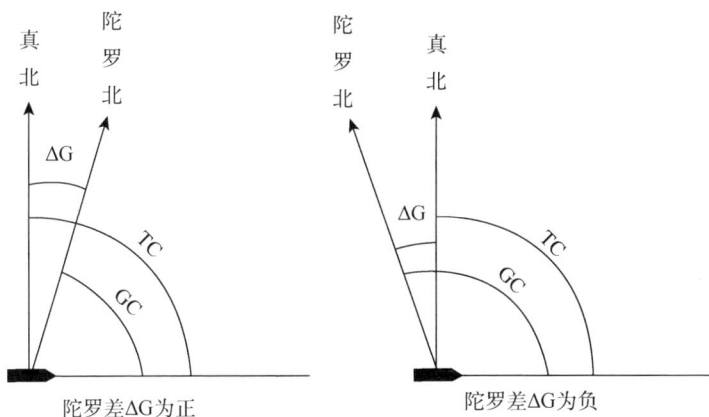

图1-9 陀罗差示意图

真航向 TC＝陀螺航向 GC＋陀罗差 ΔG

真方位 TB＝陀罗方位 GB＋陀罗差 ΔG

以上公式在代数运算中，东陀罗差取"＋"，西陀罗差取"－"。

例1-3：某船陀罗航向 GC＝315°，测得物标陀罗方位 GB＝080°，若陀罗经差 ΔG＝1°W，求真航向和真方位？

解：TC＝GC＋ΔG＝315°＋（－1°）＝314°

TB＝GB＋ΔG＝080°＋（－1°）＝079°

例1-4：某船陀罗航向 GC＝315°，测得物标陀罗方位 GB＝080°，若陀罗经差 ΔG＝1°E，求真航向和真方位？

解：TC＝GC＋ΔG＝315°＋（1°）＝316°

TB＝GB＋ΔG＝080°＋（1°）＝081°

二、磁罗经向位和罗经差

1. 磁罗经

磁罗经是海上用来指示方向的重要仪器，它是根据水平面内自由旋转的磁针受地磁作用后能稳定在磁北方向上的特点而制成的。根据其结构可分为干罗经和液体罗经两种（目前船上绝大多数使用液体罗经）；按其用途又可分为标准罗经和操舵罗经等。

2. 磁差、自差与罗经差

（1）**磁差 Var** 地球是一个大磁体，其靠近地球北极的磁极称为磁北极，磁北极的方向称为磁北，地球北极的方向称为真北。由于地球北极与磁北极不重合，使磁北与真北之间有一夹角，称为磁差，用符号"Var"表示（图 1-10）。

磁北偏在真北的东面称磁差偏东，用"E"或"＋"表示，如磁差偏东 6°，记为 6°E 或＋6°；磁北偏在真北的西面称磁差偏西，用"W"或"－"表示。如磁差偏西 6°，记为 6°W 或－6°（图 1-10）。

真航向 TC＝磁航向 MC＋磁差 Var

真方位 TB＝磁方位 MB＋磁差 Var（图 1-11）

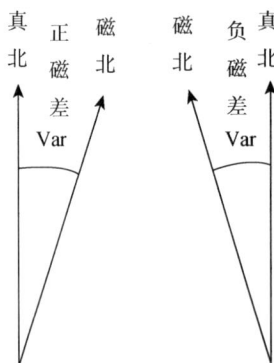

图 1-10　磁　差

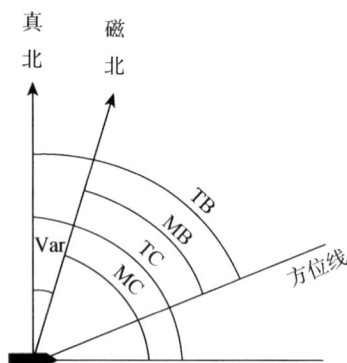

图 1-11　真磁向位换算

磁差随下列因素变化：

①因地而异。磁差值是随着地区的变化而变化的（图 1-12）。其中 A 点为东磁差，B 点为西磁差，C 点磁差为 0，D 点磁差为 180°。我国沿岸多为

西磁差，其数值从北向南逐渐减小。

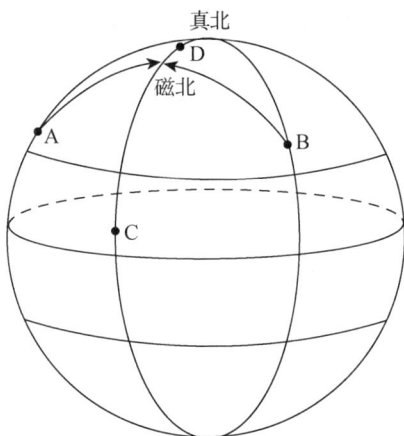

图 1-12　磁差地理变化

②随时间变化。由于磁极是围绕地极作椭圆周运动，每 650 年转动一周，因此对于任一地区来说，磁差每年都在变化。我们把磁差每年的变化量叫年差。年差有两种表示方法：

一种是新版海图上"E"和"W"表示方式；

本年度磁差＝海图上磁差＋年差×相隔年数

另一种是磁差绝对值变化的方式，用"＋"和"－"表示。其中使磁差绝对值增大的年差我们称之为正年差，用"＋"表示，使磁差绝对值减小的年差我们称之为负年差，用"－"表示。某地海区磁差和年差在海图罗经花（方向圈）中有注明。

本年度磁差＝［海图上磁差的绝对值＋（年差×相隔年数）］磁差方向

例 1-5：查找某海图罗经花，磁差为 $7°52'E$，年差 $2'E$（2006）求 2016 年该地的磁差？

解：2016 年该地的磁差＝$7°52'E+2'E×(2016-2006)=8°12'E$

例 1-6：查找某海图罗经花，磁差为 $7°32'W$，年差 $-0.5'$（2006），求 2016 年该地的磁差？

解：2016 年该地的磁差＝$[7°32'+(-0.5')×(2016-2006)]W=7°27'W$

③地磁异常和磁暴。在地面上有些地区的磁差值与周围地区存在着较大的差异，叫做地磁异常现象。这可能与当地有大量磁性矿物有关。在海图和航海资料中，通常都注有"异常磁区"的字样和提供有关的说明。磁暴是由于极光和太阳黑子数量的变化而引起地磁偶然和罕见的波动，这时磁差在一昼夜间可能变化几度到几十度。

（2）自差（Dev）　现代船舶上有许多铁磁材料，这些材料被地磁磁化后带上磁性称为船磁。磁罗经在地磁场和船磁场的共同作用下，罗经的北将指向其合力方向，即罗经北（简称罗北）。

罗北与磁北之间的夹角称为自差，用"Dev"表示（图 1-13）。

自差以磁北为基准，罗北偏在磁北东边称自差偏东，用"E"或"+"表示，如自差偏东 1°，记为 1°E 或 +1°；罗北偏在磁北西边称自差偏西，用"W"或"—"表示，如自差偏西 2°，记为 2°W 或 −2°（图 1-13）。

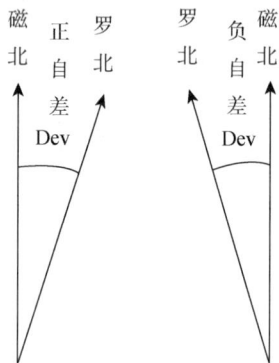

图 1-13　自　差

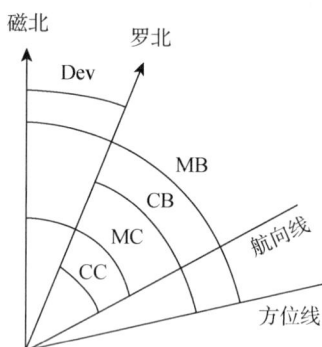

图 1-14　磁罗向位换算

磁航向 MC＝罗航向 CC＋自差 Dev

磁方位 MB＝罗方位 CB＋自差 Dev（图 1-14）

自差随下列因素变化：

①航向不同，自差不同。由于船磁与船首向和地磁磁力线的相对位置有关，所以自差的大小是随着航向的变化而变化。磁罗经在进行校正后，要将剩余的自差制成自差表供驾驶人员在航行中进行向位换算。

表 1-1　××轮标准罗经自差表

观测地点：吴淞口

自　差	罗　经　航　向		自　差
+2°.8	000°	360°	+2°.8
+2°.6	015°	345°	+2°.6
+2°.0	030°	333°	+2°.3
+1°.2	045°	315°	+2°.0
+0°.1	060°	300°	+1°.9
−1°.2	075°	285°	+1°.8
−2°.5	090°	270°	+1°.9
−3°.4	105°	255°	+2°.0
−3°.9	120°	240°	+1°.9
−3°.8	135°	225°	+1°.8

（续）

自　差	罗 经 航 向		自　差
-3°.1	150°	210°	+1°.2
-2°.2	165°	195°	+0°.2
-1°.0	180°	180°	-1°.0

表 1-1 为某渔船测定的自差表，根据罗航向可查出其相应的自差值。当船舶的罗航向与表列罗航向相差不大时，可用最靠近的表列罗航向查取自差，若相差较大时，可用内插法估算。

②船磁改变，自差改变。在修船后或装有磁性物质时、或长期停泊装卸、或长期航行在一个固定航向上，船磁都可能发生变化，自差也将随之改变。

③随纬度变化而变化。如果航行的纬度变化较大，自差也将有所改变。如果船舶航行的纬度范围在 10°之内时，可以不考虑。

（3）**罗经差（ΔC）** 真北与罗北之间的夹角叫罗经差，用符号"ΔC"表示。罗经差是磁差与自差的代数和。

罗北偏在真北的东面，罗经差为正，用符号"E"和"+"表示。罗北偏在真北的西面，罗经差为负，用符号"W"和"-"表示。因为影响磁罗经差的因素较多，因此须经常测定，定期校正（图 1-15）。

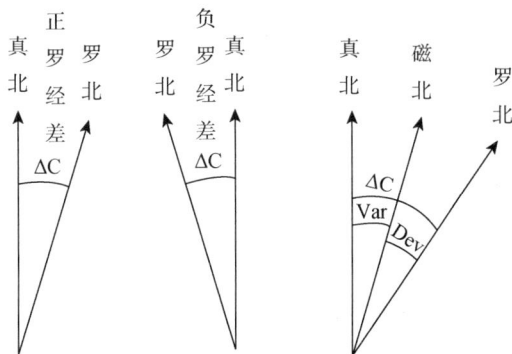

图 1-15　罗经差

罗经差 ΔC＝磁差 Var＋自差 Dev

真航向 TC＝罗航向 CC＋罗经差 ΔC

真方位 TB＝罗方位 CB＋罗经差 ΔC

（4）**向位换算** 利用基本的运算公式进行计算。在计算过程中注意自差、磁差和罗经差的正负号。所用公式如下：

$$TC=MC+Var \qquad TB=MB+Var$$
$$MC=CC+Dev \qquad MB=CB+Dev$$
$$\text{或}$$
$$TC=CC+\Delta C \qquad TB=CB+\Delta C$$
$$\Delta C=Var+Dev \qquad \Delta C=Var+Dev$$

例 1-7：已知 $Var=5°20'E$、$Dev=1°24'W$、求 $\Delta C=?$

解：$\Delta C = Var+Dev$
$= 5°20'E+1°24'W$
$= 5°20'+(-1°24')$
$= 3°56'$

例 1-8：某船罗航向 $CC=140°$，测得物标罗方位 $CB=045°$，若罗经差 $\Delta C=2°E$，求真航向和真方位？

解：$TC=CC+\Delta C=140°+2°=142°$
$TB=CB+\Delta C=045°+2°=047°$

例 1-9：某船罗航向 $CC=140°$，测得物标罗方位 $CB=045°$，若罗经差 $\Delta C=2°W$，求真航向和真方位？

解：$TC=CC+\Delta C=140°+(-2°)=138°$
$TB=CB+\Delta C=045°+(-2°)=043°$

第四节　航速与航程

本节要点：航速与航程的含义；测定船速的方法。

一、航速与航程

航程是船舶航行经过的距离，用 S 表示，航海上一般采用海里作为航程的单位。单位时间内的航程称为船舶的航行速度，用 v 表示，航速的单位为节（kn），1kn 等于每小时航行 1n mile. 即 1kn＝1n mile/h。航海上习惯将船舶在无风流影响下的航行速度称为船速 v_E，而将船舶对地航行速度称为航速 v_G。

二、测定船速的方法

在航海实践中，船舶对地航速往往是通过船速和风流要素求得的。因此，如何求得准确的船速，对于航海来说是非常重要的。常用的测定船速方法有以下三种。

1. 用推进器转速测定船速

船舶是由主机带动螺旋桨转动，利用螺旋桨推水的反作用力使船前进的。螺旋桨每分钟转速（RPM）和船速（v_E）间有着直接的关系。

理论上螺旋桨在固体中旋转一周所推进的距离，叫做螺距，单位为：米/转（m/r）。但船舶螺旋桨是在水中工作的，再加上船舶存在很大的阻力，因此船舶实际被推进的距离小于螺距。螺旋桨螺距与实际推进距离之差，叫做螺旋桨的滑失，而滑失与螺旋桨螺距比的百分率，称为滑失比，在实际中，通常用下式计算：

$$滑失比 = \frac{主机理论航程 － 船舶对水航程}{主机理论航程} \times 100\%$$

所以：

$$船舶对水航程 ＝ 主机理论航程 \times （1 － 滑失比）$$

上式中：如取主机 1h 的理论航程，即可得到：

船速（kn）＝螺距（m/r）×推进器转速（r/min）×60×（1－滑失比）÷1 852：滑失比是一个变数，它随船舶吃水、吃水差、风浪和船壳滋生附着物等航行条件的变化而变化。

2. 利用叠标测定船速

在一些重要港口附近设有测速场，可用来测定船速。测速时最好选择在高潮或低潮时进行，此时流最小，对测速的影响也最小。船舶按指定航向航行，分别记下船通过两组叠标的时间，两组叠标之间的距离已经给出，即可求出船速（图 1-16）。

测定船速时，根据水域内不同的水流条件，按下列方法进行：

①无水流影响，在船速校验线上测定 1 次，并按下式求取船速：

$$v_E = \frac{2S \text{ (m)}}{T \text{ (s)}} \text{ (kn)}$$

②在恒流影响下，往返重复测定 2 次，分别求出 v_1、v_2，再按下式求取平

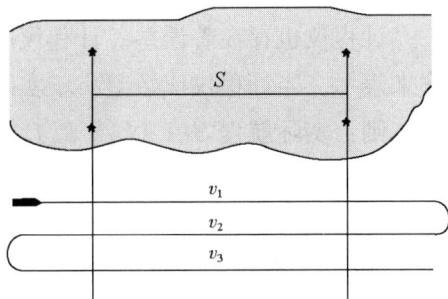

图 1-16　测速场

均船速：

$$v_E = \frac{v_1 + v_2}{2}$$

③在等加速水流影响下，往返重复测定 3 次，分别求出 v_1、v_2、v_3，再按下式求取平均船速：

$$v_E = \frac{v_1 + 2v_2 + v_3}{4}$$

④在变加速水流影响下，往返重复测定四次，分别求出 v_1、v_2、v_3、v_4，再按下式求取平均船速：

$$v_E = \frac{v_1 + 3v_2 + 3v_3 + v_4}{8}$$

3. 利用计程仪测定航速

船用计程仪是船舶测定航速和航程的主要仪器。按照计程仪能够提供的航速和航程的性质，可分为相对计程仪和绝对计程仪两种。

相对计程仪测量的是船相对于水的速度和航程，如电磁式计程仪和水压式计程仪。

绝对计程仪测量的是船相对于地的速度和航程，如多普勒计程仪和声相关计程仪。

目前，船上安装的计程仪多数是相对计程仪。计程仪可以显示船舶的瞬间速度和航程，船舶对水速度可以通过两个时间的计程仪读数差除以时间间隔来得到。即：

$$v_L = \frac{L_2 - L_1}{t_2 - t_1}$$

其中：v_L 是计程仪测定的航程；L_1 和 L_2 分别为 t_1 和 t_2 时间的计程仪读数。

计程仪也存在着误差。计程仪的误差称为计程仪改正率（ΔL），用百分率来表示。当计程仪读数差小于实际航程时，ΔL 为"＋"，反之为"－"。

则：实际航程 $S = (L_2 - L_1) \times (1 + \Delta L)$

计程仪改正率的测定也在测速叠标进行。

无水流影响，在船速校验线上测定 1 次，分别记下船舶通过两组叠标时的 L_1 和 L_2，利用下式求得 ΔL。

$$\Delta L = \frac{S - (L_2 - L_1)}{L_2 - L_1} \times 100\%$$

在恒流情况下，往返重复测定 2 次，分别求出 ΔL_1、ΔL_2，再按下式求取平均 ΔL。

$$\Delta L = \frac{\Delta L_1 + \Delta L_2}{2}$$

在等加速水流情况下，往返重复测定 3 次，分别求出 ΔL_1、ΔL_2 和 ΔL_3，再按下式求取平均 ΔL。

$$\Delta L = \frac{\Delta L_1 + 2\Delta L_2 + \Delta L_3}{4}$$

在变加速水流情况下：往返重复测定 4 次，分别求出 ΔL_1、ΔL_2、ΔL_3 和 ΔL_4，再按下式求取平均 ΔL。

$$\Delta L = \frac{\Delta L_1 + 3\Delta L_2 + 3\Delta L_3 + \Delta L_4}{8}$$

第五节　时　　间

本节要点：视时与平时、时区与区时的定义和确定方法；船时、日界线和法定时在航海上的用途。

时间是人们日常生活中不可或缺的重要概念，在航海中尤为重要，没有确定的时间，就没有确定的船位。有关时间的基本知识，是学习航海有关知识的重要内容。

地球每日自西向东自转，相对产生了天体自东向西的周日视运动，以天体视运动一周的时间作为度量时间的单位，称为一日。

一、视时与平时

1. 视太阳日、视太阳时

（1）视太阳日　太阳绕地球视运动一周（即地球相对太阳自转一周）的时间称为一个视太阳日。太阳处于子半圈时作为一视太阳日的开始。

（2）视太阳时（视时）　太阳中心由某地子半圈起，向西运行所经历的时间间隔称为视时。

由于测者所处经度不同，对应的子半圈也不同，因此视时具有地方性。另外，由于太阳在天赤道上不是匀速运动的，导致视太阳日的长短逐日不等，因此视时不适合作为时间单位。

2. 平太阳日、平太阳时

（1）平太阳日　平太阳是一个假想的天体，它在天赤道做匀速圆周运动，其速度等于视太阳运动的平均值。在周日视运动中，平太阳绕地球视运动一周的时间称为一个平太阳日。平太阳处于子半圈时作为一平太阳日的开始。

为了度量时间方便，将一个平太阳日等分为24h，1h等分为60min，1min等分为60s。1年＝365.242 2平太阳日。

（2）平太阳时（平时）

①地方平时（地方时）。平太阳由某地子半圈起，向西运行所经历的时间间隔称为地方平时。

②世界时（格林平时）。平太阳由格林子半圈起，向西运行所经历的时间间隔称为世界时。用世界时表示时，除了时间还应当注明日期。

由于平太阳日的长短是固定的，所以平时是1972年以前国际上公认的时间计量单位。1972年以后国际采用协调世界时。它与世界时相差±0.9s，体制仍沿用世界时体制，因此协调世界时的更换对人们的生活、工作无明显影响。

二、区时与时区

由于地方时是以各地的子圈为基准起算的，所以在不同的经度上，在同一瞬间就有各不相同的地方时。这在实际生活中人们是无法使用的。如果全世界采用同一时间。假定都采用世界时。那么，有的地方是黎明，有地方是在午夜，这样也不方便。为了解决这个问题，1884年国际天文学会议在平时的基础上提出了区时的建议，即划定某一区域的人们统一使用相同的时间，这就出现了时区和区时。

1. 时区的划分

全球按经度划分为24个时区。以0°经线为基准。向东、西各取7°30′，共计经度15°划分为一个时区。称0时区。0°经线是该时区的时区中线。从0时区东西边界开始。向东、西每隔经度15°划分一个时区，依次为东一时区至东十二时区，向西划分依次为西一时区到西十二时区。180°经线将十二时区划分为两半，各包括经度7°30′，分别称为东十二时区和西十二时区。因此，航海上也称做二十五个时区。

东时区分别用区号－1，－2，…，－12表示，西时区分别用区号＋1，

＋2，…，＋12 表示。如东八区用区号－8 表示（图 1-17）。

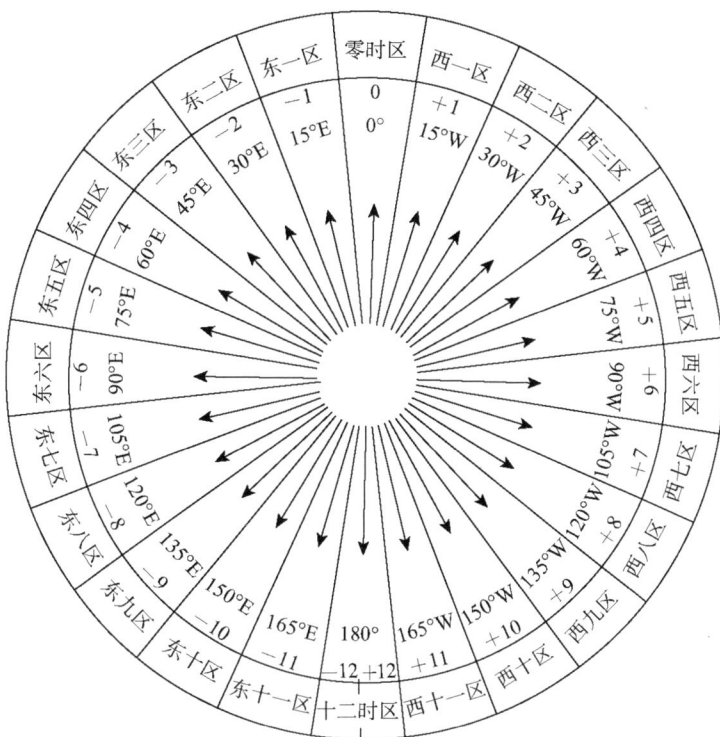

图 1-17　时区图

2. 区时

以时区中线的地方时作为该时区共同使用的时间称为区时。

这样，0 时区的区时就是世界时。两时区中线的经度相差 15°，时间相差 1h。东、西十二区共同使用 180°经线的地方时，但日期相差 1 天。各时区的区号正好等于该时区区时与世界时相差的小时数。

$$世界时＝区时＋区号$$

三、船时、日界线和法定时

1. 船时

在船上，我们使用船钟所指示的时间，称为船时。船钟一般指示船舶所在海区的区时，用小时和分钟四位数表示。如 13 点 30 分表示为 1330。

由于相邻两个时区的区时相差一个小时，因此当船舶由一个时区进入另一时区时，区时发生了变化，船时也要相应的变化，需要驾驶员"拨钟"。

船舶向东航行进入相邻时区时，应当将钟拨快 1h；船舶向西航行进入相邻时区时，应当将钟拨慢 1h。

2. 日界线

根据时区的划分及其与世界时的关系，东十二区的区时比世界时大 12h，西十二区的区时比世界时小 12h。由此可知，东、西第十二区的区时相同，日期恰好相差一天。人们把东、西第十二时区的分界线，即 180°经线，称为国际日期变更线，简称日界线。由于 180°经线在太平洋有些地方穿越岛屿和陆地，为了照顾附近居民生活的方便，日界线避开了这些岛屿和陆地。便成为基本按照 180°经线画出的一条折线。具体划分情况，可查阅世界时区图和世界地图。

船舶通过日界线时，船上钟表时间不变，但日期应当修正一天。如果从东十二区进入西十二区，日期应当减一天；从西十二区进入东十二区，日期应当加一天（图 1-18）。

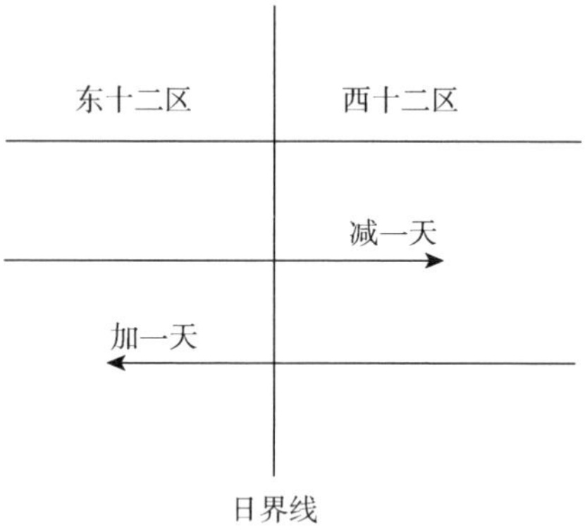

图 1-18　日界线

3. 法定时

原则上建议生活在相应时区的人们使用该时区的区时作为日常工作生活的标准时，但是各个国家情况不同，需要根据本国国情来决定本国的标准时。例如，我国幅员辽阔，经度从 73°E 至 135°E 横跨五个时区（东五区到东九区），统一采用东八时区的区时作为标准时（北京时间）。还有一些国家没有采用本国所在区时，而是采用指定的时间作为标准时。例如，法国、西班牙等国位于零时区，却采用东一区的区时作为标准时；伊朗采用东 3.5 区的时间作为标准时。

有些国家规定本国的标准时在夏季提前 1h 或 0.5h，称为夏令时。夏季过后又恢复原来的标准时。

世界各国的标准时，是根据本国国情由立法机关和行政当局以法令形式制定和颁布，因此又称为法定时。

船舶在大洋中航行，船钟指示所在时区的区时。当船舶航行在某国沿岸水域时，由船长根据具体情况决定是使用该时区的区时还是该国的标准时。

思考题

1. 地理坐标是怎样构成的？

2. 试述地理经度和地理纬度的概念、度量方法。

3. 试述海里的定义，海里的长度随着什么因素的改变而改变，国际规定 1n mile 的长度是多少？

4. 试述测者能见地平距离、物标能见地平距离和物标地理能见距离概念和计算。

5. 我国灯标射程是如何定义的？

6. 试述灯标初隐、初显概念以及中版航海图书资料中灯标实际能见距离的计算方法。

7. 试述航海上方向的三种划分方法及相互之间的换算方法。

8. 试述航向、方位和舷角的概念、度量方法，以及它们相互之间的关系。

9. 试述磁差、自差和罗经差的成因和相互关系。

10. 试述影响磁差、自差变化的因素。

11. 试述磁差的获取方法、年差的计算方法。

12. 试述自差的获取方法。

13. 向位换算

	TB	TC	MC	CC	Var	Dev	ΔC	Q
1	335°		322°	324°			−9°	
2		125°		127°		−7°		
3	174°	254°		250°	+7°			

14. 测量船速的方法有哪些？

15. 如何在测速场测定船速和计程仪改正率？写出计算公式。

16. 试述视时和平时的定义和特点。

17. 试述时区的划分和区时的应用。

18. 试述船时、法定时和日界线的定义及其在航海上的应用。

第二章　海　　图

海图是地图的一种，是为航海需要而专门绘制的一种地图。它详细绘画了航海所需要的资料，如岸形、岛屿、礁石、沉船、助航标志、水深点、底质、水流等。海图是航海的重要工具之一。在航行前制定航行计划，拟定计划航线，航行中进行航迹推算、定位、航行后总结航行经验，发生海事后判断事故责任等，都离不开海图。

第一节　海图比例尺和常见的投影方法

本节要点：海图比例尺的定义；常见的海图投影方法。

一、海图比例尺

任何一张地图都是将实际的地球表面缩小后绘制而成的，缩小的程度一般用比例尺来表示，一般来说：

$$比例尺 = \frac{图上任意线段的长度}{地面上相对应的实际长度}$$

因而，任何一张海图都标有比例尺，它是用某点或某线的局部比例来表示的，这个比例尺作为基准比例尺。在图幅内其余位置的比例尺都与基准比例尺不同，如某海图图名下注有 1∶300 000（基准纬度 37°）就是该图的基准比例尺，表示在该图上，只有在 37°纬线上比例尺为 1∶300 000，而高于37°纬度处的比例尺比基准比例尺大，低于时就小。

比例尺的表示方法通常有两种：数字比例尺和直线比例尺。数字比例尺用若干数字来表示。例如 1∶300 000 或 1/300 000，它表示图上基准点处，一个单位长度等于地面上 30 万个相同单位的长度。直线比例尺一般用比例图尺绘画在海图标题栏内或图边适当的地方。

海图比例尺还决定着图上所绘制的资料的详细程度，比例尺越大，图上所绘制的资料就越详细、准确，海图的可靠性程度就越高。因此，在进行海图作业时，应根据航区的特点，尽可能选择较大比例尺的海图，以便能够获得更详细的航海资料和提高海图作业的精度。

二、常见的海图投影方法

1. 平面投影（方位投影）

将地球表面上的经、纬线投影到与球面相切或相割的平面上去的投影方法。平面投影大都是透视投影，即以某一点为视点，将球面上的图象直接投影到投影面上去（图 2-1）。

根据视点的位置不同可以分为：外射投影（视点在地球外）、极射投影（视点在球面）和心射投影（视点在球心）。其中心射平面投影在航海上应用较多，主要用来制作大圆海图和港图。

2. 圆柱投影

用一圆柱筒套在地球上，并与地球表面相切或相割，将地面上的经线、纬线投影到圆柱筒上，然后沿着圆柱母线切开展平，即成为圆柱投影图网。

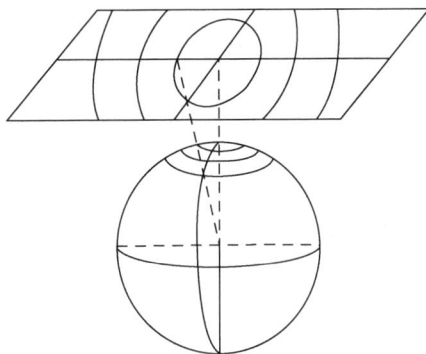

图 2-1 平面投影

按照圆柱轴与地轴的位置关系分为：正圆柱投影（圆柱轴与地轴重合）、横圆柱投影（圆柱轴与地轴垂直）和斜圆柱投影（圆柱轴与地轴斜交）。

将地球视为旋转椭圆体的正圆柱投影即为航海上常用的墨卡托投影，将地球视为圆球体的横圆柱投影即为高斯-克吕格投影（图 2-2）。

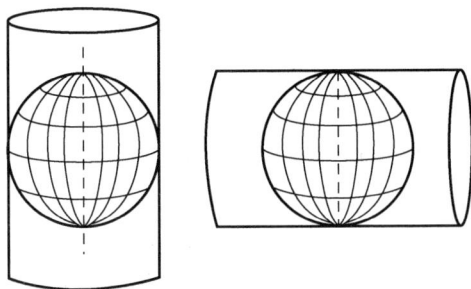

图 2-2 圆柱投影

3. 平面图

将小范围的地球球面当作平面来测绘，所得的图形称为平面图。英版海图中部分港图是采用此方法绘制的。

第二节　墨卡托海图

本节要点：恒向线的定义和特点；墨卡托海图的投影方式和特点。

一、恒向线

船舶始终按恒定航向航行时，船舶航行的理想轨迹称为恒向线。恒向线在地球表面是一条曲线，它与所有子午线都相交成相同的角度，因此又称为等角航线（图 2-3）。恒向线一般为球面螺旋线，但是也有特例。例如，常见的经线和纬线也是恒向线，但它们不是螺旋线而是圆。

恒向线性质：

①当船舶航向为 000° 或 180° 时，恒向线成为连接两极的子午线，也是大圆弧。

②当船舶航向为 090° 或 270° 时，船舶是沿纬度圈航行，纬度不变，恒向线与等纬圈重合，恒向线为赤道或等纬圈，性质为大圆或小圆。

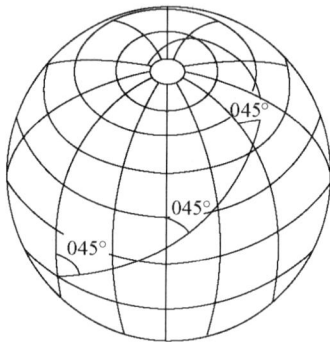

图 2-3　恒向线

③当船舶航向为其他任意航向时，任意一条恒向线只与每条等纬圈相交一次，与每条子午线相交无数次；逐渐接近地极，但始终不能到达地极（子午线除外）。因此，其性质为一条具有双重曲率趋向地极的球面螺旋线。

二、墨卡托海图

1. 航用海图必备条件

为了在海图上方便地绘画恒向线航线和方位线，要求在海图上的恒向线是一条直线，同时船舶在海上航行时，无论是保持航向不变还是测定物标方位，都要用到角度，为此要求图上的角度与地面上对应角度应保持一致。

航用海图应当满足以下两个条件：①图上恒向线是直线；②投影性质是等角投影。这样，驾驶员就可以根据测得的航向和方位，用直尺在海图上画出恒向线来。

1569 年，荷兰制图学者格拉德·克列密尔创造了能同时满足航用海图这两个条件的投影方法——等角正圆柱投影，即墨卡托投影。墨卡托是他的拉丁名字。用这种投影方法绘制的海图叫做墨卡托海图，它占目前航用海图的 95% 以上。

2. 墨卡托海图

(1) **墨卡托海图的投影原理**　墨卡托投影属于等角正圆柱投影。投影方法如图 2-4 所示，在正圆柱投影图网中，如果视点位于地球球心，所有等经差的子午线将被绘画成等间距相互平行的直线；赤道和纬度圈也将被绘画成相互平行的直线，且子午线与等纬圈相互垂直。但是，等纬差纬线之间的距离，随纬度的升高而急剧增大，即出现了纬度渐长的现象。

为了保持等角的目的，在墨卡托海图上，各纬度圈处的子午线长度必须与图上的等纬圈一样，随着纬度的升高作同样的放大。即在地图上同一点的各个方向上的比例尺必须相等。因此，在墨卡托海图上子午线上的每一分纬度长度并不相等，它们是随着纬度的升高而逐渐变长的。

(2) **墨卡托海图的特点**　墨卡托海图是利用墨卡托投影方法，即等角正圆柱投影原理所绘制的。通常，墨卡托海图具有以下特点：

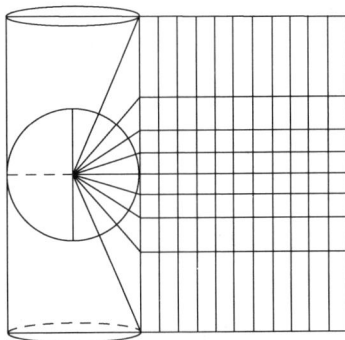

图 2-4　墨卡托投影

①图上经线为南北向相互平行的直线，其上有量取纬度或距离用的纬度图尺；纬线为东西向相互平行的直线，其上有量取经度的经度图尺，且经线与纬线相互垂直。

②恒向线在图上为直线。

③图上经度 $1'$ 的长度相等，但纬度 $1'$（1n mile）的长度随纬度升高而逐渐变长，存在纬度渐长现象。

④具有等角特性，在图上所量取的物标方位角与地面对应角相等。

⑤由于变形太大，墨卡托海图不适用于高纬度地区和极区。

第三节　识　　图

本节要点：中版海图的重要图式和含义；海图标题栏和图廓注记载的内容。

一、中版海图重要海图图式

在航用海图上仅绘有经纬线图网还不行，还必须将重要的航行物标和主要地貌地物以及海区内航行障碍物、助航标志、港湾设施和潮流、海流的要素等航海资料按其各自的地理坐标，用一定的符号和缩写绘画到图网上，再经过制版和印刷而成为海图。这种绘制海图的符号和缩写叫做海图图式。为了正确地利用海图上的航海资料，首先必须了解和掌握海图图式的含义以及图上的各种图注和说明。

1. 高程、水深和底质

（1）**高程** 海图上所标山头、岛屿、明礁等高程的起算面称为高程基准面，我国沿海海图高程基准面一般采用"1985 国家高程基准面"（黄海平均海面）或当地平均海面作为起算面的。

高程是自高程基准面至物标顶端的海拔高度，中版海图单位为米，高程不足 10m 的，精确到 0.1m，大于 10m 的注至整米。一般海图陆上所标数字，以及部分水上带括号的数字，均表示该数字附近物标的高程。

灯塔或灯桩的灯高是自平均大潮高潮面至光源中心的高度，其注记的方法同高程。

桥梁、高架线的净空高度是平均大潮高潮面至桥梁、高架线的高度。

干出高度是指深度基准面以上的高度。

（2）**水深** 海图上标注水深的起算面称为海图深度基准面。我国海图采用理论最低低潮面（旧称理论深度基准面）作为水深起算面。

水深即海图基准面至海底的深度。凡海图水面上的数字均表示水深。中版海图水深单位为米。水深浅于 21m 的注至 0.1m，21～31m 的注至 0.5m，深于 31m 的注至整数。实测水深一般以斜体数字表示，直体数字注记的水深表示深度不准或采用旧的水深资料或小比例尺图。

（3）**底质** 底质是指海底的性质，中版和英版海图注记的方法基本相同。底质注记顺序为先形容词后底质种类，如"软泥""粗沙"等。已知下层底质不同于上层底质的地方，先注上层后注下层，如"沙/泥"。两种混合的底质，先注成分多的，后注成分少的，如"沙泥"，表示沙多于泥的混合底质。

常见高程、水深、底质图式和含义见表 2-1。

表 2-1 高程、水深、底质图式和含义

名 称	图 示	说 明
高程	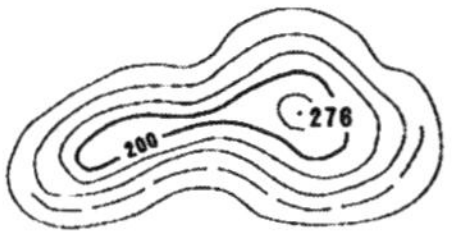 `276` `200`	等高线及高程点
	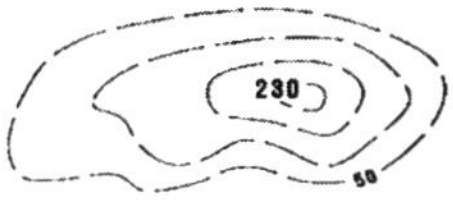 `230` `50`	草绘等高线及概略高程
水深	14_3 5_2	实际位置的水深
	14_3 5_2	直体注记水深
	$\overline{198}$	未测到底的水深
	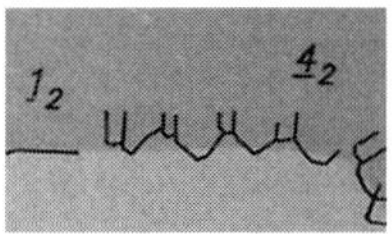 1_2 4_2	干出高度
	 ②2② ②21②	特殊水深
底质	 沙 60 42 泥 59 33 62	单一底质
	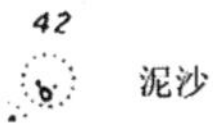 42 泥沙	混合底质

2. 礁石、障碍物和沉船

（1）礁石与障碍物　常见礁石图式和含义见表 2-2。

表 2-2 礁石图式和含义

名 称	图 示	说 明
明礁	 (1.0) (2.4) · 3.5	露出平均大潮高潮面，数字系明礁高程，高程基准面以上
干出礁	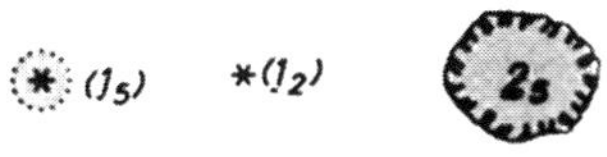 (1₅) *(1₂) 2₅	平均大潮高潮面下，深度基准面上，数字系干出高度

（续）

名　称	图　示	说　明
适淹礁		深度基准面适淹
暗礁	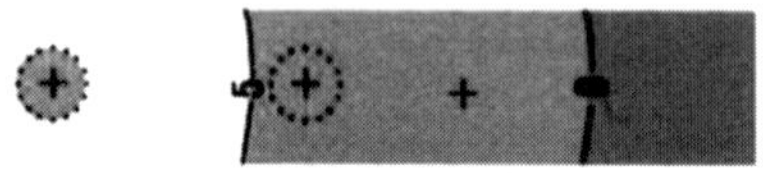	深度不明的暗礁（深度基准面下）
	 (13₃) ⊕ 25 岩	已知深度的暗礁和非危险暗礁（深度大于 20m）
	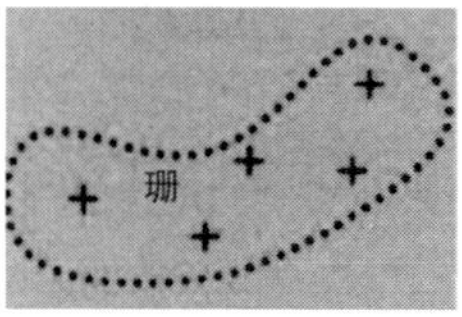 珊	珊瑚礁区
碍航物	 碍 ② 碍	深度不明的碍航物和已知最浅深度的碍航物
渔栅		捕鱼用的定置网具、木桩等
鱼礁		深度不明的鱼礁
贝类养殖场	 贝	贝类养殖水域

（2）沉船　常见沉船图式和含义见表 2-3。

表 2-3　沉船图式和含义

名　称	图　示	说　明
部分露出水面的沉船	 船	部分船体露出水面的沉船

（续）

名　　称	图　　示	说　　明
水下沉船	 船　船	已知深度和深度不明的水下沉船
危险沉船	 船　船	危险沉船、已知最浅深度的沉船和经过扫海探测的沉船。沉船上的水深等于或小于20m
非危险沉船	+++	沉船上的水深大于20m
碍锚地	 碍锚地	妨碍抛锚和拖网

3. 区域与界限

常见区域与界限图式和含义见表2-4。

表2-4　近海设施和区域界限

名　　称	图　　示	说　　明
海底电缆	 上海至长崎	海底电缆
	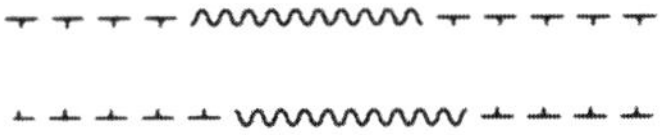	海底电缆区
		海底电力线
		报废海底电缆
海底管道	 油	海底油管道
	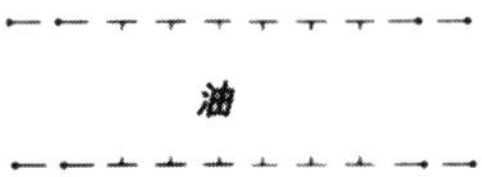 油	海底油管道区

（续）

名　称	图　示	说　明
锚地		推荐锚地、锚位及编号
	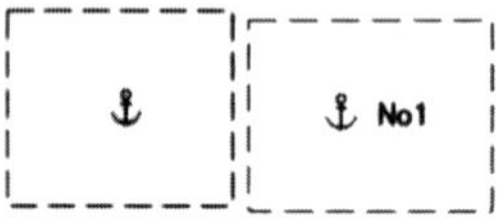	一般锚地和编号锚地
		检疫锚地
禁区	 禁　　区	禁区界限
限制区		禁止抛锚区
	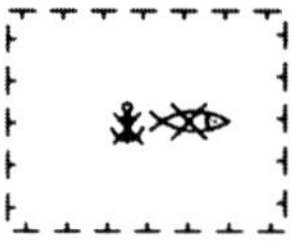	禁止抛锚和捕捞区
	 废 物 倾 倒 区	废物倾倒区
	 爆 炸 物 倾 倒 区	爆炸物倾倒区

4. 海流

常见海流图式和含义见表2-5。

表2-5　海流图式和含义

名　称	图　示	说　明
涨潮流	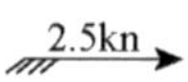 2.5kn	从低潮到高潮时间的流，大潮日最大流速为2.5kn

(续)

名　称	图　示	说　明
落潮流	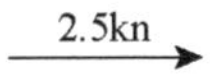 2.5kn →	从高潮到低潮时间的流，所示流速为大潮日的最大流速
急流	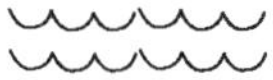 〰〰〰	该地区流速较大
旋涡	 ◉　◉	该地区有漩涡
洋流	 〜1.5kn→	箭头方向为流向，标注数字为平均流速
回转流	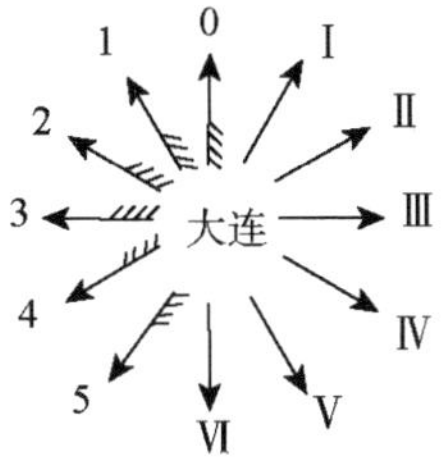	24h流向360°变化中心地名表示主港，0表示主港高潮时本地的流向速度，1、2、3…表示主港高潮前第1h、2h、3h…的流向、流速。Ⅰ、Ⅱ、Ⅲ表示高潮后第1h、2h、3h…的流向、流速

5. 其他重要图式

常见的其他重要图式和含义见表2-6。

表 2-6 其他重要图示

名　称	图　示	说　明
平台与井架	 ▪民生-2	平台与井架，加注编号与名称
已知最大吃水航道	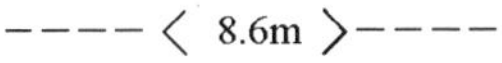 ----〈 8.6m 〉----	已知最大吃水深度的航道
深水航道	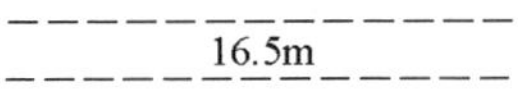 ——————16.5m——————	已知最浅水深，供深吃水或限于吃水船舶航行的航道
引航站	◆	表示引航巡逻船或引航船登船的位置

二、海图标题栏与图廓注记

1. 海图标题栏

海图标题栏一般刊印在海图内陆处或航行不到的海面上，特殊情况也可能印在图廓外适当的地方，是该图的说明栏，一般制图和用图的重要说明均印在此栏内。

标题栏的内容包括出版机关的徽志、图幅的地理位置、图名、比例尺与基准纬度、投影方法、深度和高程的基准面及计量单位、图式版别、基本等高距和坐标系等编图资料的说明等（图2-5）。

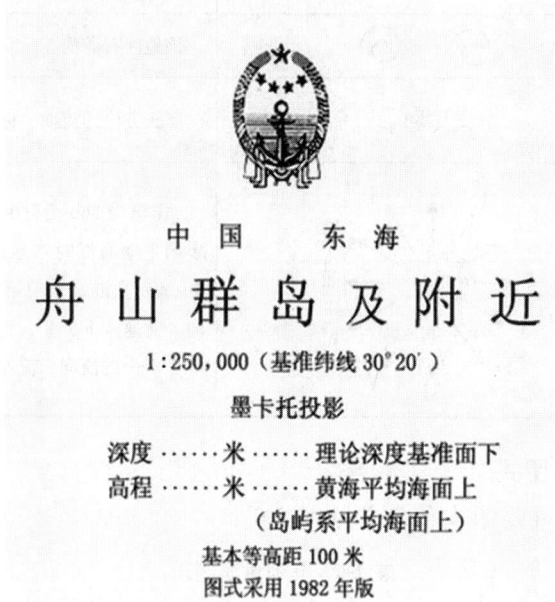

中　国　　　东　海

舟 山 群 岛 及 附 近

1：250,000（基准纬线30°20′）

墨卡托投影

深度 ……米 …… 理论深度基准面下

高程 ……米 …… 黄海平均海面上

（岛屿系平均海面上）

基本等高距100米

图式采用1982年版

图2-5　海图标题栏

图幅位置通常给出该图所属地区、国家和海区。总图的图名以海洋区域命名，航行图一般用图内较重要的地名作为起讫点来命名，港湾图一般以其包括的港湾、锚地、岛屿、水道等命名，图名下是有关编图的一些说明。

海图标题栏通常还印有图区内禁航区、雷区、禁止抛锚区、航标、分道通航制和地磁资料等与航行安全有关的说明和重要注意事项或警告。有些海图标题栏还附有图区内重要物标的对景图、潮信表、潮流表和换算表等资料。

2. 图廓注记

在海图图廓四周注记有许多与出版和使用海图有关的资料。

（1）海图图号　印在海图图廓的四个角上，不论该图怎样放置，图号均可保持从该图的右下角读出。中版海图图号是按海图所属地区编号的。

（2）发行和出版情况　印在图廓外下边中间，给出海图的出版和发行单位、日期。其右边还印有该图新版或改版日期。

（3）小改正记录　印在图廓外左下角。用以登记自该图出版（新版或改版）以来改正过的所有小改正通告年份和通告号码，以备查考该图是否已及时改正至最新。

（4）图幅　印在图廓外右下角，在括号内给出海图内廓界限图幅尺寸，用以检查海图图纸是否有伸缩变形。中版海图以毫米（mm）为单位。

（5）临图索引　印在图廓外或图廓内适当地方，表示相同或相近比例尺的邻接图图号。

（6）公里尺和对数尺　在海图纬度尺的外侧印有公里尺，在海图的左上角和右下角还印有对数尺可供航海人员使用。

第四节　海图的分类和使用注意事项

本节要点：海图的分类方法和用途，使用海图时的注意事项。

一、海图分类

根据作用不同，海图可以分为航用海图和参考图两大类。

1. 航用海图

主要用于拟定航线、进行航迹推算和定位等海图作业。航用海图按比例尺的大小，一般又可以分为以下 3 种：

（1）总图　这种图比例尺较小，一般小于 1∶3 000 000，包括世界海洋总图、大洋总图和海区总图，主要用来研究海洋形势和制定航行计划等使用。

（2）航行图（航海图）　比例尺一般为 1∶100 000～1∶2 990 000。包括远洋航行图、近海航行图和沿岸航行图，供船舶航行时使用。

（3）港泊图　其比例尺一般大于 1∶100 000。图上详细记载了港口、锚地、航道、码头等情况，供船舶进出港口和锚泊时使用。

2. 参考图

参考图一般不用作航迹推算和定位，是为了满足某种航海特殊需要而专门制作的海图，如大圆海图、航路设计图、等磁差曲线图等。

二、使用海图注意事项

①拟定航线和进行海图作业时，应尽量选用较大比例尺海图。

②要善于鉴别一张海图的可信赖程度。选用精测的海图。

③要选用新出版的海图。

④海图应及时根据航海通告和有关的无线电警告及时加以改正和更新。

⑤海图作业应采用软质铅笔和绘图橡皮，绘图和擦图时应避免损坏海图。

⑥海图平时应平放在干燥的地方，防止海图受潮霉烂或变形。雨雪天进行海图作业时，应注意不要弄湿海图。一旦海图受潮，应平放阴干，切不可曝晒或用火烘烤，以避免海图变形。图幅较大的海图临时折叠，最好浮折，不要折死，以避免损坏海图和影响图上重要航海资料的清晰程度。

第五节　电子海图显示与信息系统

本节要点：电子海图显示与信息系统的组成、电子海图显示与信息系统的主要功能。

海图和航海资料是船舶安全、准确航行的基础，其中海图尤为重要。多少年来，驾驶员一直在纸质海图上进行这些工作，工作繁琐且负担较重，由于很多数据需要进行海图绘算后才能得到，因此会造成数据的获取滞后现象。例如，在陆标定位中，驾驶人员所标绘出的船位是观测那一瞬间的船位而非即时的船位，如果近岸航行的时候就会对船舶的安全造成很大的影响。同时，由于航海科技的发展，越来越多的航海仪器设备用于船舶的航行安全保障，驾驶员很难在极短的时间内根据所有这些信息，及时地做出操船决策。能否利用计算机，集成式地把所有信息显示在一个屏幕上供驾驶员使用，驾驶员把主要精力放在航行监视和及时制定操船决策上来成为航海实践的需要，这就出现了电子海图显示与信息系统（简称电子海图）。

一、电子海图显示与信息系统的组成

1. 电子海图及其种类

电子海图是以数字形式描述海上地理信息和航海信息的海图。内容包括了纸质海图的所有航海信息并有进一步扩充。电子海图可在屏幕上显示，没有显示之前是以一定格式存储的数据，因此电子海图也称作电子海图数据。

电子海图按其数据格式分为光栅扫描海图和矢量电子海图。

（1）光栅扫描海图　光栅扫描海图就是对纸质海图进行一次性扫描，形成的图片格式文件，可以看作是纸质海图的复制品。使用者无法对海图进行查询式操作、无法选择性显示和隐去某类海图要素。被称为"非智能化电子海图"。

（2）**矢量电子海图** 矢量电子海图是将数字化的海图信息分类存储在数据库中，需要时可以选择性的调出显示，同时矢量海图可以提供给驾驶员准确的航海信息，并能够结合其他船舶设备设置警戒区、危险区的自动报警。被称为"智能化电子海图"。

2. 电子海图系统

电子海图和其应用环境组成的系统称为电子海图系统。人们习惯于将电子海图和电子海图系统都称为电子海图，严格讲电子海图指的是电子海图数据。

电子海图系统由以下几部分组成：

①计算机及其应用软件：计算机和具有数据管理与操作、显示、导航、通信等功能模块的应用软件。

②电子海图数据：光栅和矢量海图数据。

③导航设备数据：雷达、GPS、罗经、计程仪、测试仪等数据。

④通讯设备数据：卫星通信、移动通信等数据。

⑤其他外部数据：航行数据记录仪（VDR）、光盘、硬盘等。

3. 电子海图显示与信息系统

电子海图显示与信息系统是在电子海图系统基础上，又增加了航海资料数据以及船员添加的数据，其硬件、使用数据和功能方面符合国际相关标准（图 2-6）。

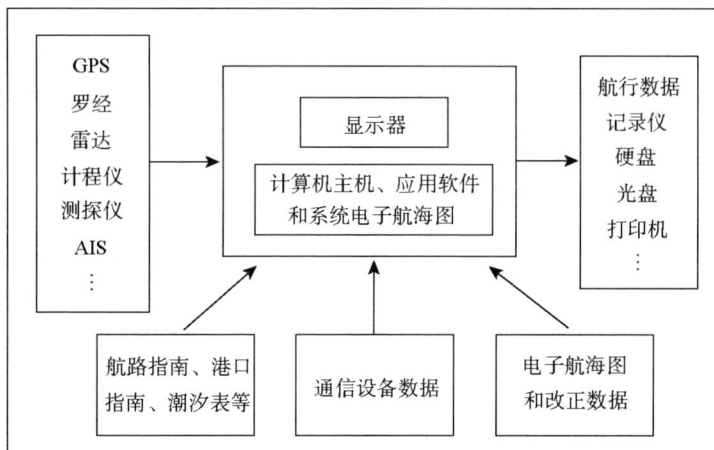

图 2-6 电子海图显示与信息系统

二、电子海图显示与信息系统的功能

电子海图显示与信息系统的主要功能包括：

1. 海图显示

包括：在给定的投影方式下合成和显示海图；以"北向上"或"航向向上"方式显示海图；以"相对运动"或"绝对运动"方式显示海图；按照需要改变电子海图的比例尺；按照需要分层显示海图信息，隐去当时不需要的信息等。

2. 海图作业

包括：在电子海图上进行计划航线设计；即时显示任意两点间的距离和方位；可以标绘船位、航迹和时间等。

3. 海图改正

能够依据接受的改正数据，实现电子海图的自动和手工改正。

4. 定位及导航

能够同计程仪、电罗经、GPS、Loran-C、测深仪、气象仪等设备连接，接收来自这些设备的信息，并进行综合处理，求得船位；能够进行各种陆标定位计算。

5. 雷达和 AIS 信息处理

电子海图可将雷达图象和信息、AIS 信息叠加显示在电子海图上，供驾驶员判断避碰态势，做出避碰决策。并在电子海图上检测该避碰决策是否可行。

6. 航路监视

在航行中，电子海图能够自动计算船舶偏离计划航线的距离，必要时给出指示和报警，实现航迹保持；能够自动检测到航行前方的暗礁、禁航区、浅滩等，实现避礁、防浅。

7. 航海信息咨询

可在电子海图上获得航海要素的详细描述以及整个航线上的航行条件信息。

8. 航行记录

电子海图能够自动记录船舶航行的相关信息，一旦船舶发生事故，这些信息足以再现当时的航行情况。因此，电子海图具备类似"黑匣子"的功能。

思考题

1. 什么是局部比例尺和基准比例尺？海图上标明 1：150 000（30°N）的含义是什么？

2. 常用的海图投影方法有哪几种？各有何用途？

3. 试述恒向线的定义及其性质。

4. 航用海图必须具备哪些基本条件？

5. 墨卡托海图有哪些特点？

6. 试说明山高、灯高、干出高度、桥梁净空高度以及水深等的起算面。

7. 试述常用的高程、水深、地质、航标及礁石、沉船等航行障碍物的海图图式。

8. 试述常用的区域与界限图示。

9. 试述常见的水流图示。

10. 简述海图标题栏和图廓注记的主要内容。

11. 试述海图的分类和海图使用注意事项。

12. 试述电子海图的组成。

13. 试述电子海图显示与信息系统的主要功能。

第三章 船舶定位

船舶在航行中，要求航海人员尽一切可能随时确定本船的船位所在。这样，才可能结合海图，了解船舶周围的航行条件，及时采取适当、有效的航行方法和必要的航行措施，确保船舶安全、经济地航行。

船舶在海上确定船位的方法一般分两类，即航迹推算和陆标定位。

航迹推算包括：

（1）**航迹绘算（海图作业法）** 根据船舶的航向和航程，结合海区内的风流要素，在海图上直接作图画出推算航迹和船位。

（2）**航迹计算（数学计算法）** 根据推算起始点经、纬度和航向、航程，利用数学计算公式，求出到达点的推算船位。

本教材只介绍航迹绘算法。

第一节 航迹绘算

本节要点：不同情况下的航迹绘算方法；航迹推算的精度和测定压差角的方法。

航迹推算是船舶驾驶员根据航向、航程，以及所经海区的风流要素，从已知船位推算出具有一定精度的航迹和某一时刻船位的方法。该方法是航海上求取船位和航迹的最基本方法，也是其他定位方法的基础。航迹推算应在船舶驶离港口或码头，定速航行并测得准确的船位后立即开始。在整个航行过程中，应连续进行航迹推算，不得无故中断，直至驶入目的港水域或接近港界有物标可供定位时，方可终止。

航迹推算工作，主要解决两类问题：

①已知真航向、计程仪航程和风流要素，求推算航迹向和推算船位等。

②已知计划航向、计程仪航速和风流要素，求船舶应采用的真航向和推算船位等。

由于目前船上装备的计程仪多数是相对计程仪，因此本教材只讨论相对计程仪所测航速、航程情况下的海图作业方法。

一、无风流情况下的航迹绘算

航海上，习惯将事先在海图上拟定的航线称为计划航迹线（简称计划航线），即船舶将要航行的计划航迹；计划航线的前进方向，称为计划航迹向（计划航向），即由真北线起按顺时针方向度量到计划航线的角度，用 CA 表示。通过航迹推算所确定的航迹线，称为推算航迹线。推算航迹线的前进方向，称为推算航迹向，即由真北线起按顺时针方向度量到推算航迹线的角度，用 CG 表示。船舶在风流等影响下实际的航行轨迹，称为实际航迹线，简称航迹线。通过航迹推算所确定的船位称为推算船位，用 EP 表示；无风流情况下，根据计程仪航程在计划航线或真航向线上所截取的船位，称为积算船位，用 DR 表示。

所谓无风流影响，是指风流很小，对航向的影响小于 $\pm 1°$，可以忽略不计。因此，无风流情况下，计划航向 CA 即为船舶要行驶的真航向 TC；反之，船舶航行时的真航向，即为推算航迹向 CG。计程仪航程 S_L 即为推算航程 S_G（船舶相对于海底的实际航程），即：

$$\left.\begin{array}{l}\text{计划航迹向 CA}\\\text{推算航迹向 CG}\end{array}\right\}=TC=\left\{\begin{array}{l}GC+\Delta G\\CC+\Delta C\end{array}\right. \qquad V_L=V_G$$

作图方法：从推算起始点绘画计划航迹线或推算航迹线，并在其上按计程仪航程 S_L 截取一点，该点即为无风流情况下的推算船位（积算船位）。

推算（积算）船位符号："—+—"

海图作业标注方法：在航迹线上标注 CA（如果已知）、CC、ΔC；在船位点标注：时间和计程仪读数。

例 3-1：某船 CC＝070°，ΔC＝－3°，0800 计程仪读数为 10.4，1000 计程仪读数为 36.8，求 1000 的推算船位。

解：TC＝CC＋ΔC＝070°＋（－3°）＝067°

由 0800 船位点画出推算航迹线（此处为航向线），并根据 2h 的计程仪读数差 26.4n mile 在推算航迹线上截得 1000 船位并标注（图 3-1）。

二、有风无流情况下的航迹绘算

1. 真风、船风和视风

空气相对于地面或海底的水平运动称为风（真风）。风是矢量，既有

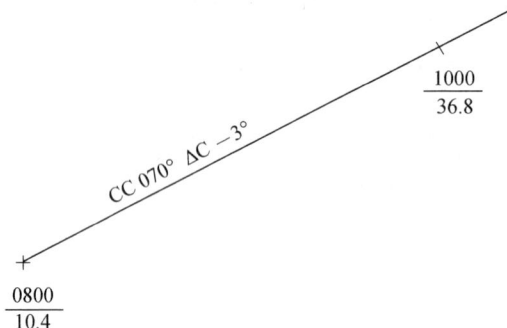

图 3-1   无风流时航迹积算

大小又有方向。风向是指风的来向，习惯用罗经点法或圆周法表示；风的大小一般用风级或风速来表示。船舶在航行时所产生的一种风向与船舶运动方向相反、风速与船速相等的风，称为船风，它是由于船舶自身运动所产生的风。船舶在风中航行时所测得的风，是真风和船风的合成风，叫做视风。真风、船风和视风三者之间的关系可以用图 3-2 所示的风速矢量三角形求取。

　　风对航行的影响与风舷角，即风向与船首尾线的交角密切相关。如图 3-3 所示，航海上习惯将风舷角小于 10° 的风称为顶风；风舷角大于 170° 的风称为顺风；风舷角在 80°～100° 的风称为横风；把风舷角在 10°～80° 的风称为偏逆风；风舷角在 100°～170° 的风称为偏顺风。

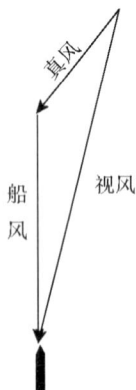

图 3-2   风速矢量三角形

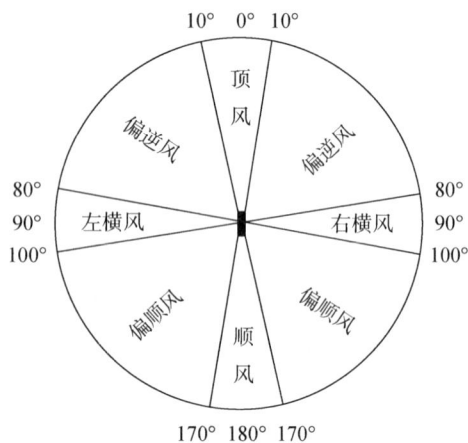

图 3-3   风舷角

2. 风压差角

如图 3-4 所示，船舶在风中航行，除以船速沿真航向航行外，风还会使船舶向下风漂移。但由于船舶在水中运动时所受水的阻力很大，因此这种漂移的速度要远远小于风速，且漂移的方向也不一定正好与风向平行。实际上，船舶是在船速矢量 V_E 和漂移矢量 R 的共同作用下沿着它们的合成矢量方向航行的。

船舶在有风无流中的航行轨迹线称为风中航迹线，风中航迹线的前进方向叫做风中航迹向，用 CG_a 表示。风中航迹线与真航向线之间的夹角叫做风压差角，简称风压差，用 α 表示。船舶左舷受风，α 为正"＋"；右舷受风，α 为负"－"。

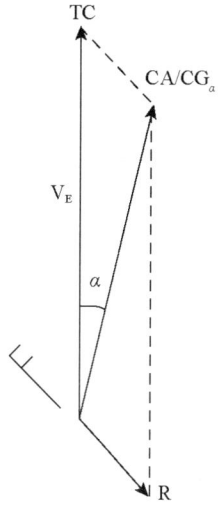

风压差的大小，与下列因素有关：

(1) 风舷角 风舷角接近 $90°$，α 最大。

(2) 风速 风速越大，α 越大。

(3) 船速 船速越大，α 越小。

(4) 吃水和水下船型 吃水越大，α 越小；平底船要比尖底船的 α 大。

(5) 船舶受风面积和船型 同一船受风面积越大，α 越大。

不同船舶的风压差可以通过实测风压差并结合风压差公式计算出来。并将它们列成表 3-1 所示的风压差表，以供实际工作所需。

图 3-4 风压差

表 3-1 风压差表

××船

风舷角 (°)	不同吃水和装载条件下的风压差 (°)									
	4 级		5 级		6 级		7 级		8 级	
	满	空	满	空	满	空	满	空	满	空
0	0	0	0	0	0	0	0	0	0	0
20	0.8	2.2	1.3	3.4	1.9	5.0	2.7	6.9	3.6	9.2
40	1.6	3.9	2.5	6.2	3.5	8.9	4.9	12.5	6.5	16.6
⋮	⋮	⋮	⋮	⋮	⋮	⋮	⋮	⋮	⋮	⋮
180	0	0	0	0	0	0	0	0	0	0

由风压差系数公式或风压差表所确定的是风压差的绝对值，其符号应根据船舶受风方向确定。为了更好地掌握本船的风压差，上述风压差表仍需通过实测来反复验证和充实。

3. 风中航迹绘算

有风无流情况下，船舶航行时的真航向 TC 与风压差之代数和，等于风中航迹向 CG_α；反之，船舶要沿计划航线航行，必须顶风预配一个风压差，即船舶要行驶的真航向 TC 应是计划航向 CA 和风压差的代数差。TC、α 与 CA 或 CG 间满足下列关系：

$$CA（CG_\alpha）＝TC＋\alpha$$

相对计程仪是"计风不计流"的计程仪，所测量的数据并不包括流的影响。因此，可以直接在风中航迹线上截取计程仪航程。

①已知真航向 TC，风压差角 α，求航迹向 CG。

海图作业方法为：由起始船位点根据真航向作出航向线，修正风压差角后，作出推算航迹线 CG_α，再由起始船位点根据计程仪航程在航迹线上截取一点，此点为对水航行后的船位点。

例 3-2：$\dfrac{0800}{10.0}$船由 A 点启航，CC＝077°，ΔC＝－1°，北风 6 级（查得$\alpha=4°$）求$\dfrac{0900}{20.0}$的船位。

解：如图 3-5 所示，首先计算出真航向。

$$TC＝CC＋\Delta C＝077°＋（－1°）＝076°$$

从 0800 船位绘画航向线。

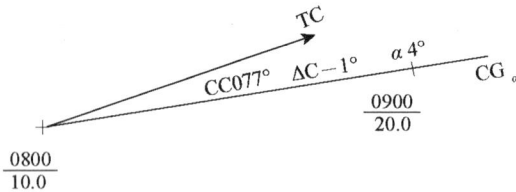

图 3-5　已知 CC 的风中航迹推算

根据风压差角 α 求得风中航迹向并画出风中航迹线。

$$CG_\alpha＝TC＋\alpha＝076°＋4°＝080°$$

在其上按计程仪航程 S_L 截取 0900 船位，该点即为有风无流情况下 0900 的推算船位。

在航迹线上标注：CC、ΔC 和 α。

在船位点旁边标注：时间和计程仪读数。

②已知计划航迹向 CA，风压差角 α，求真航向 TC。

作图方法是：由起航点根据计划航迹向 CA 作出计划航线，顶风修正风压差角 α 后，求出真航向 TC，作出航向线。再由起始船位点根据计程仪航程 S_L 在航迹线上截取一点，此点为对水航行 S_L 后的船位点。

例 3-3：$\dfrac{0800}{00.0}$ 由 A 点启航，CA＝070°，ΔC＝＋5°北风 6 级（查得 α＝5°）求 $\dfrac{0900}{10.0}$ 的船位。

解：如图 3-6 所示，首先从 0800 船位点画出计划航线。

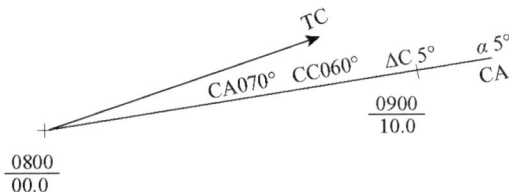

图 3-6　已知 CA 的风中航迹推算

预配风压差求得真航向并画出航向线。

$$TC＝CA－α＝070°－5°＝065°$$

计算求出 CC，并标注。

$$CC＝TC－ΔC＝065°－5°＝060°$$

在航迹线上标注：CA、CC、ΔC 和 α。

在船位点旁边标注：时间和计程仪读数。

三、有流无风情况下的航迹推算

1. 流压差角

船舶在有水流影响的水域航行，除以船速沿真航向航行外，还会在水流的作用下顺水漂移。漂移的方向与流向相同，漂移速度等于当时的流速。实际上，船舶是在船速矢量 V_E 和漂移矢量 V_c 的共同作用下沿着它们的合成矢量方向 CG_β 航行的（图 3-7）。

船舶在有流无风中的航行轨迹线称为流中航迹线，流中航迹线的前进方向叫做流中航迹向，用 CG_β 表示。流中航迹线与真航向线之间的夹角叫做流压差角，简称流压差，用 β 表示。船舶左舷受流，β 为正"＋"；右舷受流，β 为负"－"。流压差的大小，一般通过作图法或计算法求取。

2. 流中航迹绘算

有流无风情况下，计划航向 CA 或流中航迹向 CG_β、真航向 TC 和流压差 β 之间满足下列关系：

$$CA（CG_\beta）=TC+\beta$$

解决不同类型的流中航迹推算问题，所采用的作图方法也各不相同，具体方法如下：

①已知真航向、计程仪航程和水流要素，求推算航迹向和推算船位等。

a. 自起始点 A 绘画真航向线，在其上截取点 B，使 $AB=S_L$。

b. 在 B 点绘画水流矢量，在其上截取点 C，BC 长等于流程 S_c，C 点即为推算船位。

图 3-7　流压差

c. 连结起点 A 和推算船位 C，连线 AC 为推算航迹线，量取 AC 方向即为推算航迹向，AC 长度为实际航程。

d. 进行正确的海图标注（图 3-8）。

在航迹线上标注：CC、ΔC 和 β。

在船位点旁边标注：时间和计程仪读数。

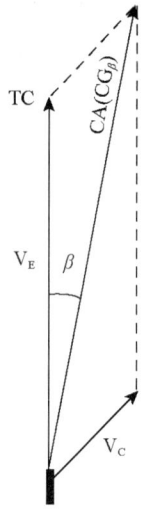

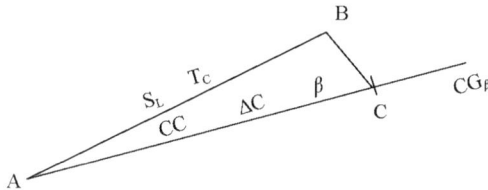

图 3-8　已知 CC 的有流无风航迹推算

例 3-4：$\dfrac{0800}{10.0}$ 船由 A 点启航，CC＝077°，$\Delta C＝-1°$，流向 150°，流速 2kn，求 $\dfrac{0900}{20.0}$ 的船位。

解：首先计算出真航向 TC 并画出航向线。

$$TC=CC+\Delta C=077°+（-1°）=076°$$

然后做水流三角形得到 0900 船位（图 3-9）。

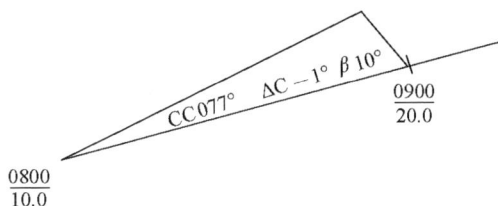

图 3-9　已知 CC 的有流无风航迹推算实例

②已知计划航向、计程仪航速和水流要素，求船舶应采用的真航向和推算船位等。

a. 自推算起始点 A 绘画计划航线 AC。

b. 自 A 点绘画水流矢量，在其上截取点 B，使 AB 等于流程。

c. 以 B 为圆心、S_L 为半径画圆弧，与计划航线的交点 C 即为推算船位。

d. AC 长为推算航程，连线 BC，并由 A 点作 BC 的平行线为航向线，其方向为真航向。

e. 绘画水流三角形，并进行正确的海图标注（图 3-10）。

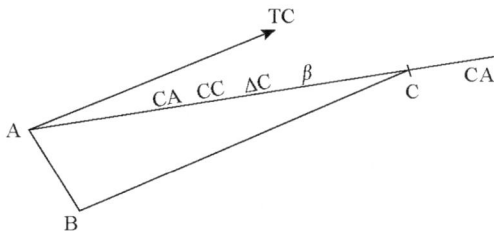

图 3-10　已知 CA 的有流无风航迹推算实例

在航迹线上标注：CA、CC、ΔC 和 β。

在船位点旁边标注：时间和计程仪读数。

例 3-5：$\dfrac{0800}{10.0}$ 船由 A 点启航，CA＝056°，$\Delta C＝-1°$，流向 180°，流速 2kn，求 $\dfrac{0900}{20.0}$ 的船位。

解：按上述方法做水流三角形得到 0900 船位（图 3-11）。

在图上量出 TC＝047°。

CC＝TC－ΔC＝047°－（－1°）＝048°。

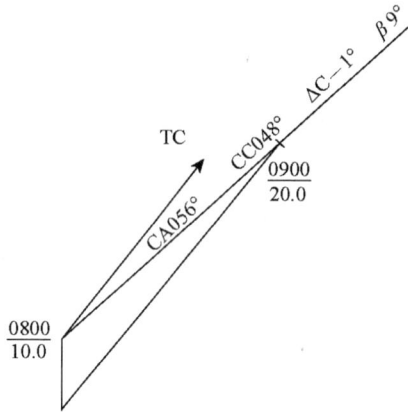

图 3-11 已知 CA 的有流无风航迹推算实例

3. 流要素的求取方法

航海上经常遇到的流有海流、潮流、风生流三种，其中海流和潮汐流尤为重要。

（1）**海流** 海流又称为洋流，是由于海区内海水长期存在温度、密度差异，或长期受到定向风的作用，使得海水产生比较稳定的水平流动，我们称之为海流。海图上用 $\sim\sim\!\!\stackrel{1.5kn}{\longrightarrow}$ 表示，箭头方向为流向，上面标注的数字为平均流速。

（2）**潮流** 由于潮汐形成海水周期性涨落而引起的海水流动称为潮流，潮流分为往复流和回转流两种。

①往复流。由于地形影响而产生的涨潮流和落潮流方向相反或基本相反的潮流。在海图上涨潮流符号为 $\stackrel{2.5kn}{\longrightarrow}$，落潮流符号为 $\stackrel{2.5kn}{\longrightarrow}$，其中箭矢的方向表示流向，箭矢上的数字为流速数据。如果只给出一个数字，则为大潮日最大流速，小潮日最大流速是其一半；如果给出两个数字，则表示大潮日的最大流速和小潮日的最大流速。我们可以求出每天的最大流速，一般认为大潮前后一两天内，当日最大流速与大潮日最大流速相同，小潮前后一两天内的最大流速，与小潮日最大流速相同，其他时间的最大流速可以取大、小潮日最大流速的平均值。

$$平均最大流速 = \frac{1}{2}（大潮日最大流速 + 小潮日最大流速）$$

$$\approx \frac{3}{4}大潮日最大流速$$

$$\approx \frac{3}{2}小潮日最大流速$$

对于半日潮性质的海区，知道当天的最大流速，我们就可以计算任意时间的流速。首先由《潮汐表》查出今天的转流时间（流向转换，此时流速为0），然后按照下面的规律求出任意时的流速。

转流后 1h 内的平均流速为当日最大流速的 1/3；

转流后 1～2h 内的平均流速为当日最大流速的 2/3；

转流后 2～4h 内的平均流速为当日最大流速；

转流后 4～5h 内的平均流速为当日最大流速的 2/3；

转流后 5～6h 内的平均流速为当日最大流速的 1/3。

例 3-6：我国某地落潮流箭矢上的数字为 1.6kn，2015 年 10 月 18 日（农历初六）这天的转流时间为 1200，求 1330 当地的流速。

解：首先，我国大潮日为农历初三和十八，农历初六的最大流速为大潮日最大流速的 3/4 即 1.2kn；1330 为转流时间 1200 后 1.5h，因此此时的流速为当日最大流速的 2/3，即 0.8kn。

②回转流。由于地形影响，在一个潮汐周期内，潮流流向随时间顺时针（或逆时针）变化 360°，流速也相应发生变化。

回转流的信息可以在海图上的回转潮流图查出。

在回转流图中，中心地名表示主港，0 表示主港高潮时本地的流向、流速，1、2、3…表示主港高潮前第 1h、2h、3h…的流向、流速。Ⅰ、Ⅱ、Ⅲ表示高潮后第 1h、2h、3h…的流向、流速。注意：此处的流速如果是一个数字则表示是大潮日的流速，两个数字则表示大潮日和小潮日的流速。

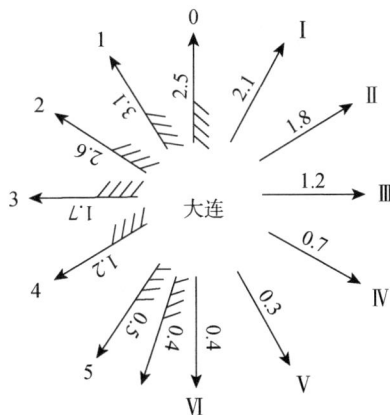

图 3-12 回转流图

例 3-7：求如图 3-12 所示×年×月×日（农历初六）0800 的潮流。

解：首先根据主港名称在《潮汐表》中查得大连当日的高潮时为 0500，0800 为高潮后第 3h，则流向为标注Ⅲ的箭矢方向，当日的流速为 1.2×（3/4）＝0.9kn。

四、有风流情况下的航迹绘算

1. 风流合压差角

船舶在有风流影响的情况下航行，除以船速沿真航向航行外，还会在风的作用下向下风漂移，同时在流的作用下产生顺流漂移运动。船舶在风流同时作用下的航行轨迹，叫做风流中航迹线，其方向称为风流中航迹向，用 $CG\gamma$ 表示。此时，真航向与风中航迹向之间的夹角，称为风压差角；风中航迹向与风流中航迹向之间的夹角，称为流压差角；真航向与风流中航迹向 $CG\gamma$ 之间的夹角称为风流合压差角，简称风流合压差，用 γ 表示（图3-13）。航迹线偏在航向线右面时，γ 为"＋"；偏在航向线左面时，γ 为"－"。即：

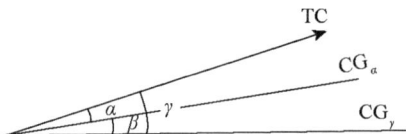

图 3-13 风流合压差

$$\gamma = \alpha + \beta$$

2. 风流中航迹绘算

船舶在有风流水域中航行，航迹绘算时，应分别考虑风和流的影响。已知真航向、计程仪航程和风流要素，求推算航迹向和推算船位时，应采用"先风后流"的作图方法，即先考虑风的影响，求取风中航迹线，再在风中航迹线上作水流三角形，求取推算航迹向和推算船位等；已知计划航向、计程仪航速和风流要素，求船舶应采用的真航向和推算船位时，应采用"先流后风"的作图方法，即先考虑流的影响，绘画水流三角形求取风中航迹向，再顶风预配风压差，求取真航向等。其中，计划航向 CA 或推算航迹向 CG、真航向 TC 和风流合压差 γ 之间关系如下：

$$CA（CG）= TC + \gamma$$

①已知真航向、计程仪航程和风流要素，求推算航迹向和推算船位等。

a. 自起始点 A 绘画真航向线。

b. 自 A 点绘画风中航迹线。

c. 在风中航迹线上截取一点 B，使 $AB = S_L$。

d. 自 B 点画水流矢量 BC，BC 长等于流程 S_c，端点 C 即为推算船位。

e. 连接 A、C 两点，连线 AC 为推算航迹线，量取其方向即为推算航迹向。

f. 进行正确的海图标注（图3-14）。

在航迹线上标注：CC、ΔC、α 和 β。

在船位点旁边标注：时间和计程仪读数。

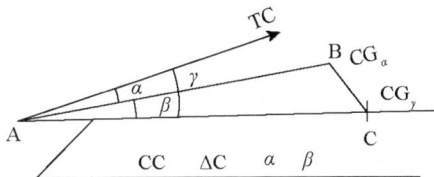

图 3-14　已知 CC 的风流中航迹推算

例 3-8：$\dfrac{1300}{21.0}$ 某船 CC ＝ 120° ΔC ＝ －5°，北风 5 级（α ＝ 4°），流向 150°，流速 2kn，求：$\dfrac{1500}{41.0}$ 的船位。

解：TC ＝ CC ＋ ΔC ＝ 120° ＋（－5°）＝ 115°

作图求得 1500 的船位（图 3-15）。

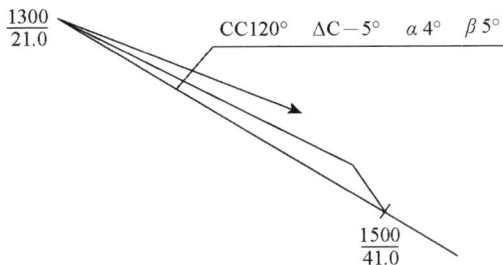

图 3-15　已知 CC 的风流中航迹推算实例

②已知计划航向、计程仪航速和风流要素，求船舶应采用的真航向和推算船位等。

a. 自起始点 A 绘画计划航线。

b. 自 A 点画水流矢量 AB，AB 等于流程。

c. 以 B 点为圆心，S_L 为半径画圆弧，与计划航线的交点 C 即为推算船位，连线 BC，并从 A 点作 BC 的平行线为风中航迹线 CG_a。

d. 由风中航迹线顶风修正 α 角，得到航向线，并量取 TC。

e. 进行正确的海图标注（图 3-16）。

在航迹线上标注：CA、CC、ΔC、α 和 β。

在船位点旁边标注：时间和计程仪读数。

例 3-9：$\dfrac{1500}{35.0}$ 某船 CA ＝ 070° ΔC ＝ －5°，北风 5 级（α ＝ 4°）流向 120°，流速 2kn，

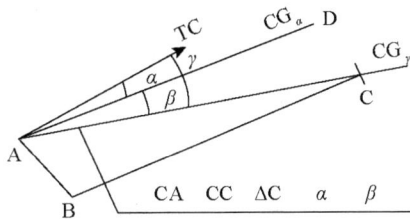

图 3-16　已知 CA 的风流中航迹推算

求：$\dfrac{1700}{55.0}$的船位。

解：作图求得 1700 的船位（图 3-17）。

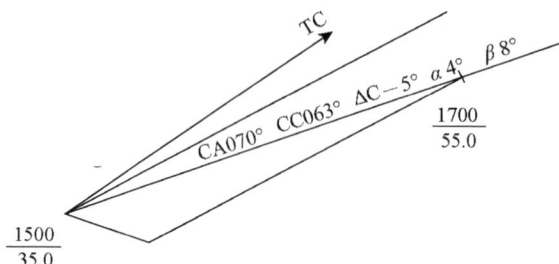

图 3-17　已知 CA 的风流中航迹推算实例

在图上量出 TC＝058°

$$CC＝TC-\Delta C＝058°-（-5°）＝063°$$

五、航迹推算精度

航迹推算的精度主要取决于推算航向的精度和推算航程的精度。

1. 影响推算精度的因素

（1）影响航向精度的因素　主要包括读取航向的误差、罗经差（陀罗差）的误差、风压差误差、流要素误差、操舵不稳产生的误差和海图作业的误差等。

（2）影响航程精度的因素　主要包括读取计程仪读数的误差、计程仪改正率的误差、海图作业量取航程的误差、流要素不准的影响。

2. 减少航迹推算误差的方法

①航迹推算的起始船位必须是准确船位。

②要经常测定仪器误差（包括罗经差、计程仪改正率等）。

③提高操舵水平，正确使用自动舵。

④准确测定和使用风、流要素。

⑤尽可能地使用大比例海图以提高航迹推算的准确度。

⑥尽量缩短推算时间和推算航程。

六、测定压差角的方法

为了提高航迹推算的精度，需要掌握准确的风流压差值。航海上通常采用实测航迹线的方法来确定风流压差。

通常船舶在有风流的水域航行时，如果测得船舶的实际航迹向 CG，则它与真航向 TC 之差就是风流合压差 γ。即：

$$\gamma = CG - TC$$

如果当时海面只有风，则为 α；如果只有流，则为 β。

航海上常用的测定压差角的方法有如下几种。

1. 连续观测船位法

在一定时间内，连续观测 3～5 次船位，用平差的方法以直线连接各观测船位，该直线即为航迹线，量出航迹向 CG，它与真航向之差即为风流压差（图 3-18）。

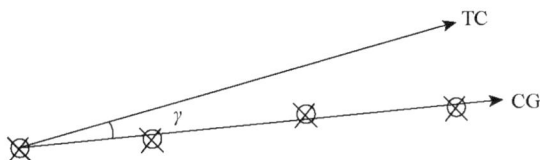

图 3-18　连续观测船位法

$$\gamma = CG - TC$$

2. 叠标导航法

船舶沿着某一叠标线航行，此时叠标线的方向即为航迹向 CG，它与真航向之差即为风流压差（图 3-19）。

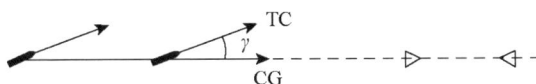

图 3-19　叠标导航法

$$\gamma = CG - TC$$

3. 雷达观测法

雷达采用船首线向上运动显示方式，观测某物标的回波，如果该物标的回波轨迹为 a_1，a_2，a_3，a_4，a_5，调整雷达电子方位线（或方位标尺）与回波轨迹平行，则电子方位线（或方位标尺）与船首线之间的夹角为风流合压差（图 3-20）。

4. 物标最小距离方位与正横方位法

在有风流的情况下，物标正横和船到物标的最小距离往往不是同一时刻

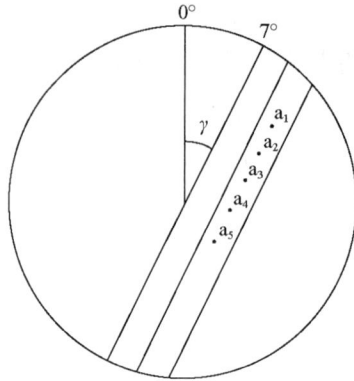

图 3-20   雷达观测法

出现，则船到物标距离最小时的方位 TB_{min} 与物标正横时的物标方位 $TB_\perp$ 之差即为风流合压差（图 3-21）。

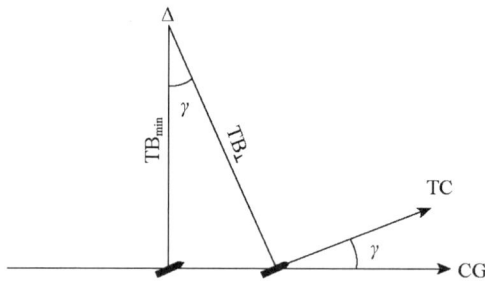

图 3-21   物标最小距离方位与正横距离法

5. 尾迹流法

船舶在航行中，测定尾迹流的方向，其反方向与真航向之差为风压差 α，该方法在有风流的海域测得的也是风压差 α（图 3-22）。

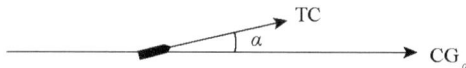

图 3-22   尾迹流法

第二节   陆标定位

本节要点：识别陆标的方法；陆标定位方法和单一位置线的应用。

陆标定位是利用视界内已知物标（山、岛屿、灯塔等），测出船舶与已知物标的相对关系，从而求出本船观测时刻的位置。

一、陆标的识别

陆标定位时。能否准确无误的辨认物标，是能否准确定位的前提。在选择物标时，一定要对所选物标反复辨认，确保事先在海图上所选定的定位物标和实际所测定的物标是同一物标。如果在实际测定或海图作业时错认了物标，必将出现错误的观测船位，从而威胁船舶的航行安全。航海上常用的识别陆标的方法如下：

1. 孤立、显著物标的识别

孤立的小岛、山峰和岬角等天然陆标可根据它们的形状、相对位置关系进行识别，灯塔、灯桩等人工航标，可根据它们的形状、颜色、顶标、灯质等特点加以识别。

2. 利用对景图识别

在航用海图和航路指南中，经常附有一些重要陆标（如山头、岛屿、灯塔等）的照片或图画的对景图，当航行到该海域，可以将实际观察到的景象与相应的对景图相比对，便可辨认出对景图中所标明的一些重要物标。

同一物标，在不同的方位和距离上观看，其形状也各不相同。因此，每幅对景图都注有该图相对于图中某一物标的方位和距离，使用时要特别加以注意（图3-23）。

老铁山灯
方位333° 距离13.5n mile

老铁山高程464m
位置：38°31'.7N 121°15'.4E

图3-23 对景图

3. 利用等高线识别

航用海图上，山形、岛屿等陆标通常是以等高线（地面上高程相等的各点连线）来描绘的，非精测海图用草绘等高线或山形线来表示。等高线的多少和疏密，表示山形的高低和陡峭程度，等高线越多，表示山越高，等高线越少，表示山越低；等高线越密，表示山形越陡峭，等高线越稀疏，表示山形较平坦。因此，可以根据等高线的多少、疏密和形状来判断出地貌的立体形状来（图 3-24）。

4. 利用船位识别

实际工作中，有些物标容易辨认，但有些物标不是很确定，如图 3-25 所示，M_1 和 M_2 是我们已经识别的物标，而 M 物标还没有确认，我们可以同时测定 M_1、M_2 和 M 三个物标的方位，然后先在海图上根据已知物标 M_1 和 M_2 确定当时的船位 A，再自该船位绘画待识别物标的方位线 TB_1，如此反复多次，则图上这些方位线（TB_1、TB_2、TB_3）的交点处的物标，就是所需辨认的物标。

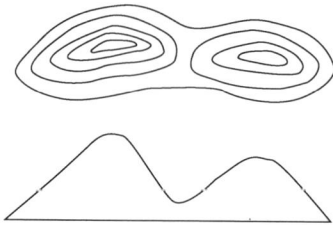

图 3-24　利用等高线识别物标　　图 3-25　利用船位识别物标

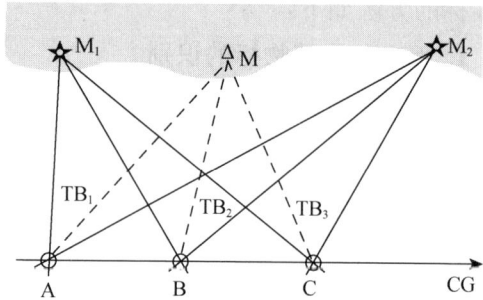

同理，我们可以用上述方法，将某些没有标绘在海图上，但对航行有意义的物标（如新建的高大建筑物和烟囱等），逐一标绘在海图上，为船舶以后在该海区航行提供更多、更好的定位和导航物标。

5. 利用灯质辨认物标

夜间航行，如果发现有灯标，应根据推算船位和灯标的方位，在海图上寻找该灯标，并且应与海图上或航标表中所载该灯标的周期、光色、射程以及与本船相对位置等几方面予以核对，辨认清楚。航行中如发现灯标与预计的不相符时，应认真分析、查明原因，切忌马虎。

二、方位定位

利用罗经同时观测两个或两个以上陆标的方位来确定船位的方法和过程称为方位定位。方位定位具有观测与作图简单、迅速、直观等优点，是最基本和最常用的陆标定位方法之一。

1. 两方位定位

（1）定位步骤

①在推算船位附近选择两适当的物标 M_1 和 M_2，并注意辨认。

②用罗经观测两物标的陀螺方位 GB_1、GB_2 或罗方位 CB_1、CB_2。

③按下式求取两物标的真方位：

$$TB_1=GB_1+\Delta G=CB_1+\Delta C$$
$$TB_2=GB_2+\Delta G=CB_2+\Delta C$$

④在海图上分别自 M_1 和 M_2 绘画方位位置线，其交点即为观测船位（图 3-26）。

观测船位用符号"$\odot$"表示。

由于观测和作图过程中，不可避免地存在一定的误差，加之事实上并不能真正做到同时观测，因此上述观测船位并非观测时刻的真实船位所在，只能认为是当时的最大概率船位。

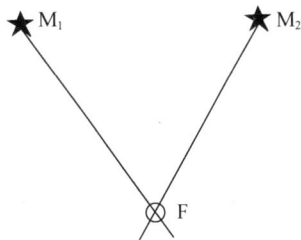

(2) 提高两方位定位精度的方法　为了提高两方位定位观测船位的精度，即减小观测船位系统误差和船位误差圆半径，除尽可能减小误差之外，还应注意选择适当的定位物标和遵循一定的观测顺序。

图 3-26　两标方位定位

①选择物标时的注意事项。选择下列物标，有利于提高两方位观测船位的精度：

A. 应选择海图上精确测绘的显著物标。

B. 尽可能选孤立、近距离的物标。

C. 两方位位置线交角应尽可能接近 $90°$；一般应满足：$30°<\theta<150°$。

②观测顺序。实际工作中，一个驾驶员往往是不可能同时用罗经观测两个物标的方位的，而是在短时间内先后观测所选物标方位，并以观测第二个物标的时间作为定位时间，这就必将因船舶的航行而产生船位误差。除尽量缩短观测两物标方位的时间间隔外，还应掌握正确的观测顺序，以减小上述误差。

在船首尾线附近和正横附近各有一物标 M_1 和 M_2，A、B 为 T_1、T_2 前后两个观测时刻的实际船位。假设先观测正横附近物标 M_2，得 T_1 时刻的方位位置线 P_1，再测首尾线附近物标 M_1，得 T_2 时刻的方位位置线 P_2，两位置线的交点 F_1 即为 T_2 时刻的观测船位，F_1B 即为这种观测顺序所产生的误差。若改换观测顺序，先观测 M_1，再观测 M_2，则相应的观测船位和误差分别为 F_2 和 F_2B。显然，误差 F_2B 比误差 F_1B 小得多。为了减小由于异时观测所产生观测船位误差，白天应先观测船首尾线附近、方位变化慢的物标，后观测正横附近、方位变化快的物标（图 3-27）。

夜间观测灯标时，应按先难后易的原则，尽量缩短前后两次观测的时间间隔，即先测闪光灯，后测定光灯；先测灯光周期长的、后测灯光周期短的灯标；先测灯光弱的、后测灯光强的灯标。

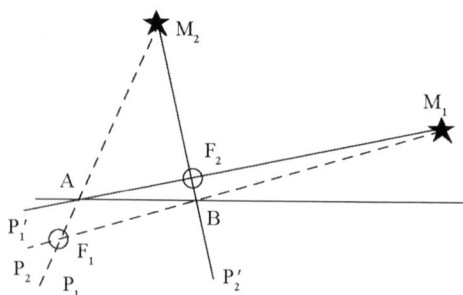

2. 三标方位定位

两标方位定位简单、直观，但难

图 3-27　观测物标顺序示意图

以判断观测船位的准确性。如条件允许，应使用三方位定位法，即同时观测三个物标的方位来测定船位，并判断是否存在粗差等影响。

（1）定位步骤

①在推算船位附近选择三个适当的物标 M_1、M_2 和 M_3。

②用罗经观测三物标的罗方位 CB_1、CB_2、CB_3。

③按下式求取三物标的真方位：

$$TB_1 = CB_1 + \Delta C$$
$$TB_2 = CB_2 + \Delta C$$
$$TB_3 = CB_3 + \Delta C$$

④在海图上分别自 M_1、M_2 和 M_3 画出方位位置线，其交点即为观测船位（图 3-28）。

（2）**船位误差三角形**　三标方位定位时，三条方位位置线通常并不相交于一点，而形成一个三角形，在大比例尺海图上尤为明显，则称其为船位误差三角形。

船位误差三角形主要由于下列因素所致：①并不能真正做到同时观测三物标方位；②观测方位中，存在观测误差；③罗经差 ΔG、ΔC 本身存在误差；④作图误差；⑤所测物标的海图位置不准所引起的误差。

（3）误差三角形的处理

①小误差三角形的处理。在大比例尺海图（比例尺大于 1:200 000）

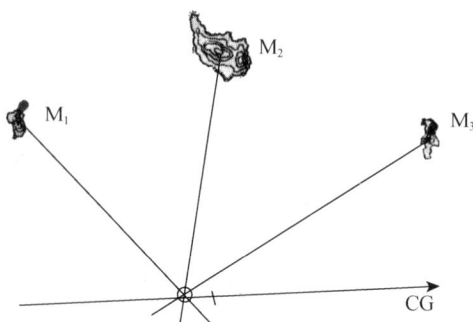

图 3-28　三标方位定位

上，如果船位误差三角形各边长小于5mm，一般可以认为是由于合理的随机误差所引起的。处理方法如下：

近似直角三角形，其最概率船位位于靠近直角处一点，见图3-29（1）。

近似等边三角形，其最概率船位位于三角形中心，见图3-29（2）。

近似等腰三角形，其最概率船位位于近短边中心，见图3-29（3）。

狭长等腰三角形，其最概率船位位于短边中心，见图3-29（4）。

若三角形附近有危险物存在，应将船位取在最接近危险物或对以后航行安全最不利的一点上。如图3-29（5）所示，如船舶继续向前航行，应将船位取在a点；如果定位后改驶CA′，则应将船位取在图中b点，以确保船舶航行安全。

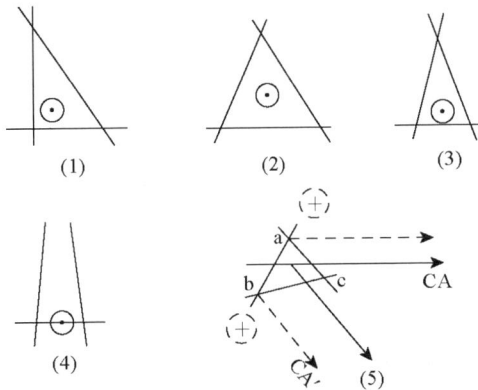

图3-29 小三角形的处理方法

②大误差三角形的处理。误差三角形较大时，应在短时间内进行重复观测，再根据不同情况做出相应的处理：

a.误差三角形基本消除或明显缩小。如果重复观测后，原有的误差三角形基本消除或变成了合理的小误差三角形，可以认为初次观测所得的大误差三角形是由于测错、认错物标等粗差所造成的，新的小误差三角形是消除粗差后，由于合理的随机误差所引起的，取最后一次观测的小误差三角形进行处理，找到船位。

b.误差三角形的大小、方向变化无显著规律。重新观测后，新的误差三角形的大小和方向变化无规律，说明误差三角形主要是由于较大的随机误差所引起的。这时，最好改用其他有效的定位方法定位。

c.误差三角形的大小和方向无显著变化。船位误差三角形的大小和方向无显著变化时，可认为观测方位中存在较大的系统误差，可以认为是ΔC有较大的误差。此时，可以通过重新测定ΔC来减小定位误差，也可以用图解法进行处理以求得较准确船位。

图解法求较准确船位方法如图3-30所示：

首先将三角形的每条方位线同时加（或减）同一度数（在$2°\sim 4°$范围内），重新划线得到新的误差三角形。

然后将两个三角形相对应的顶点用直线连接。三条直线交于一点为船位，或出现小三角形，可按小三角形的处理方法找出船位。

（4）提高三标方位定位精度的方法　要提高三标方位定位的精度，同样应尽可能减小观测方位的误差，并注意选择适当的定位物标：①孤立、显著、海图位置准确的近标；②相邻两方位位置线交角 θ 应尽可能接近 $60°$ 或 $120°$，一般应满足：$30<\theta<150°$。

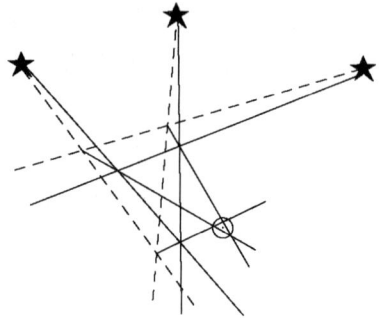

图 3-30　图解法处理大三角形

3. 船位差（位移差）

船舶在定位时，在同一时刻需要确定一个推算船位和一个观测船位，往往两个船位并不重合。我们把同一时刻的推算船位和观测船位之间的位置差称为船位差（位移差）。船位差用同一时刻推算船位到观测船位的方向和距离来表示，符号用"ΔP"米表示，如 ΔP：$020°-1'.0$（图 3-31）。

当船位差不大时，可以仍然按照推算船位继续进行航迹推算，只需从观测船位画出一个小箭头指向同一时刻的推算船位，表明二者的关系即可；如果船位差较大并

ΔP: $020°$　$-1'.0$

图 3-31　船位差

核实无误，则须报船长同意后，由观测船位进行下一步航迹推算，此时，推算船位和观测船位之间用一曲线连接表示二者关系，并将船位差记入航海日志。

三、距离定位

如果能同时测得船舶与附近两个物标之间的距离，则可以分别以被测物标为圆心，以相应的距离为半径绘画距离位置线，其中靠近推算船位的一个交点即为观测时刻的船位，这种方法和过程称为距离定位。

1. 距离的测定

航海上一般用雷达和六分仪测定船舶与物标之间的距离。

（1）雷达测距离　用雷达测定船到物标的距离，然后以观测点为圆心画出距离位置线。用雷达测定距离的原理和方法等将在雷达导航一节中加以介绍。

（2）六分仪测距离　用六分仪测得视界内某已知高度（H）的物标 M

的垂直角 α（′）（图 3-32），不考虑地面蒙气差和地面曲率的影响，则船舶到该物标的距离 D 为：

$$D = 1.856 \times \frac{H}{\alpha} \text{（n mile）}$$

式中　H——物标高度（m）；

　　　　α——物标垂直角（′）。

注意事项：

①式中物标高度 H 是指测量当时该物标的实际高度，为了减小物标高度误差，在潮差大的海域应当进行潮高修正。

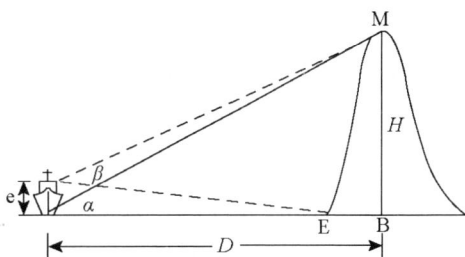

图 3-32　六分仪测垂直角

②由于测者都具有一定的眼高 e，物标顶点的垂足 B 也不可能在岸水线 E 点，因此实际所测得的是 β 角，而不是 α 角。为了尽可能减小眼高 e、岸距 BE 对所测距离的影响，应选择视界内、岸距小、高度大（陡直的物标）和距离近的物标，同时眼高 e 尽量要小。

2. 距离定位

定位方法：同时测得本船到物标 M_1 和 M_2 的距离 D_1 和 D_2，分别以 M_1 和 M_2 为圆心、D_1 和 D_2 为半径绘画圆弧，两距离位置线通常有两个交点，其中接近推算船位的一点即为当时的观测船位 P（图 3-33）。

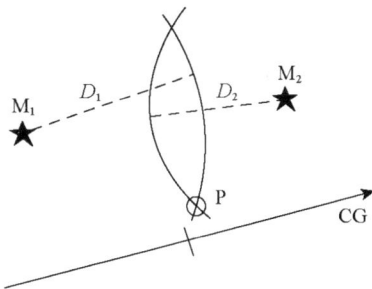

图 3-33　两标距离定位

3. 提高两距离定位精度的方法

为了提高两距离定位的精度，应尽可能相应减小观测距离的误差，并注意选择适当的定位物标和遵循一定的观测顺序。

（1）**物标的选择**　为了提高两距离观测船位的精度，选择物标的原则是：

①孤立、显著、海图位置准确且离船较近的物标。

②两物标距离位置线交角 θ 应尽可能接近 $90°$，至少满足：$30° < \theta < 150°$。

（2）**观测顺序**　为了减小"异时"观测所造成的船位误差，在观测顺序上，应遵循"先慢后快"的原则，先观测正横附近，距离变化慢的物标；后观测首尾线附近，距离变化快的物标。

四、方位距离定位

利用视界内唯一可供观测的物标，同时测定其方位和距离，可得到该物标同一时刻的两条（方位和距离）位置线，它们的交点即为观测时刻的船位。

单标方位距离定位，是航海上经常使用的一种定位方法。只要能同时测得某物标的方位和距离，就可以确定观测时刻的船位。同时用雷达观测物标的方位和距离、观测灯塔初显（或初隐）距离和方位，以及同时用六分仪和罗经测定物标的垂直角和方位等，都可用来进行方位距离定位。

观测单一物标的方位和距离定位，既可解决某些物标因距离较远、方位变化慢造成的移线定位困难，又可避免推算误差和风流等对移线定位的影响。此外，单标方位距离定位，两位置线的交角始终等于90°，因此船位误差相对比较小。

1. 方位距离定位

同时观测某物标的方位和距离，由物标画出方位位置线和距离位置线，其交点为船位（图3-34）。

2. 提高方位距离定位精度的方法

单标方位距离定位，船位误差主要取决于观测方位和观测距离的精度，为了提高单物标方位距离定位的精度，除要尽可能消除观测和绘画方位距离的误差外，还应尽量选择离船较近的物标。

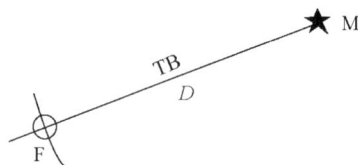

图3-34 方位距离定位

利用灯塔初显（初隐）时的方位和初显（初隐）距离定位时，要注意掌握准确的初显（初隐）方位和距离的观测方法。观测灯光初显方位和距离时，测者应先站立在驾驶台最高的地方（标准罗经甲板）进行观测，初次发现灯光后，观测者迅速测定该灯塔的方位，并立即沿着扶梯往下走，在灯塔灯芯初显测者水天线的瞬间，计下当时的时间和测者眼高。最后根据测者眼高和灯塔的实际高度，计算出灯塔的地理能见距离，就是该灯塔的初显距离。

观测灯光初隐方位和距离时，测者应先在驾驶台最低处观测，发现灯光消失时，立即上标准罗经甲板观测该灯塔的方位，然后沿扶梯往下走，在灯塔灯芯初没测者水天线的瞬间，计下当时的时间和测者眼高。该灯塔的初隐距离就等于灯塔灯光初隐时灯塔的地理能见距离。

五、单一位置线的应用

航行中，有时测者一次只能测得一条位置线，虽然不能用来确定观测船位，但是如能充分、合理地应用某些单一位置线，它们同样会对船舶的航行安全起到非常积极的作用。单一位置线主要可应用于：

1. 导航

航行前方或后方的单一方位或叠标位置线，可引导船舶安全地航行在该导航线所标示的航道上。

2. 避险

为避开航线附近的危险物，可事先选择一合适的参照物标，并根据危险物和参照物标的某种相对关系（方位、距离、垂直角和水平角等）设定好相应的避险线。航行中，只要确保船舶航行在该避险线的安全一侧，即可使船舶安全地通过危险物。

3. 转向

为了确保船舶及时、准确地从原航线转到新的计划航线上，通常可选择转向点附近原航线正横两侧或新航线两端的物标作为转向物标，利用该物标的某一方位位置线来判断转向时机。

4. 测定仪器误差

航海上，经常利用单一的叠标或导标等位置线来测定罗经差、计程仪改正率和其他一些航海仪器的误差。不考虑观测中存在的误差，则：

$$仪器误差＝真值－测量值$$

5. 判断船位误差

单一的直线位置线，还可用来判断船位的误差，若单一位置线与计划航线平行，可用以判断船位偏离航线的方向和距离；若与计划航线垂直，可判断推算船位超前或落后实际船位的情况。如果单一位置线与子午线平行，可由此确定船位的经度；而当单一位置线与纬线平行时，可用于确定船位的纬度。

第三节　海图作业的要求和基本作业方法

本节要点：海图作业的基本方法和海图作业的要求。

一、海图作业的要求

海图作业是船舶航行的一项基础工作，海图作业应当符合《交通部海图作业试行规则》的要求。下列规定对于渔船尤为重要。

①船长应对海图作业全面负责，并经常对驾驶员进行检查指导。驾驶员应认真进行作业，发现问题，及时向船长报告，并积极提供意见。

②对航区情况要熟悉，各种助航仪器的误差数据要准确，并经常核对。

③在进行海图作业过程中，一切重要数据资料，如重要船位（改向时船位、长时间进行航迹推算后所测得的第一个观测船位，以及转移船位的观测船位等）的观测数据、位移差的方向和距离、所采用的风和流的资料等，均应记入航海日志。

④本航次进行的海图作业，必须保留到下一航次开始时方可擦去，以备查考。如果发生海事，应将当时进行作业的海图妥善保存，以供海事调查之用。

⑤船舶驶出引航水域或港口后的观测船位可作为航迹推算起点。驶入引航水域或接近港界有物标可供导航时，可终止航迹推算。航迹推算的起点和终点应记入航海日志。

⑥风流压差值的采用或改变均应由船长决定，或由驾驶员根据船长的指示进行。航行中，驾驶员如发现风流压差值变化较大，应及时报告船长。

⑦在狭水道或渔区航行，可以不进行推算。应将进入狭水道或渔区前的中止点船位和驶出狭水道或渔区后的推算复始点的船位在海图上画出，并记入航海日志。

⑧如果发现位移差较大，且需要转移推算起点时，应报经船长同意后，才可将推算船位转移到观测船位。

⑨对定位时间间隔的要求：

a. 推算船位。在沿岸水流影响显著地区航行，每 1h 定位 1 次。其他地区航行，一般情况下，每 2h 或 4h 定位 1 次。

b. 观测船位。沿岸航行，船速在 15kn 以下，每 0.5h 定位 1 次。接近危险地区或船速 15kn 以上，均应适当缩短定位时间间隔。能见度不良情况下，应充分使用雷达进行定位；远离海岸航行，应当保证每 1h 定位 1 次。

⑩海图上的标注：

a. 观测或推算船位的时间和计程仪指示的读数，以分数式指出。分数式和海图的横廓相平行。

b. 航向的标注应照下列次序标出：计划航线及其相对应的罗经航向、罗经改正量、风流压差值。均以缩写代号和度数平写在航线的上面。当航线接近南北，或航线太短。航向不宜按上述规定标注时，可标注在航线的旁边，并以箭头示之。

⑪观测船位记入航海日志时，应记观测原始数据，包括：时间、计程仪读数、物标名称和有关读数及改正量、位移差。

二、海图作业的基本方法

1. 海图作业工具

（1）**航海三角板** 一付，可用于在海图上画线、平移直线、量取航向和方位。

（2）**量角器** 在航海三角板上刻有量角器。在量角器圆周边缘附近刻有两圈读数，同一处的内圈和外圈角度读数相差$180°$。当航向或方位大于$180°$时，读取内圈读数，小于$180°$时读取外圈读数。

（3）**平行尺** 可以将已知方向的直线平移到某一位置点，可以量取直线的方向。

（4）**分规（圆规）** 用于在海图上量取航程和距离。

2. 海图作业基本方法

（1）**已知位置量取经纬度和已知经纬度标定位置**

①已知位置量取经纬度：

a. 用航海三角板量取。量取经度时，将第一只三角板的一边与船位附近的纬线重合，第二只三角板的直角边与之重合，压紧第一只三角板，推移第二只三角板，直至第二只三角板的另一直角边通过给定位置为止，从该直角边与经度图尺的相交处读出经度（图3-35）。

量取纬度时，将第一只三角板的一边与船位附近的经线重合，第二只三角板的直角边与之重合，压紧第一只三角板，推移第二只三角板，直至第二只三角板的另一直角边通过给定位置为止，从该直角边与纬度图尺的相交处读出纬度。

b. 用平行尺量取。量取经度时，将平行尺的一侧边线与经线重合，压

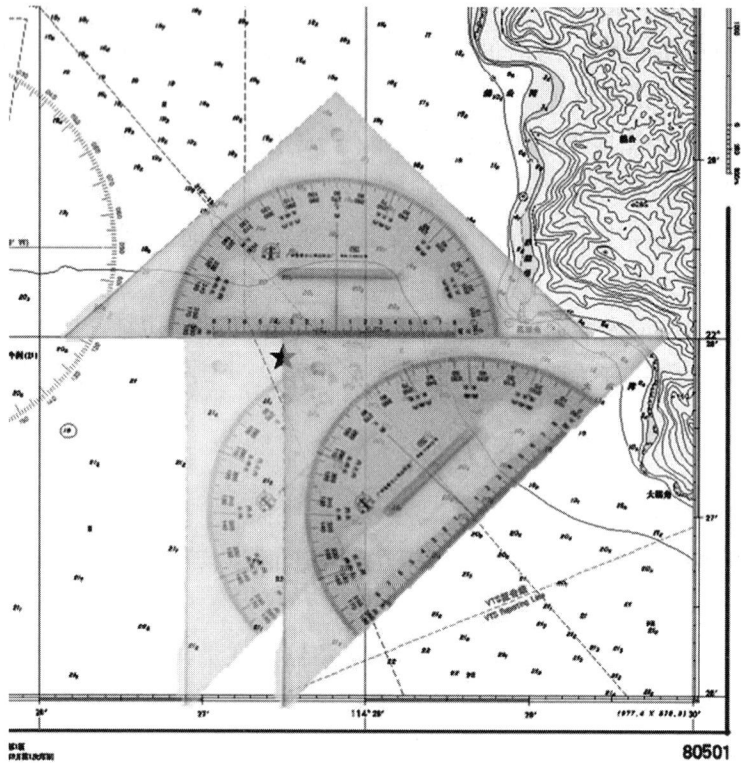

图 3-35 航海三角板作图

住该尺，推移平行尺的另一尺，使另一尺边线通过给定位置并于经度图尺相交，即可在交点处读出经度。同理，可量出该位置的纬度（图 3-36）。

②已知经纬度标定位置：

a. 用航海三角板标定。绘画经线时，将第一只三角板的一边与纬线重合，第二只三角板的直角边与之重合，压紧第一只三角板，推移第二只三角板的另一直角边到经度图尺给定的经度处，在给定的纬度附近画出经线；同理，可画出纬线。经、纬线的交点为所要标定的位置。

b. 用平行尺标定。将平行尺的一侧边线与经线重合，压住该尺，推移平行尺的另一尺，使另一尺边线通过经度图尺上给定经度处，在给定的纬度附近画出经线；同理，可画出纬线。经、纬线的交点为所要标定的位置。

此外，还可以用分规标定以及分规与三角尺、分规与平行尺组合标定，这里不再一一赘述。

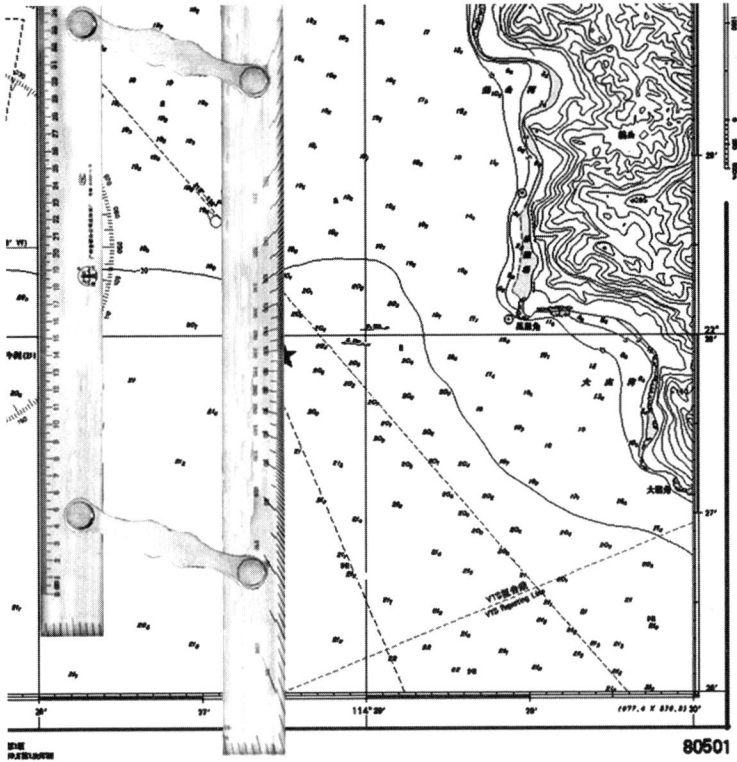

图 3-36　平行尺作图

（2）量取航向（方位）和画航向线（方位线）

①量取航向和方位：

a. 用航海三角板量取航向线（方位线）的度数。将一只三角板的斜边与航向线（方位线）重合，将第二只三角板对齐第一只三角板的直角边并压紧，滑动第一只三角板，将航向线（方位线）平移到方位圈，量取其方向度数；也可以将航向线平移到附近的经线，三角板上的量角器中心压住经线，则此时经线所对的量角器度数为航向（方位）。如果航向（方位）小于180°，读外圈度数，如果大于180°，则读内圈度数，详见图 3-37a 和图 3-37b。

b. 用平行尺量取航向线（方位线）的度数。将平行尺的一个边缘与航向线重合，推动另一尺到方向圈量取方向度数；由于平行尺上也有量角器，也可以推到邻近的经线量取方向度数（图 3-38）。

②画航向线和方位线：

a. 根据给定的航向（方位）用航海三角板画出航向线（方位线）。将上

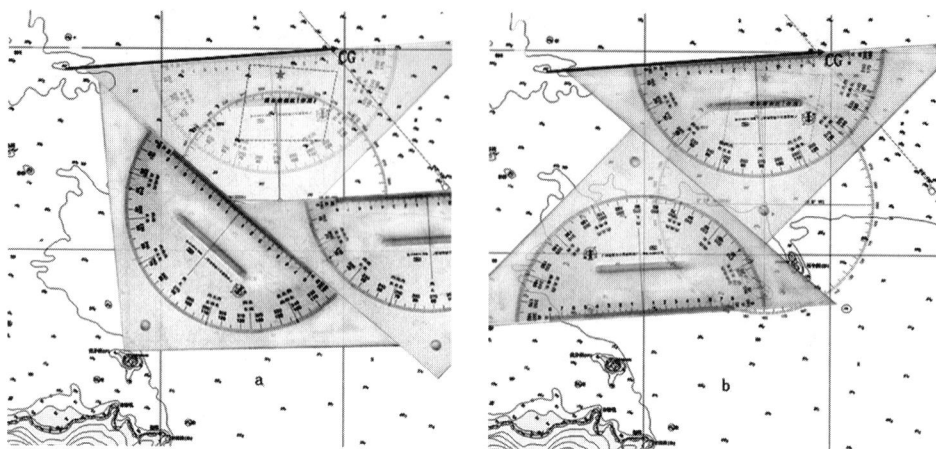

图 3-37　三角板量出航向

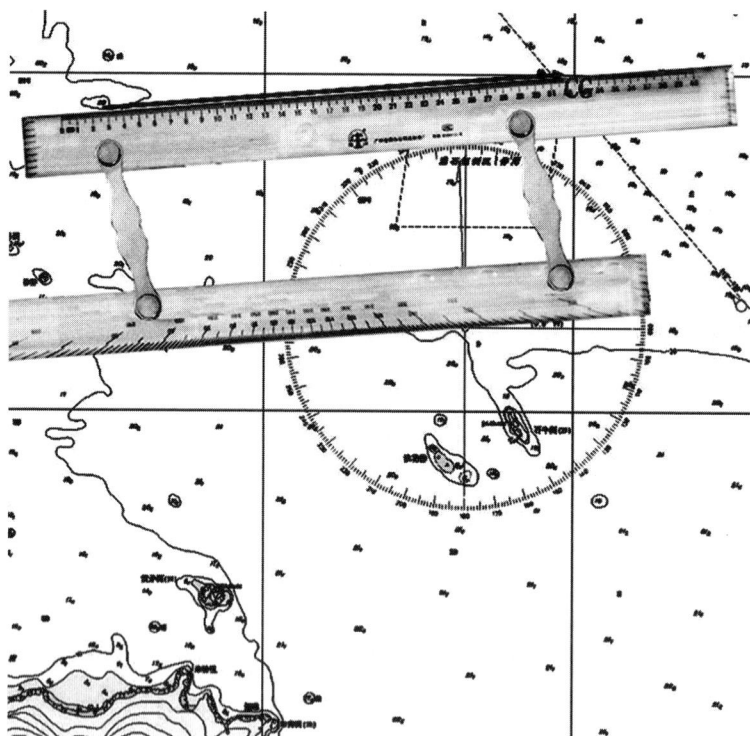

图 3-38　平行尺量出航向

述步骤反过来，在方向圈（或者附近的经线）用三角板（量角器）对准给定的航向方向，将该方向平推到船位点，画出航向线；画方位线时，是将方位方向平推到物标，由物标按方位的反方向画出方位线。

　　b. 根据给定的航向（方位）用平行尺画出航向线（方位线）。用平行尺的一个边缘在方向圈对准给定的航向（方位），推动平行尺的另一尺到给定位置，画出航向线（方位线）。

　　（3）用分规量距离　在海图上量取距离（航程）时，首先用分规量出某距离的长度，然后在航行区域所在的平均纬度附近的纬度图尺上读取该长度对应多少个纬度分，一分为一海里。反之，如果已知距离（航程），在航行区域平均纬度附近的纬度图尺上用分规量取海里数，再回到图上截取（图 3-39）。

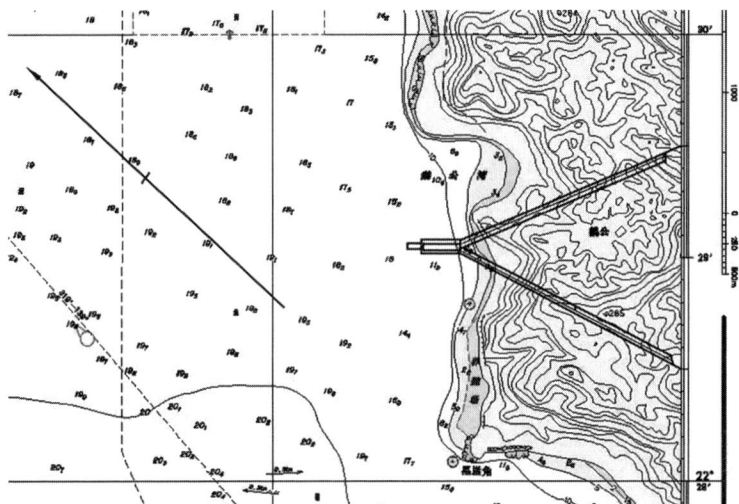

图 3-39　量取距离

思考题

　　1. 什么是航迹推算？它在航海上有什么作用？

　　2. 何谓风压差？它与哪些因素有关？如何获得风压差？

　　3. 什么是计划航向、推算航迹向和风中航迹向？

　　4. 试述在不同情况下的航迹绘算方法。

　　5. 试述流要素的求取方法。

　　6. 如何提高航迹推算的精度？

　　7. 测定压差角的方法有哪些？

　　8. 试述在沿岸航行时，辨认和识别陆标的方法。

9. 试述在两标方位定位中选择物标的注意事项以及观测目标的顺序。

10. 试述三标方位定位时，产生船位误差三角形的原因。

11. 试述三标方位定位时，小误差三角形和大误差三角形的处理方法。

12. 什么是船位差？如何表示？有船位差时航迹推算如何进行？

13. 利用六分仪观测物标的垂直角求距离时应注意哪些事项？

14. 利用灯光的初显（初隐）定位时，应当注意哪些问题？

15. 单一位置线有哪些用途？

16. 海图作业有哪些基本要求？

第四章　潮　　汐

潮汐学是研究海洋、大气和地球潮汐现象的一门科学。本书只从航海实际应用出发，阐明海洋潮汐的现象、成因、推算潮汐的知识和方法，以及潮汐在航海中的应用。

第一节　潮汐的基本成因与潮汐不等

本节要点：潮汐产生的原因；潮汐不等现象。

一、潮汐现象

在沿海生活的人们注意到，海面每天产生周期性的升降现象，海面在周期性外力作用下产生的周期性升降运动称为潮汐，并将白天的海面上升称为潮，晚上的海面上升称为汐。海面上升的过程称为涨潮，当海面到达最高点时，称为高潮；海面下降的过程称为落潮，当海面到达最低点时，称为低潮。伴随海面周期性的升降运动而产生的海水周期性的水平方向流动称为潮流。

潮汐与航海的关系非常密切，当船舶通过浅水航道或浅水区时，吃水较深的船舶需要候潮；当船舶顺着潮流航行，就能加快航速，节约时间和燃料；反之则航速变慢，结果航行时间和燃油消耗都将增加；在沿岸航行中，潮流还能使船舶偏离航线，稍不谨慎就容易发生事故。因此，掌握潮汐的基本成因、潮汐术语和潮汐、潮流的计算方法等，对保证航行计划的顺利实施和确保航行安全有着重要的意义。

二、潮汐的基本成因

潮汐是由天体的引潮力产生的。天体的引力与惯性离心力的合力称为引潮力。对潮汐影响大的是月球和太阳的引潮力，其中月球引潮力是产生潮汐的主要力量。即月球对地面海水的引力，以及地球绕地（球）、月（球）公共质心进行平动运动所产生的惯性离心力是形成潮汐的主要原动力。本节只讨论月球引潮力，为方便讨论，提出两点假设：

①整个地球被等深的大洋所覆盖，所有自然地理因素对潮汐不起作用。

②海水没有摩擦力和惯性力，外力使海水在任何时刻都处于平衡状态。

1. 月球的引力

在地球和月球的引力系统中，按万有引力定律，月球与地球之间的引力与地、月两球的质量成正比，与它们之间距离的平方成反比。

对于地球上各点来说，其所受月球引力的大小和方向均不相同，即不同地点的水质点所受到的月球引力的大小，是随着该点与月球中心的距离 r 的不同而不同的，离月球近的水质点受力大，离月球远的则受力小，且引力的方向均指向月球中心（图 4-1）。

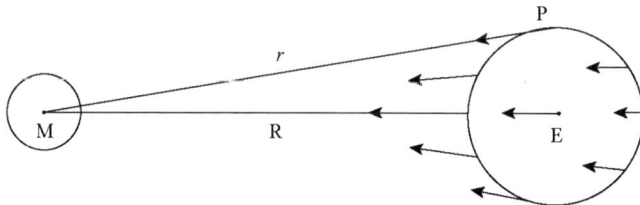

图 4-1　月球的引力

2. 惯性离心力

月球和地球都绕着它们的公共质心〔位于地球内部、距离地球中心（E）约 0.73 倍的地球平均半径处〕进行平动运动，因此对于地球上的各点，所受到的受到的惯性离心力大小相等，方向相同。当只考虑地、月系统时，地球所受到的月球引力与地球绕公共质心的平动运动产生的惯性离心力近似平衡。

3. 月球引潮力及月潮椭圆体

通过以上的分析得知，地球上各点在任何时刻均同时受到月球引力和地球绕公共质心进行平动运动所产生的惯性离心力的作用，这两个力的矢量和称为月球引潮力。

图 4-2 是地球上各点的月球引潮力的大小和方向示意图，在地球中心，引力与离心力大小相等，方向相反，处于力的平衡状态，引潮力等于零。在其他各点处，引力和离心力不会相互抵消，从而产生了引潮力。

假设地球表面被等深的海水所覆盖，则在引潮力的作用下，地球表面的

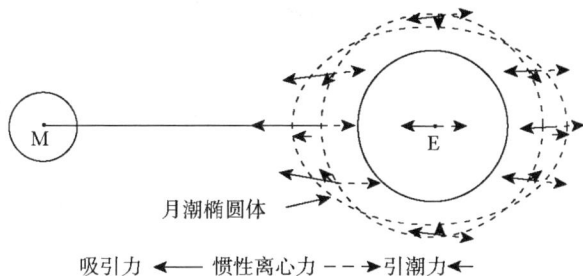

吸引力 ←——　惯性离心力 - - →　引潮力 ←

图4-2　月球引潮力示意图

海水将达到新的平衡状态，而成为其长轴与月地联线一致的椭圆体，称为月潮椭圆体。

假设月球赤纬等于零，对于地球表面上任意一点 A，当地球自转时，A 点分别处于 A_1、A_2、A_3、A_4 点，该地海面的高度分别经历高—低—高—低的周期性变化，由此就产生了潮汐（图4-3）。

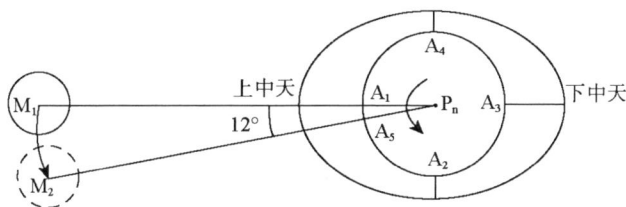

图4-3　潮汐产生示意图

相对于月亮，地球自转一周称为一个太阴日（月亮连续两次上中天的时间间隔）。

地点 A 由 A_1—A_2—A_3—A_4 再回到 A_1 点历时 24h，此时由于月亮绕地球公转，此时已经不再 M_1 位置，而是到了 M_2 位置。由于一个太阴月为 29.5 天（相对于太阳，月亮绕行地球一周的时间），这样，地球必须继续自转大约 12°才能再次月中天。地球自转 12°需要 50min，因此一个太阴日为 24h50min。在一个太阴日中潮汐要经过 4 次变化，相邻两次高潮（低潮）的时间间隔为 12h25min。

三、潮汐不等

1. 潮汐的周日不等

当月赤纬等于零时，或观测点的地理纬度为零时，在一个太阴日中发生的两次高潮（或低潮）的高度差不多相等，相邻的涨落潮的时间间隔也差不多相等。我们把这种潮汐称为半日潮。

当月赤纬不等于零，观测点的地理纬度也不为零时，潮汐椭圆体的长轴与赤道平面之间有一个夹角（夹角等于月球赤纬），当地球自转时，就出现了同一太阴日中两次高潮（低潮）的高度不等，相邻的低、高潮（或高、低潮）之间的时间间隔（涨、落潮时间）也不等的现象，我们称之为周日不等现象。

以地球上纬度不等于零的测者 A 为例，由于地球自转，当 A 点转到 A_1 处时，发生高潮，过一段时间后，转到 A_2 位置，发生低潮。第二次高潮则发生在 A_3 处，第二次低潮则发生在 A_4 处，出现周日不等现象。显然，当月球赤纬增大时，这种潮汐周日不等的现象更为显著（图 4-4）。

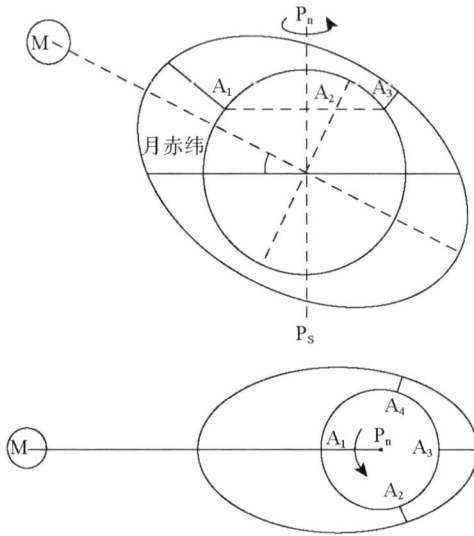

图 4-4　潮汐周日不等现象

当测者纬度很高，月亮赤纬又较大时，一个太阴日中，某相邻的低高潮和高低潮的高度可能相差无几，从而形成一天只有一次高潮、一次低潮，这一现象称为日潮现象。当月赤纬达到最大时，潮汐周日不等现象最为显著；当月赤纬为零时，潮汐周日不等现象最不明显。

潮汐按涨落周期不同可分为以下四种类型。

（1）正规半日潮　一个太阴日内发生两次高潮和两次低潮，两次高潮（低潮）的高度相差不大，涨、落潮时间也大致相同。

（2）**全日潮** 半个月中连续 1/2 以上天数是日潮，其余日子为半日潮。

（3）**不正规半日潮** 基本上为半日潮特征，但相邻高潮（低潮）的潮高相差很大，涨、落潮时间也不相等。

（4）**不正规日潮** 半个月中，日潮天数不超过 7 天，其余为不正规半日潮。

2. 潮汐的半月不等

上面仅讨论了月球对地球的作用和月引潮力对潮汐的影响，太阳同样对地球产生作用，产生的太阳引潮力同样会对潮汐产生影响。由于太阳到地球的距离远大于月球到地球的距离，月引潮力要比太阳的引潮力大 2.17 倍，所以对于潮汐现象而言，月球的作用是主要的，太阳的引潮力是次要的。由于月球、太阳和地球在空间周期性地改变着它们的相对位置，因而发生了潮汐半月不等现象。当月球处在新月（阴历初一）或满月（阴历十六）时，太阳和月球潮汐椭圆体的长轴在同一个子午圈平面内，则太阳引潮力与月球引潮力相互叠加，使合成的潮汐椭圆体的长轴更长，短轴更短，从而出现高潮相对最高，低潮相对最低，即出现一个月中海水涨落最大的现象，称为大潮（图 4-5a）；而当月球处于上弦（阴历初七、八）和下弦（阴历初二十二、三）时，太阳和月球潮汐椭圆体的长、短轴在同一个子午圈平面内，因此两者的引潮力互相抵消一部分，使合成的潮汐椭圆体的长轴变短，短轴变长，从而出现了高潮相对最低，低潮相对最高，即出现一个月中海水涨落相对最小的现象，称为小潮（图 4-5b）。可见，月亮从新月—上弦月—满月—下弦月变化，潮汐将经过大潮—小潮—大潮—小潮的变化，由于大小潮的变化是以半个太阴月为周期的，这种现象称为潮汐的半月不等。

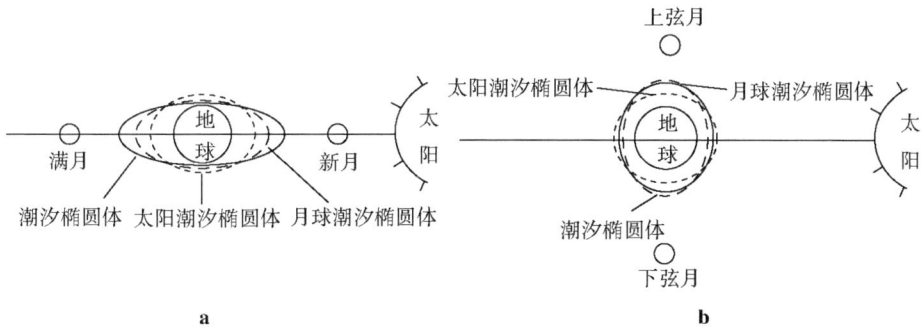

图 4-5 潮汐半月不等现象

a. 大潮产生示意图 b. 小潮产生示意图

3. 潮汐的视差不等

潮汐的视差不等是由于月球和太阳与地球间的距离变化，使月球引潮力和太阳引潮力发生变化，从而产生的潮汐不等现象。月球是沿椭圆轨道绕地球转动的，地球在椭圆轨道的一个焦点上。当月球位于近地点时，其引潮力要比位于远地点时约大 40%；当地球位于近日点时，引潮力比远日点时约大 10%。这种由于地球和太阳、月球距离变化而产生的潮汐不等，称为视差不等。

四、理论潮汐与实际潮汐的差异

上述对潮汐成因、潮汐不等问题的讨论，都是根据牛顿的潮汐静力学理论，在理想的假设条件下进行的。事实上，海水有粘滞性，海洋深浅不一，海底崎岖不平，海水与地面有很大的摩擦力，因此高潮并不发生在月上（下）中天之时，而是滞后一段时间才发生。从月上（下）中天时到当地出现第一次高潮的时间间隔称高潮间隙；大潮也不发生在朔望之日，而往往发生在朔望后的 1～3 天。朔望日到发生大潮的间隔天数称为潮龄。我国沿海，潮龄一般为 2 天。

沿岸海区地理条件较大洋更加复杂。其水深变化大，海底地形复杂，岸线曲折，尤其是浅滩和狭窄海湾的存在等地理特点，不仅能改变海水涨落的差距，而且能改变潮汐性质。另外，潮汐还受大风、气压变化（如台风）、洪水、结冰等影响而增水或减水，尤其在浅水海湾或河口港，其影响可能非常显著，不可忽视。有些河口航道，由于河流下泄水的影响，落潮时间明显长于涨潮时间，落潮流速也明显大于涨潮流速。

五、潮汐术语

在论述潮汐成因，潮汐不等等问题时已介绍了一些潮汐术语，为了便于掌握和实际运用潮汐计算方法，再介绍一些潮汐术语如下（图 4-6）。

（1）平均海面　根据长期潮汐观测记录算得的某一时期的海面平均高度。

（2）海图深度基准面（海图基准面）　计算海图水深的起算面。

（3）潮高基准面　观测和预报潮高的起算面，从平均海面向下度量。潮高基准面一般与海图深度基准面一致。因此，实际水深等于当时潮高加上海图水深。如两者不一致，求实际水深时，应对两者的差值进行修正。

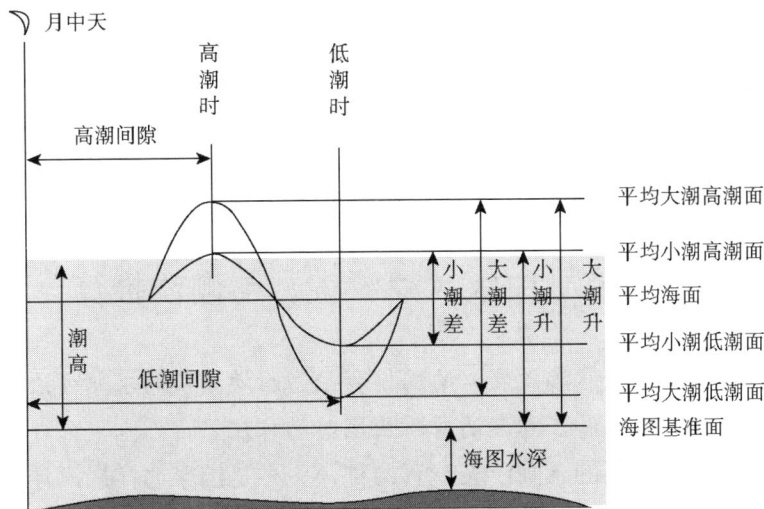

图 4-6 潮汐术语示意图

实际水深＝海图水深＋潮高＋（海图基准面－潮高基准面）

（4）**高（低）潮时** 海面出现高（低）潮的时间。

（5）**平均大（小）潮高潮面** 半日潮大（小）潮期间高潮水位的平均值。

（6）**平均大（小）潮低潮面** 半日潮大（小）潮期间低潮水位的平均值。

（7）**大潮升** 从潮高基准面到平均大潮高潮面的高度。

（8）**小潮升** 从潮高基准面到平均小潮高潮面的高度。

（9）**平均高潮（低潮）间隙** 每天月中天时刻到高（低）潮时的时间间隔的长期观测平均值，称为平均高潮（低潮）间隙。

（10）**潮龄** 由朔、望日到实际大潮发生所间隔的天数。一般为 1～3 天。

（11）**潮高** 从潮高基准面至某潮面的高度。

（12）**高潮高** 从潮高基准面至高潮面的高度，即高潮时的潮高。

（13）**低潮高** 从潮高基准面至低潮面的高度，即低潮时的潮高。

（14）**潮差** 相邻的高潮高与低潮高之差。大潮时的平均潮差称大潮差，小潮时的平均潮差称小潮差。

（15）**平潮与停潮** 当高潮发生后，海面有一段时间呈现停止升降的现象，称之为平潮；当低潮发生后，海面有一段时间呈现停止升降的现象，称之为停潮。

（16）**回归潮**　当月赤纬最大时的潮汐称为回归潮，此时，潮汐周日不等现象最明显。

（17）**分点潮**　当月赤纬最小时的潮汐称为分点潮，此时，潮汐周日不等现象最不明显。

第二节　中版《潮汐表》与潮汐推算

本节要点：中版《潮汐表》的编排和主、附港潮汐的求取方法；利用梯形图卡求任意时潮高和任意潮高所对应潮时的方法。

目前，我国出版的《潮汐表》有两种，一种是国家海洋局海洋信息中心出版的《潮汐表》，在航海上应用较广；另一种是中国人民解放军海军司令部航保部出版的《潮汐表》。此外，有条件的也可以通过一些网站获得部分潮汐资料。

本书仅对国家海洋局海洋信息中心出版的《潮汐表》进行介绍，而航保部出版的《潮汐表》由于其使用方法与国家海洋局出版的《潮汐表》相近，且更加简单，在这里就不专门介绍了。

一、中版《潮汐表》简介

1. 出版情况

国家海洋局出版的年度《潮汐表》，由六册组成，各册范围如下：

第一册：中国渤海和黄海沿岸，从鸭绿江口至长江口。

第二册：中国东海沿岸，从长江口至台湾海峡。

第三册：中国南海沿岸及诸群岛，从台湾海峡至北部湾。

第四册：太平洋及毗邻水域。

第五册：印度洋沿岸（含地中海）及欧洲水域。

第六册：大西洋沿岸及非洲东海岸。

2. 主要内容

①主港潮汐预报表刊载了各主港的逐日高、低潮潮时和潮高预报，以及部分重要港口的逐时潮高。

②潮流预报表刊载了部分海峡、港湾、航道，以及渔场的潮流预报。

③差比数和潮信表用于以附港和主港的差比数推算附港潮汐，用潮信资

料概算潮汐。

另外，还刊有《站位分布示意图》《部分港口潮高订正值表》、梯形图卡等。

3. 注意事项

①我国沿海港口用北京标准时（东八区），外国诸港均在每页左下角注明该港所用的标准时。

②潮高基准面一般与海图深度基准面一致，此时：

实际水深＝当地海图水深＋潮高

但是，有些港口的海图深度基准面与《潮汐表》采用的潮高基准面不一致，此时：

实际水深＝海图水深＋潮高＋（海图基准面－潮高基准面）

③在正常情况下，中国沿岸三册《潮汐表》预报潮时的误差在 20～30min，潮高误差在 20～30cm。

但在特殊情况下会有较大误差。例如，寒潮、台风、大风或其他天气急剧变化、洪水下泄、结冰等情况下，潮汐预报会与实际情况有较大的出入。

二、利用《潮汐表》推算潮汐

1. 求主港高、低潮的潮时和潮高

主港高、低潮的潮时及部分港口每小时潮高，可直接查《潮汐表》求得。《潮汐表》中所提供的潮时为当地使用的标准时，但应注意船时与当地标准时是否一致。

2. 求附港的高、低潮潮时和潮高

（1）相关名词

①高（低）潮时差：主港与附港高（低）潮潮时之差。附港高（低）潮潮时晚于主港高（低）潮潮时，用正号（＋）表示；附港高（低）潮潮时早于主港高（低）潮潮时，用负号（－）表示。

②潮差比：对于半日潮港来说，是指附港的平均潮差与主港的平均潮差之比；对于日潮港来说，是指附港回归潮大的潮差与主港回归潮大的潮差之比。

③改正值：使用潮差比由主港潮高计算附港潮高时，若附港基准面不是用主港基准面确定的，需要对附港潮高进行订正，使之变为从附港基准面起算。此订正数就是表中的改正值。

（2）差比数公式

①附港潮时的计算公式为：

附港高（低）潮时＝主港高（低）潮时＋高（低）潮时差

②《潮汐表》前三册求附港潮高的计算公式：

a. 当主、附港季节改正数较大时：

附港高（低）潮高＝［主港高（低）潮高－（主港平均海面＋主港季节改正数）］×潮差比＋（附港平均海面＋附港季节改正数）

b. 当主、附港季节改正数不大时：

附港高（低）潮高＝主港高（低）潮高×潮差比＋改正值

③《潮汐表》第四册及以后的计算公式为：

附港高（低）潮高＝主港高（低）潮高×潮差比＋改正数＋潮高季节改正数

在利用上述公式求附港潮汐时，应首先在"差比数和潮信表"中查取附港资料和其主港的名称（前三册按序查取，第四册至第六册从地名索引查取），查出主港资料，进而计算附港潮汐。

例 4-1：求大长山岛 2015 年 6 月 19 日的潮汐。

解：从 2015 年第一册《潮汐表》的"差比数和潮信表"中，查得大长山岛（编号 1016）的主港是大连（编号 1025），高潮时差为－0047，低潮时差为－0050，潮差比 1.35，改正值 11，大长山岛平均海面 230cm，大连平均海面为 163cm。根据主、附港编号和日期，查得这两港的平均海面季节改正值均为＋15，从"主港潮汐预报表"中，可查出大连潮汐资料如下：

日期	潮时	潮高
6 月 19 日	0331	64
	1001	328
	1638	84
	2214	256

求大长山岛潮汐格式如下：

		高潮时		低潮时	
主港大连 19/6-2015	潮时	1001	2214	0331	1638
潮时差	＋）	－0047	－0047	－0050	－0050
大长山岛 19/6-2015	潮时	0914	2127	0241	1548

		高潮潮高		低潮潮高	
主港大连 19/6-2015 潮高		328	256	64	84
主港季节改正后的平均海面（163+15）－）		178	178	178	178
		150	78	－114	－94
潮差比	×）	1.35	1.35	1.35	1.35
		203	105	－154	－127
主港季节改正后的平均海面（230+15）＋）		245	245	245	245
大长山岛 19/6-2015 潮高		448	350	91	118

例 4-2：求惠阳港 2015 年 5 月 15 日的潮汐。

解：惠阳港（编号 4037）的主港为吴淞（编号 5006），其差比数关系为高潮时差 0012，低潮时差 0029，差比数 1.24，改正值－39。由于主、附港在 5 月份的海面季节改正均为＋1，因此可以用"附港高（低）潮高＝主港高（低）潮高×潮差比＋改正值"公式来计算附港潮高。从"主港潮汐预报表"中，可查出吴淞潮汐资料如下：

日期	潮时	潮高
5 月 15 日	0521	100
	1013	328
	1751	70
	2247	351

求惠阳港潮汐格式如下：

		高潮时		低潮时	
主港吴淞　15/5-2015　潮时		1013	2247	0521	1751
潮时差	＋）	0012	0012	0029	0029
惠阳港　15/5-2015　潮时		1025	2259	0550	1820

		高潮潮高		低潮潮高	
主港吴淞 15/5-2015　潮高		328	351	100	70
潮差比	×）	1.24	1.24	1.24	1.24
		407	435	124	87
改正值	＋）	－39	－39	－39	－39
惠阳港　15/5-2015 潮高		368	396	85	48

（3）用潮信资料概算潮汐　可以利用《潮汐表》中差比数与潮信资料表来概算潮汐。该方法虽然是一种概略方法，但计算简单，易学好用，在一般情况下准确性可以满足渔船需要。

潮信资料包括：平均大（小）潮升、平均高（低）潮间隙、平均海面。

①求高（低）潮时：

当地高（低）潮时＝当地高（低）潮间隙＋格林尼治月上（下）中天时
　　　　　　　　＝平均高（低）潮间隙＋（农历日期－1）×0.8＋
　　　　　　　　　1200（上半月）

或　　　　　　　＝平均高（低）潮间隙＋（农历日期－16）×0.8
　　　　　　　　　（下半月）

例4-3：求阴历十二江苏开山岛高潮时。经查潮信表得到开山岛平均高潮间隙是0624。

解：高潮潮时＝（12－1）×0.8＋0624＋1200
　　　　　　＝0848＋0624＋1200
　　　　　　＝2712（是第二天的潮汐，需要算回今天的潮汐）
　　　　　　＝2712－2450＝0222（第一高潮时）

第二高潮时＝0222＋1225＝1447

例4-4：求阴历二十三江阴高潮时。经查潮信表得到江阴平均高潮间隙是0508。

解：高潮潮时＝（23－16）×0.8＋0508
　　　　　　＝0536＋0508
　　　　　　＝1044（第一高潮时）

第二高潮时＝1044＋1225＝2309

在求算高（低）潮潮时的时候应注意：计算高潮时要用平均高潮间隙，计算低潮时要用平均低潮间隙，使用时不要混淆。

②估算潮高：

平均大潮高潮高＝大潮升

平均大潮低潮高＝2×平均海面－大潮升

平均小潮高潮高＝小潮升

平均小潮低潮高＝2×平均海面－小潮升

其他日期的高潮高度可以用下式计算：

$$高潮高度=大潮升-\frac{大潮升-小潮升}{7.5}\times 所求日与大潮日相隔的天数$$

低潮高度＝2×平均海面－高潮高度

例 4-5：查潮信资料得知：我国某地大潮升 4.5m、小潮升 3.0m、平均海面 2.5m，求该地农历初五的高潮高度和低潮高度。

解：高潮高度$=4.5-\frac{4.5-3.0}{7.5}\times(5-3)=4.1$（m）

（我国大潮日为农历初三和十八）

低潮高度＝2×2.5－4.1＝0.9（m）

3. 求任意时的潮高和任意潮高的潮时

在航海工作中，我们经常需要得到任意时所对应的潮高和给定潮高所对应的潮时，这些数据可以在知道了当天高（低）潮潮时和高（低）潮潮高后通过计算的方法算出或利用"等腰梯形图卡"推出。由于计算法比较复杂，本教材不做介绍，这里只介绍利用"等腰梯形图卡"推出任意时潮高或任意潮高所对应潮时的方法。

（1）"等腰梯形图卡"的组成　"等腰梯形图卡"由三部分组成（图 4-7）。

①主图：由左右两个等腰梯形构成。左侧指示潮时，右侧指示潮高。

②潮时尺：分两侧读数，涨潮时尺和落潮时尺。涨潮时应将涨潮时尺向上，落潮时应将落潮时尺向上，尺的两头可以相接，使时间相连续，以便查算跨日潮汐。

③潮高尺：分上、下两种刻度。上段大刻度自 1～8m，适用于一般潮高；下段小刻度自 1～12m，适用于潮高大于 8m 或小于 1m 者（小于 1m 时，可将潮高扩大 10 倍，查后再缩小 10 倍）。

有了某港的高（低）潮时及潮高，就可以从图上直接读出任意时的潮高及任意潮高所对应的潮时。

（2）利用"等腰梯形图卡"推算潮汐

例 4-6：已知某港某日低潮时为 0230，低潮高为 0.5m；高潮时为 0830，高潮高为 4.5m。求任意时的潮高及任意潮高的潮时。

解：如图 4-7 所示，由题可以看出，0230～0830 是个涨潮过程，所以将涨潮潮时尺向上，并且使右边读数 0230 和 0830 分别与主图左侧下、上两斜边相接，使潮高尺读数 0.5m 和 4.5m 分别与主图右侧下、上两斜边相接

（潮时尺、潮高尺均应与主图的垂线平行放置）。这时通过主图中的放射线即可查得：

0400 的潮高为 1.1m，潮高为 2.0m 的潮时是 0500；

0630 的潮高为 3.5m，潮高为 4.0m 的潮时是 0708。

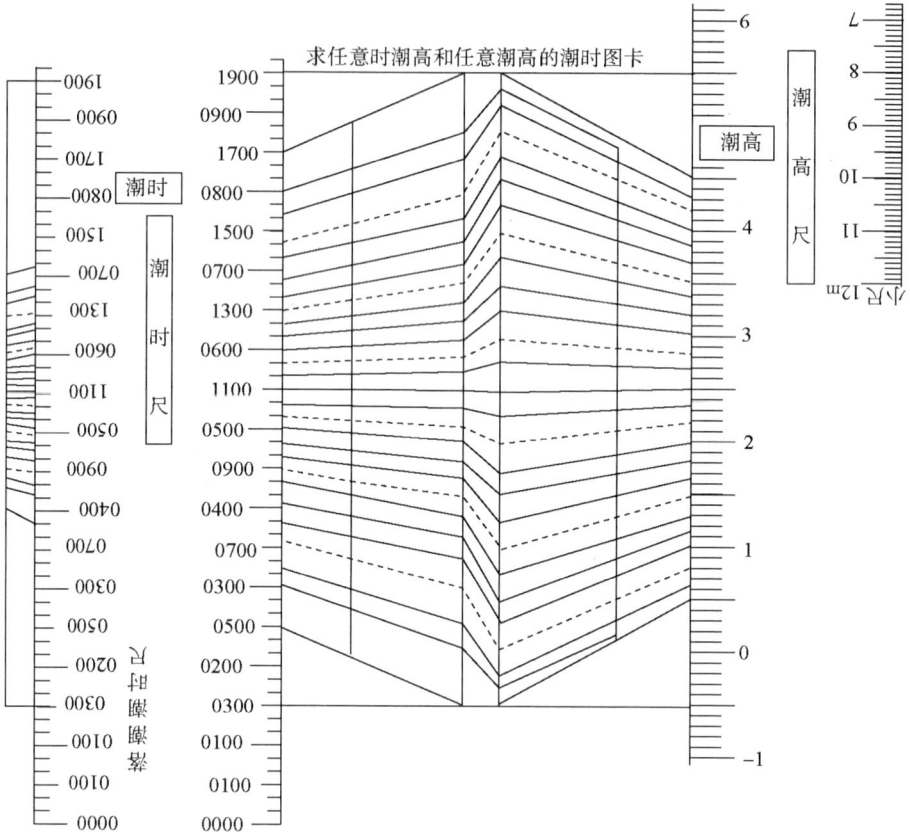

图 4-7　利用等腰梯形图卡求任意潮时的潮高和任意潮高的潮时

三、中版《潮汐表》的"潮流预报表"和潮流推算

1. 潮流预报表的内容

中版《潮汐表》第一至第三册中的"潮流预报表"给出了一些重要水道、港湾和渔场的潮流预报。对于往复流性质的海域，给出了逐日的转流时间，最大流速时刻以及相应的最大流速和流向。其流向用"＋""－"表示，在表头给出"＋""－"所表示的方向（图 4-8）。

442

老 铁 山 水 道

38°27.4′N　　　　121°05.7′E

2004 年潮流表（5m）　　流速单位：kn　　（+）表示流向301°　　（-）表示流向121°　　时区：-0800

7 月								8 月								9 月							
日期	转流时分	最大流时分	流速	日期	转流时分	最大流时分	流速	日期	转流时分	最大流时分	流速	日期	转流时分	最大流时分	流速	日期	转流时分	最大流时分	流速	日期	转流时分	最大流时分	流速
1 TH P		0235	-1.0	**16** F		0238	-0.8	**1** SU		0304	-1.1	**16** M ●		0020	-0.5	**1** WE		0058	-0.5	**16** TH		0100	0.2
	0619	1029	1.9		0645	1120	1.9		0724	1153	2.5			0349	-0.7			0631	-0.9			0640	-0.7
	1518	1842	-0.9		1612	1954	-1.0		1649	2019	-1.4		0745	1217	1.8		0933	1314	2.0		0930	1302	1.5
	2228		-0.4			2344	-0.6			2344	-0.6		1656	2029	-1.1		1738	2054	-1.1		1702	2023	-1.0
																					2332		
2 F ○S		0302	-1.1	**17** SA		0314	-0.8	**2** M		0017	-0.6	**17** TU		0056	-0.7	**2** TH		0015	0.3	**17** F		0127	0.5
	0657	1118	2.2		0723	1200	1.8			0410	-1.1			0451	-0.7			0140	0.3		0346	0742	-0.8
	1606	1940	-1.2		1648	2027	-1.1		0825	1243	2.5		0835	1253	1.6		0315	0743	-0.9		1027	1336	1.3
	2333		-0.6						1734	2059	-1.5		1729	2056	-1.2		1033	1356	1.7		1719	2044	-1.0
																	1801	2119	-1.1		2335		

图 4-8　往复流预报表

对于回转流性质的水域，给出潮流回转一周过程中高潮和高潮前后每小时的流向及其大潮日和小潮日的流速（图 4-9）。

时间 Hours		◇ 50°20′.3N 1°34′.3E			◇ 51°15′.0N 2°14′.0E		
		流向（°） Dtrn	流速（kn） Rate		流向（°） Dtrn	流速（kn） Rate	
			大潮 sp.	小潮 np.		大潮 sp.	小潮 np.
高潮前 Before HW Dover	6	199	2.0	1.2	248	0.9	0.5
	5	204	2.6	1.5	236	1.6	0.8
	4	208	3.1	1.7	231	1.9	0.9
	3	213	2.8	1.5	225	1.7	0.7
	2	222	1.5	0.8	214	1.2	0.4
	1	357	0.8	0.5	166	0.5	0.2
高潮 HW		015	2.5	1.4	075	0.7	0.5
高潮后 After HW Dover	1	023	3.2	1.8	058	1.5	0.8
	2	029	2.9	1.6	052	1.8	0.9
	3	044	2.2	1.3	045	1.7	0.8
	4	059	1.2	0.7	039	1.3	0.5
	5	平潮 Slack			006	0.5	0.2
	6	197	1.4	0.8	260	0.7	0.4

图 4-9　回转流预报表

第四册以后国外部分的"潮流预报表"略。

2. 任意时潮流的计算方法

（1）往复流

利用公式：

$$v = v_{m} \times \sin\left(\frac{t}{T} \times 180°\right)$$

其中：T 为两次转流的时间间隔；t 为任意时到第一次转流的时间间隔；v_m 为两次转流中间的最大流速。

例 4-7：求图 4-8 中老铁山水道 9 月 17 日 0600 的流速。

解：

$$v=0.8\times\sin\left(\frac{0600-0346}{1027-0346}\times180\right)=0.7$$

（2）回转流　由于"潮流预报表"中给出了一个回转周期内高潮和高潮前后每小时的流向和流速（大潮日流速和小潮日流速），其他日期和时间的流向和流速可以在期间进行内插求得。

四、潮汐推算在航海上的应用

1. 过浅滩时计算最小安全潮高

在进出港航道、狭水道、岛礁区和某些沿岸水域，存在着一些浅水区。船舶航行到这些区域之前，首先要确定本船是否能够安全驶过。如果实际水深能够大于（等于）船舶安全通过所需要的水深，船舶即可安全通过。

如图 4-10 所示，此时：

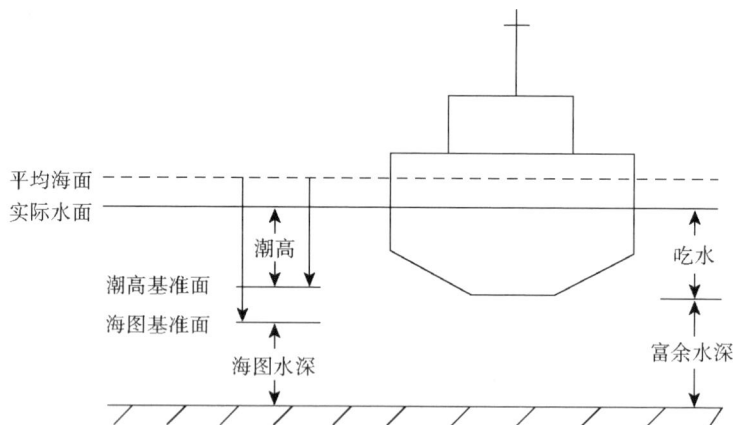

图 4-10　过浅滩航行

海图水深＋潮高＋（海图基准面－潮高基准面）≥船舶吃水＋富余水深
最小安全潮高＝吃水＋富余水深－海图水深－（海图基准面－潮高基准面）

例 4-8：某船吃水 6.2m，某浅滩海图最小水深为 4.5m，若要求保留富余水深 0.5m，海图深度基准面在平均海面下 2.0m，潮高基准面在平均海面下 1.9m，求最小安全潮高。

解：最小安全潮高＝6.2＋0.5－4.5－（2.0－1.9）

　　　　　　　＝6.2＋0.5－4.5－0.1

　　　　　　　＝2.1（m）

由最小安全潮高和当天该地的潮汐信息即可利用梯形图卡求出通过该浅滩的最早时间和最晚时间。候潮过浅滩时应当在高潮前通过，一旦发生搁浅，待潮水上涨后容易自行脱浅。

2. 过桥梁和高架电缆时计算最大潮高

船舶在通过桥梁或高架电缆时，也要预先进行计算，以确定船舶能否安全通过。如果实际净空高度大于（等于）船舶水线上高度＋安全余量，船舶即可安全通过。

如图 4-11 所示，此时：

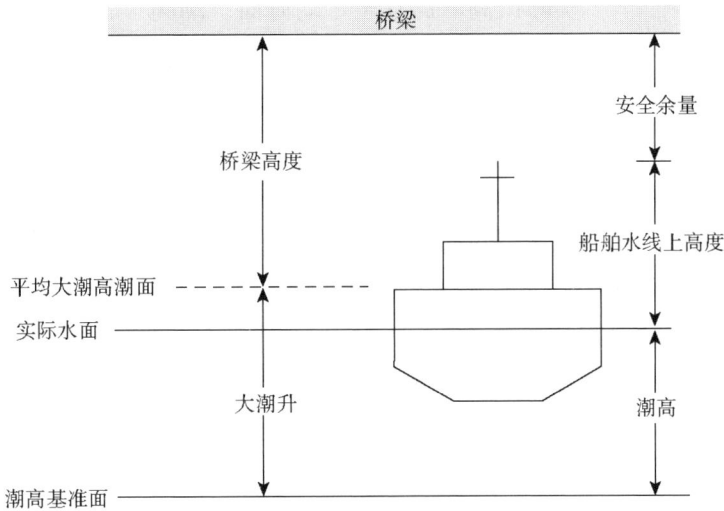

图 4-11　通过桥梁

最大潮高＋船舶水线上高度＋安全余量＝大潮升＋桥梁（架空电缆）高度

最大潮高＝大潮升＋桥梁（架空电缆）高度－船舶水线上高度－安全余量

例 4-9：某船水线上高度为 15m，航行海域有一架空电缆，净空高度 14m，该水域大潮升 4.5m，要求通过时桅顶与桥梁底端保持 1.5m 的安全余量，求通过时的最大潮高。

解：最大潮高＝4.5＋14－15－1.5＝2（m）

3. 测深辨位

船舶在航行中有时需要利用测深仪测深来协助航行。此时，需要将测深转化为对应海图基准面的水深，然后与海图上的水深点进行比对，求出测深时的船舶位置。

$$海图水深＝测深＋吃水－潮高－（海图基准面－潮高基准面）$$

例 4-10：某船吃水 6m，测深仪测得水深 12m，海图基准面在平均海面下 2.2m，潮高基准面在平均海面下 2.0m，测深时该处潮高为 3.2m，求当时该处的海图水深。

解：海图水深＝12＋6－3.2－（2.2－2.0）＝14.6（m）

4. 求取实际的山高和灯高

中版航海图书资料中的高程和灯高，分别以 1985 国家高程基准面（基本等于黄海平均海平面）和平均大潮高潮面起算的，在潮差较大的水域，有必要对资料所给数据进行修正，求出实际高度用于航海计算。

$$实际山高＝高程＋平均海面－潮高$$
$$实际灯高＝灯高＋大潮升－潮高$$

思考题

1. 试述潮汐的成因。

2. 试述潮汐的周日不等及其产生的原因。

3. 试述潮汐的半月不等及其产生原因。

4. 试述潮汐类型及其特点。

5. 试述中版《潮汐表》由几册组成？各册包括的范围和主要内容。

6. 试写出应用差比数进行潮汐推算的公式。

7. 试写出应用潮信资料进行潮汐推算的公式。

8. 试述利用等腰梯形图卡求任意时潮高和任意潮高所对应潮时的方法。

9. 如何确定过浅滩时所需最小潮高？

10. 如何确定过桥梁或架空障碍物时所需最大潮高？

11. 已知海图水深，如何求取物标的实际高度？

12. 如何在《潮流预报表》中查取潮流信息？

13. 解释下列名词：潮高基准面、海图基准面、平均大潮高潮面、潮差、高高潮、高低潮、大潮升、平均海面、潮龄、平均高潮间隙。

第五章　航　　标

航标是助航标志的简称，它是通过用特定的标志、灯光、音响或无线电信号等供船舶确定船位、航向、避离危险，使船舶沿航道或预定航线安全航行的助航设施。其主要作用是：

①指示航道。在岛屿、海岸显著处，设置引导标志或在水上设立浮标、灯浮或灯船等，引导船舶沿航标所指示的航道航行。

②供船舶定位。利用设置的各种航标测定船位。

③标示危险区。标示航道附近的沉船、暗礁、浅滩及其他危险物，指引船舶远离避开这些危险物。

④供特殊需要。标示锚地、检疫锚地、测量作业区、禁区、渔区以及供船舶测定运动性能和罗经差使用的水域等。

第一节　航标的分类

本节要点：航标的作用；航标的分类。

一、按设置地点分类

1. 沿海航标

沿海航标是设置在沿海和河口地段，供引导船舶在沿海航行及进出海港、港湾和河口的航标，一般可分为固定航标和水上浮动航标两种。

（1）固定航标　固定航标是设置在岛屿、礁石、海岸等上面的航标。

①灯塔：一般设置在显著的海岸、岬角、重要航道附近的陆地或岛屿上和港湾入口处。它是一种比较高大、坚固并能发出特定灯光的塔形建筑物，由塔身、塔基和发光器三部分组成（图5-1）。塔身具有显著的形状和颜色特征，顶部装有光力较强、射程较远的发光器。灯塔一般有专人看守，工作可靠，海图上位置准确，是一种重要的航标。有些灯塔还附设有音响信号、雾号和无线电信号等。

②灯桩：一般设置在航道附近的岛岸边以及港口防波堤上。它是一种柱状或铁架结构的建筑物（图5-2），其顶部也装有发光器，但灯光强度不及灯塔，通常无人看守。

图5-1 灯 塔

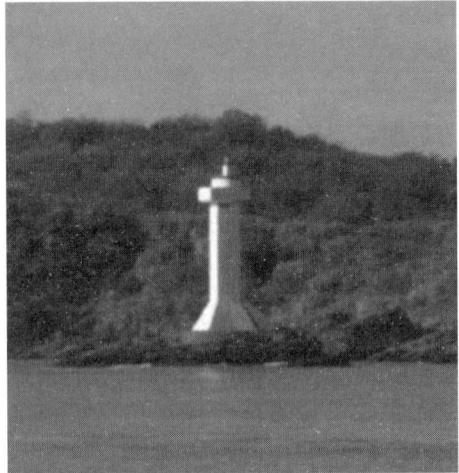

图5-2 灯 桩

③立标：一种设置在浅水区域、水中礁石上的普通的杆状标，顶部有球形或三角形等标志，用以标示沙嘴尽头、浅滩及险礁的两端、水中礁石及航道中较小的障碍物。也有的设在岸上作为叠标或导标，用以引导船舶进出港口或测定船舶运动性能和罗经差（图5-3）。

（2）水上标志　水上标志是浮在水面上，用锚或沉锤、锚链牢固地留在预定点海床上的航标。水上标志包括：

①灯船：一般设立在周围无显著陆标、又不便建造灯塔等的重要航道附近，以引导船舶进出港口和避险等。灯船是一种在甲板高处设有发光器的特殊船舶，具有能经受风浪袭击和顶住强流的坚实结构和牢固的锚泊设备，灯光射程较远，可靠性好，有的有人看守。船身一般涂成红色，两侧有明显船名，白天桅上悬挂黑球（图5-4）。

②浮标：一种锚泊在海港和沿海航道以及水下危险物附近，具有规定的形状、尺寸、颜色等的浮动标志。浮标通常装有发光器、音响设备、雷达信标和规定的顶标等，用以标示航道和指示沉船、暗礁、浅滩等危险物的位置。浮标受海流和潮汐的影响，其实际位置以锚碇为中心在一定范围内移动，遇大风浪时可能移位或漂失，一般不能用来定位（图5-5）。

图5-3　立　标

图5-4　灯　船

图5-5　灯　浮

2. 内河航标

内河航标是设置在江河、湖泊、水库航道的助航标志，用以标示内河航道的方向、界限与障碍物等，为船舶航行指示安全航道。

3. 船闸航标

船闸航标是设置在船闸河段上的航标，用以标示船闸内外的停船位置，指出进出船闸的引领航道和节制闸前的危险水域，指引船舶安全迅速驶过。

二、按技术装置分类

1. 发光航标

灯塔、灯船、灯浮、灯桩等统称为灯标，以所显示的特定的光色、节奏和周期作为标志识别的特征，并将其用缩写标注在海图上该灯标符号的旁边。

2. 不发光航标

不发光的航标有立标、浮标等。

3. 声响航标

声响航标是指附设有雾警设备的航标，其功能是在雾、雪及其他能见度不良天气发出的特定声响供航海人员导航用，如雾钟、雾锣、雾哨、雾角或低音雾角、雾笛等。

4. 无线电航标

无线电航标是无线电助航标志的总称，包括专门为导航而设置的无线电导航台、无线电信标及为雷达定位和导航服务的雷达航标等。

第二节　中国海区水上助航标志制度

本节要点：国际浮标制度区域；中国海区水上助航标志适用范围；中国海区水上助航标志特征；浮标习惯走向。

海区水上助航标志制度具有国际性质，直接影响着海上船舶的航行安全。过去几百年，由于世界各海区水上助航标志的混乱而给航海人员带来不便，甚至造成航行事故，国际航标协会和各国航标管理部门进行了长期研究、协调，并于1980年11月商讨并通过了国际航标协会浮标制度。

现在有两种国际性的浮标制度区域——A区域和B区域。适用B区域浮标制度的地区有韩国、日本、菲律宾和南、北美洲，其他地区适用A区域浮标制度。A、B区域浮标制度仅在于侧面标标身、顶标的颜色和光色不同：A区域为"左红右绿"，B区域为"左绿右红"。

国家标准《中国海区水上助航标志》（GB4696—1999）是在国际航标协会浮标制度（A区域）的基础上结合我国具体情况制定的。该标准适用于中国海区及其海港、通海河口的所有浮标和水中固定标志（不包括灯塔、扇形光灯标、导灯、灯船和大型助航浮标）。

中国海区水上助航标志也包括方位标志、侧面标志、孤立危险物标志、安全水域标志和专用标志五大类，其形状、颜色、顶标、光色和光质等与国际航标协会浮标制度中所规定的基本相同。各类标志简介如下：

一、侧面标志

侧面标志是依航道走向配布的，用以标示航道两侧界限，或标示推荐航道，也可以标示特定航道走向。侧面标包括航道左侧标、右侧标和推荐航道左侧标、右侧标。侧面标志结合"浮标习惯走向"使用，船舶在沿海、河口的航道航行时用以确定航道左右侧的根据，即浮标系统习惯走向。其规定如下：

①从海上驶近或进入港口、河口、港湾或其他水道的方向。

②在外海、海峡或岛屿之间的水道，原则上指围绕大陆顺时航行的方向。

③在复杂的环境中，航道走向由航标管理机关规定，并在海图上用符号"➡"标示。

1. 航道左侧标、右侧标

航道左侧标和右侧标分别设在航道的左侧和右侧，标示航道左侧和右侧界线。按照航道走向行驶的船舶应将航道左侧标和右侧标置于该船的左舷和右舷通过（图 5-6）。航道左侧标和右侧标的特征应符合表 5-1 的规定。

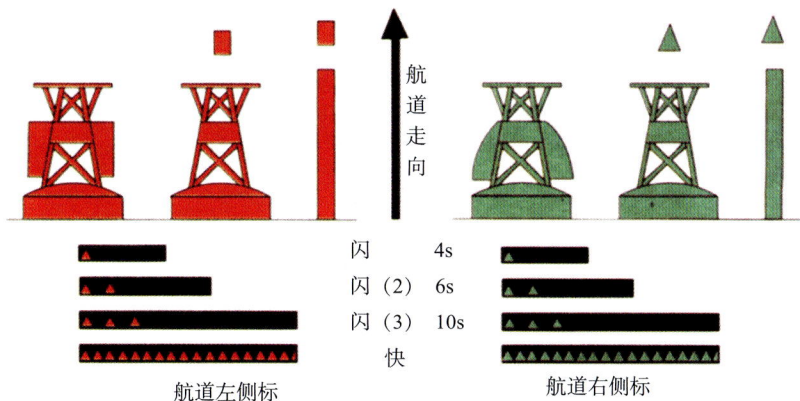

图 5-6　航道左侧标、右侧标

表 5-1　侧面标特征

特　征	航道左侧标	航道右侧标
颜　色	红色	绿色
形　状	罐形，或装有顶标的柱形或杆形	锥形，或装有顶标的柱形或杆形
顶　标	单个红色罐形	单个绿色锥形，锥顶向上

（续）

特　征	航道左侧标	航道右侧标
灯　质	红光，单闪，周期 4s	绿光，单闪，周期 4s
	红光，单闪 2 次，周期 6s	绿光，单闪 2 次，周期 6s
	红光，单闪 3 次，周期 10s	绿光，单闪 3 次，周期 10s
	红光，连续快闪	绿光，连续快闪

2. 推荐航道左侧标、右侧标

推荐航道左侧标和右侧标设立在航道分岔处，也可设置在特定航道，船舶沿航道航行时，推荐航道左侧标标示推荐航道或特定航道在其右侧，推荐航道右侧标标示推荐航道或特定航道在其左侧（图 5-7）。推荐航道左侧标和右侧标的特征应符合表 5-2 的规定。

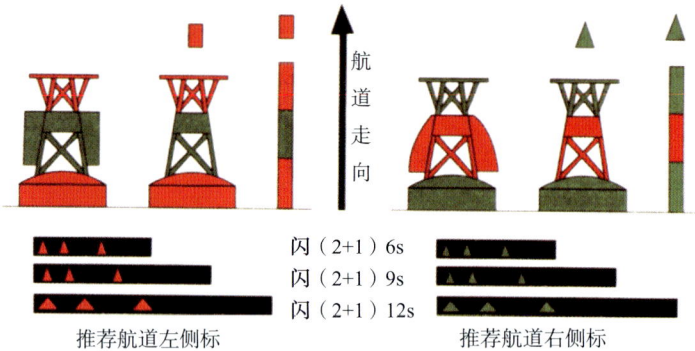

图 5-7　推荐航道左侧标、右侧标

表 5-2　推荐航道侧面标特性

特　征	推荐航道左侧标	推荐航道右侧标
颜　色	红色，中间一条绿色横带	绿色，中间一条红色横带
形　状	罐形，装有顶标的柱形或杆形	锥形，装有顶标的柱形或杆形
顶　标	单个红色罐形	单个绿色锥形，锥顶向上
灯　质	红光，混合联闪 2 次加 1 次，6s	绿光，混合联闪 2 次加 1 次，6s
	红光，混合联闪 2 次加 1 次，9s	绿光，混合联闪 2 次加 1 次，9s
	红光，混合联闪 2 次加 1 次，12s	绿光，混合联闪 2 次加 1 次，12s

二、方位标志

方位标志设在以危险物或危险区为中心的北、东、南、西四个象限内，

即真方位西北—东北，东北—东南，东南—西南，西南—西北，并对应所在
象限命名为北方位标、东方位标、南方位标、西方位标，分别标示在该标的
同名一侧为可航行水域。方位标也可设在航道的转弯、分支汇合处或浅滩的
终端。北方位标设在危险物或危险区的北方，船舶应在本标的北方通过；东
方位标设在危险物或危险区的东方，船舶应在本标的东方通过；南方位标设
在危险物或危险区的南方，船舶应在本标的南方通过；西方位标设在危险物
或危险区的西方，船舶应在本标的西方通过（图5-8）。方位标志的特征应符
合表5-3的规定。

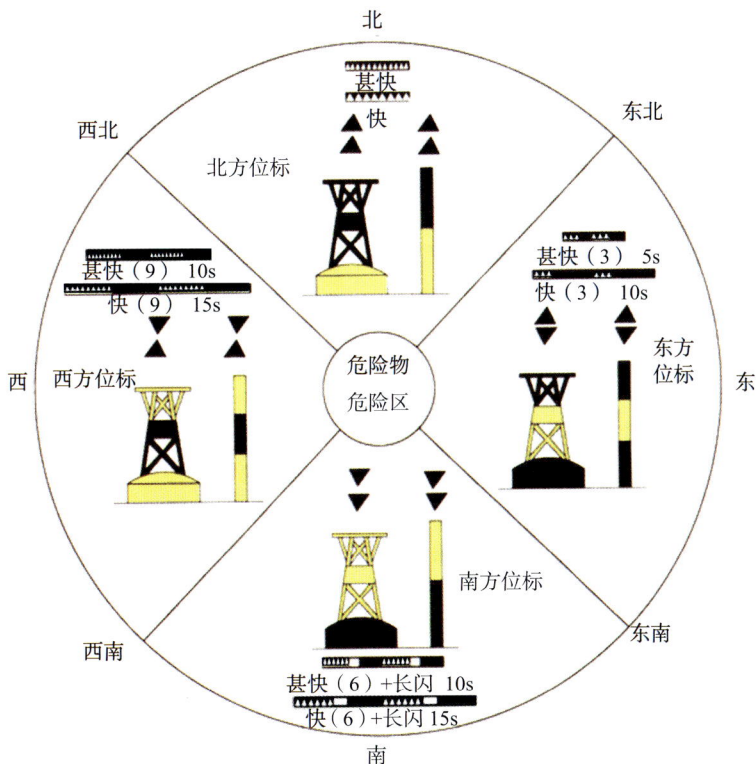

图5-8　方位标

表5-3　方位标特征

特　征	北方位标	东方位标	南方位标	西方位标
颜　色	上黑下黄	黑色，中间一条黄色横带	上黄下黑	黄色，中间一条黑色横带
形　状	装有顶标的柱形或杆形			
顶　标	上下垂直设置两个锥体			

（续）

特 征	北方位标	东方位标	南方位标	西方位标
灯 质	锥顶均向上	锥底相对	锥顶均向下	锥顶相对
	白光，连续甚快闪	白光，联甚快闪 3 次，周期 5s	白光，联甚快闪 6 次加一长闪，周期 10s	白光，联甚快闪 9 次，周期 10s
	白光，连续快闪	白光，联甚快闪 3 次，周期 10s	白光，联快闪 6 次加一长闪，周期 15s	白光，联快闪 9 次，周期 15s

三、孤立危险物标志

孤立危险物标设置或系泊在孤立危险物之上，或尽量靠近危险物的地方，标示孤立危险物所在（图 5-9）。船舶应参照航海资料，避开本标航行。孤立危险物标的特征应符合表 5-4 的规定。

闪（2） 5s

图 5-9　孤立危险标

表 5-4　孤立危险标特征

特 征	孤立危险标
颜 色	黑色，中间有一条或数条红色横带
形 状	装有顶标的柱形或杆形
顶 标	上下垂直的两个黑球
灯 质	白光，联闪 2 次，周期 5s

四、安全水域标志

安全水域标设在航道中央或航道的中线上，标示其周围均为可航行水域，也可代替方位标或侧面标指示接近陆地（图 5-10）。安全水域标的特征应符合表 5-5 的规定。

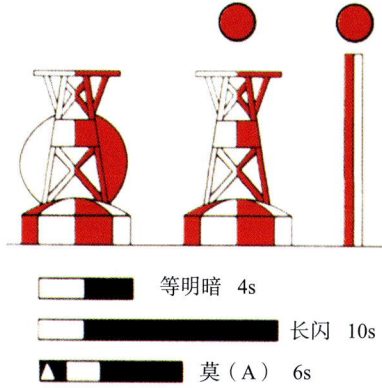

等明暗 4s

长闪 10s

莫（A） 6s

图 5-10 安全水域标志

表 5-5 安全水域标特征

特　征	安全水域标
颜　色	红白相间竖条
形　状	球形，或装有顶标的柱形或杆形
顶　标	单个红色球形
灯　质	白光，等明暗，周期 4s
	白光，长闪，周期 10s
	白光，莫尔斯信号"A"，周期 6s

五、专用标志

专用标是用于标示特定水域或水域特征的标志（图 5-11）。专用标的特征应符合表 5-6 的规定。

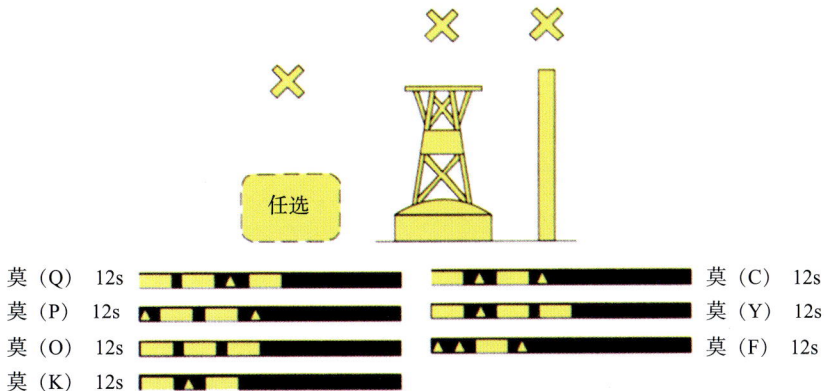

任选

莫（Q） 12s
莫（P） 12s
莫（O） 12s
莫（K） 12s

莫（C） 12s
莫（Y） 12s
莫（F） 12s

图 5-11 专用标

表 5-6　专用标特征

特　征	专用标
颜　色	黄色
形　状	不与浮标和水中固定标志相抵触的任何形状
顶　标	黄色，单个 X 形
灯　质	符合表 5-7 的规定

专用标按用途划分，主要包括锚地、禁航区、海上作业区、分道通航、水中构筑物、娱乐区、水产作业区。

专用标应在标体明显处设置标示其用途的标记，并应在水上从任何水平方向观测时都能看到。具体规定见表 5-7。

表 5-7　专用标标记符号及灯质

标志用途	标　记		灯　质		
	颜色	符号	光色	莫尔斯信号	周期（s）
锚地	黑	⚓	黄	Q — — ● —	12
禁航区	黑	✕	黄	P ● — — ●	12
海上作业	红、白	◣	黄	O — — —	12
分道通航	黑	⟵	黄	K — ● —	12
水中构筑物	黑	△	黄	C — ● — ●	12
娱乐区	红、白	⛱	黄	Y — ● — —	12
水产作业	黑	🐟	黄	F ● ● — ●	12

六、应急沉船示位标

应急沉船示位标是应设置或系泊在新危险沉船之上，或尽可能靠近新危险沉船的地方，标示新危险沉船所在，船舶应参照有关航海资料，避开本标谨慎航行。

为加强应急沉船示位标设置管理，更有效地标示在我国沿海发生的新危险沉船，保障船舶航行安全，保护水域环境，根据国家标准《中国海区水上助航标志》（GB4696 — 1999）和有关法规、国际海事组织相关通函和国际航标协会相关建议和指南，制定中国海区应急沉船示位标设置管理规则。应急沉船示位标的特征见表 5-8。

表 5-8　应急沉船示位标特征

颜色	浮标表面是等分的蓝黄垂直条纹（最少 4 个条纹，最多 8 个条纹）
形状	柱形或杆形
顶标	单个竖立/直立黄色十字
灯质	黄蓝光互闪 3s，蓝光和黄光轮流各闪 1s，中间暗 0.5s（蓝光 1.0s＋暗 0.5s＋黄光 1.0s＋暗 0.5s＝3.0s），灯光射程 4n mile
其他	如果为标示同一危险沉船设置了多个标，其灯质必须同步闪光；可以考虑加设雷达应答器（莫尔斯编码"D"）和/或 AIS 应答器

以下情况经航标管理机关批准可撤除应急沉船示位标：

①沉船已经充分勘测并掌握了详细资料。

②沉船在航海通告上公告或航海出版物上标注，并采取了必要的永久性标识措施。

③新危险沉船碍航危险消除（如已经被打捞）。

第三节　中国沿海《航标表》及使用

本节要点：中国《航标表》主要内容；中国《航标表》使用。

中国沿海《航标表》由中国人民解放军海军航保部出版，按海区分为三册：

第一册黄、渤海区，书号为 G101。

第二册东海海区，书号为 G102。

第三册南海海区，书号为 G103。

此外，中国航海图书出版社出版了中国《航标表》。本书仅介绍海军航保部出版的三册中国沿海《航标表》，其他各《航标表》可参见其说明。

每卷《航标表》由"航标表""罗经校正标、测速标表""无线电指向标及差分全球定位系统表"三部分组成，卷首部分列有中、英文两种文字印刷的前言、改正记录表、目录、说明、航标灯质图解、《中国海区水上助航标志》国家标准简图和本卷航标索引图和改正记录表记录表由"航海通告"期号和日期两栏组成，当责任驾驶员根据某期"航海通告"对《航标表》进行改正后，应将改正日期填入该"航海通告"期号后面的日期一栏的横线上。

凡使用《航标表》的单位，需及时根据"航海通告"有关内容对其进行改正。

一、《航标表》的主要内容

第一部分《航标表》以编号、名称、位置、灯质、灯高、射程、构造、附记八栏列出各航标之详细情况。

1. 编号

一般按地理位置由北向南、由东向西、由海进港的顺序，将军用、民用航标统一连续编排。航标与其编号固定对应。若在两个相邻航标编号之间插入新的航标，则用带小数的航标编号表示。

2. 名称

均以新版海图为准。凡射程在 15n mile 以上的灯标，其名称用黑体字排印，名称下注"有"字样，是表明该标有人看守；无注明的，为无人看守。无人看守的航标可靠性较差。

3. 位置（经纬度）

均为概位，只供航海人员参照海图时便于检查之用。

4. 灯质

以光质、光色、周期（明＋灭）列出，光质有定、闪、快闪、甚快闪、明暗、等明暗、莫尔斯、互光等共 13 种，详细说明请参阅"航标灯质图解"。

5. 灯高

平均大潮高潮面至灯光中心的高度，以米（m）表示。

6. 射程

通常指在晴天黑夜条件下，按照观察者眼高在海面上 5m 所能看到灯塔

（桩）灯光最大的距离，以海里（n mile）表示。由于能见度影响，实际灯光射程可能会超过或达不到表上所列数字。

7. 构造

指灯标建筑物结构、颜色，便于日间辨认，所列数字为以米为单位的灯塔（桩）自地面至塔（桩）顶的高度。

8. 附记

记有航标种类、灯光光弧界限、雷达反射器、雾警设备、无线电信标及其他说明。

第二部分罗经校正标、测速标表，以名称、位置、构造、附记四项内容编表。罗经校正标、测速标以场为单位，用前面相应注有"L"和"C"的偶数编排，奇数用作新插入的罗经校正场、测速场的编号。每个罗经校正场、测速场首页均有布标示意图。

第三部分无线电指向标及差分全球定位系统表，首先给出该册所覆盖海区该种航标和系统的分布图，然后给出每航标系统的编号、名称、位置、射程、频率、工作时间等资料。

二、其他说明

①中国海区的灯船船身及灯架，均涂红色，甲板上的建筑物涂白色，船身两舷写白色船名，灯质视需要确定。

有人看守的灯船漂离原位时，分别悬挂下列信号：

a. 日间。在船首尾各悬挂黑球一个，或红旗一面，并悬挂国际信号旗"PC"，表明"本船不在原位"。

b. 夜间。在船首尾各悬挂红灯一盏。

当有人看守的灯船离开原位时，原发射的灯光及雾号即停止工作。

②浮标和无人看守的灯船容易漂离原位或灯光熄灭，尤其在暴风雨后，更容易发生上述现象，航行时应加注意。

三、使用

①根据所查航标所在的海区，抽选相应册别的中国沿海《航标表》。

②如需查阅航标资料，可参考目录找到并查相应册第一部分的"航标索引图"，在灯标附近查得一红色数字，此数字为该灯标资料在《航标表》中的页码，然后翻到该页，根据灯标的名称查出该灯的8栏细节。

③如需查阅罗经场、测速场资料，首先根据目录得出所在页数，翻到该页即可以查出该罗经校正场、测速场的详细资料。

④如需查阅无线电指向标和差分全球定位系统资料，可以首先根据目录得出该部分所在页码，然后在该部分开始的"无线电指向标和差分全球定位系统分布图"中查出该航标系统的名称，再根据名称，在正文中查得该指向标或差分全球定位系统的详细资料。

思考题

1. 航标有哪些作用？
2. 简述航标有哪些分类？
3. 试述中国海区水上助航标志的种类。
4. 试述侧面标志的作用、特征和灯质。
5. 试述方位标志的作用、特征和灯质。
6. 试述孤立危险物标志的作用、特征和灯质。
7. 试述安全水域标志的作用、特征和灯质。
8. 浮标的习惯走向是如何规定的？
9. 中国海区水上助航标志制度适用于哪些区域？

第六章　航海图书资料

第一节　中版《航海图书目录》

本节要点：中版《航海图书目录》主要内容；中版《航海图书目录》使用。

中版《航海图书目录》是由中国人民解放军海军司令部航海保证部（以下简称"航保部"）出版的不定期出版物。它汇集了航保部出版的中国沿海总图、航行图、港湾图以及各类航海图表，供国内外使用者查阅航保部出版的各种航海图书资料。该书的改正是根据航保部发布的周版《航海通告》进行改正的。

一、主要内容

中版《航海图书目录》主要有四大部分内容。

第一部分为中国海区海图：首先是海图图号索引；其次是分区索引图；再其次是中国海区及附近和中国海区的总图索引图；最后是各海区海图分区索引图。

第二部分为航海书表示意图。

第三部分为航保部航海图书供应站分布及海图和航海图书价格表。

第四部分为"航海通告改正登记表"，用以记录利用《航海通告》对每部分的改正情况。

在内容的编排上，采用图文配合使用，这样查阅比较方便。在正文前列有对《航海图书目录》的说明和目录。

二、说明情况

该书说明情况有图号后缀"＊"表示该图是诸分图或有附图。海图图号索引中的"图积"及图幅的纸张尺寸，其中"F"表示全开图，"1/2"表示对开图。在索引图中，由于比例尺原因难以表示出图幅范围的用"〇"表示。

三、使用

①根据"中国沿海及附近"和"中国海区"两个索引图按需要抽选出总图。

②抽选航用海图：首先根据分区索引图查得航线经过的各分区索引图编号，然后在各分区索引图中便可查得本航线所需要的海图图号，同时在其对页表中，可以找到这些海图的详细说明。

③抽选航海图书用表：在"航海书表示意图"中按航行海区找出本航线所需的《航路指南》、中国港口指南和航标表等。

④查取中版航海图书供应站地点：根据"航海图书供应站分布图"，便可知道如何获取中版航海图书资料的地点。

⑤校验本船航海图书是否适用、作为添置航海图书资料的依据：在根据《航海通告》改正到最近之日的基础上，利用将本船航海图书与《航海图书目录》中所列的图书对照的方法可检验本船航海图书是否适用，并据其查出本船需添置的航海图书资料。

第二节　中版《航路指南》

本节要点：中版《航海图书目录》主要内容；中版《航海图书目录》使用。

中版《航路指南》由航保部出版，共有 20 余卷，内容涉及中国沿海、亚洲及太平洋水域。其中《中国航路指南》介绍中国沿海的情况，而且内容也在不断更新，本书仅介绍《中国航路指南》这三卷的内容，其他各卷《航路指南》的使用方法基本相同。

《中国航路指南》出版周期 3～5 年（每两年补编一次）。各卷所涉及范围如下：

第一卷，书号 A101，内容从鸭绿江口至长江口北角，包括黄、渤海海区。

第二卷，书号 A102，内容从长江口北角至福建、广东交界处的绍安湾的我国东海海区，包括舟山群岛、台湾岛、钓鱼岛及赤尾屿等沿海群岛和岛屿。

第三卷，书号 A103，内容从福建、广东交界处的绍安湾至北仑河口的我国南海海区，包括海南岛、南海诸岛、黄岩岛和沿海岛屿。

一、《中国航路指南》的主要内容

1. 卷首说明

《中国航路指南》卷首部分包括：前言、说明、索引图和目录等内容。前言是介绍资料来源和更新情况；说明部分是叙述了有关航向、方位、水深、长度单位、温度、高度、风、浪和涌的方向和港口、航道左右侧划分等的规定及使用时应注意事项；索引图为该卷每章所包括海区范围和海图索引；目录给出了具体内容所在的页码。

2. 正文内容

每卷内容的编排基本相同。第一章为总论，介绍本卷所包括海区的自然地貌、水文气象、航路、港湾锚地和航标等情况。从第二章开始分区顺岸详细介绍有关航海资料，包括概况、水文气象、助航标志、碍航物、水道航法和港湾锚地等，其中包括一些重要的航行经验；在详细资料介绍前均首先给出所应参考的海图图号；正文还附有大量相关底质、水深、水文气象和航线等的插图和对景图。最后给出几个附录，介绍有关航行安全、船舶管理、海关等关于船舶及货物的进出口管理、船舶污染海域管理和危险货物监督管理等的法规和条例。

二、使用

①根据航区，抽选相应卷别的《航路指南》。

②如需查找整个海区的总的情况和航线情况，可根据目录在第一章内查得具体资料所在页码，即可查得相关资料。

③如需了解某具体位置的水文气象、航法和航行注意事项等情况，可根据地理位置在卷首部分的本卷航路指南索引图中查得该海区所在章节，在根据该章节编号查阅本卷目录，可知该章节所在的页码，翻至该页即可查阅有关内容（也可根据具体地理位置直接查取目录）。

④阅读《航路指南》时，应对照有关海图进行研究。

第三节　《中国港口指南》

本节要点：《中国港口指南》主要内容；《中国港口指南》使用。

《中国港口指南》由航保部出版，主要记载了中国沿海主要港口的情况，是船舶进出港航行、停泊、作业、办理手续、申请服务等需要参考的基本航海资料。

《中国港口指南》共分三册，出版周期2～3年。以下为各册情况：

第一册，书号C103，介绍黄、渤海海区港口。

第二册，书号C104，介绍东海海区港口（含长江下游主要港口）。

第三册，书号C105，介绍南海海区港口（含珠江水系部分港口）。

一、《中国港口指南》的主要内容

1. 卷首说明

《中国港口指南》的卷首部分包括前言、说明和目录等几项内容。前言介绍了该指南的主要内容和资料来源及更新情况；说明部分叙述了有关航向，方位，水深，长度和距离，高程，风、浪及涌的方向，山峰，岛屿，港口，航道左右侧划分等的规定和单位选用等；目录给出了具体内容所在页码。

2. 正文内容

《中国港口指南》每册内容均由三章组成。第一章为总述，主要介绍海区概况、灾害性天气、航标、引航、进出港口检查、港口信号、海难救助、避风锚地和航路里程等。第二章为港口，是该书的主体内容，具体介绍该册所包括港口情况，包括概况、水文气象、航行条件、航行与泊位限制、进出港航法、引航、锚地与禁航区、通信联络、港口设备、港口服务及有关机构等，在本章开始处给出港口索引图，在每个港口资料中给出港口与航道示意图，有助于资料的读取。第三章是规章，介绍海区有关航行规定和港口规章等。

二、使用

该书使用根据港口的位置选用相应册别的《中国港口指南》。根据目录查取所需要的有关内容，阅读具体内容时应参照港口与航道示意图，并与有关海图对照，便于理解和领会。

第四节　英版《无线电信号表》

本节要点：英版《无线电信号表》概况；英版《无线电信号表》第二卷使用。

一、概况

英版《无线电信号表》（*Admiralty List of Radio Signals*，ALRS）共分 6 卷，书号 NP281～NP286，各卷主要内容如下：

第一卷（VOLUME 1）：该卷是关于海岸无线电台（国际通信）的资料。包括全球海上公共通信站台清单；INMARSAT 海上卫星服务的使用细节；包括自动互助船舶救助系统（MAVER）的船舶报告系统；海盗与武装抢劫报告程序；无线电医疗咨询；检疫报告、污染报告；外来人员走私举报；领海内使用无线电通信的规则和国际无线电通信规则的摘录；相关图表。该卷按覆盖区域分为两册。第一册包括欧洲、非洲和亚洲（不包括远东地区）；第二册包括大洋洲、美洲和远东地区。

第二卷（VOLUME 2）：包括无线电助航标志［包括无线电测向台和雷达航标（雷达应答标和雷达指向标）］、卫星导航系统（包括 GPS、DGPS 和 GLONASS）、标准时、法定时、世界时、无线电时号和电子定位系统以及大量相关图表。

第三卷（VOLUME 3）：包括无线电天气服务、海上安全信息（MSI）播发、全球范围的航海电传（MAVTEX）和安全网（safety NET）信息、水下及实弹射击警报及其大量相关图表。

该卷按覆盖区域分为两册。第一册包括欧洲、非洲和亚洲（不包括远东地区）；第二册包括大洋洲、美洲和远东地区。

第四卷（VOLUME 4）：包括气象观测站一览表及其相关图表。

第五卷（VOLUME 5）：包括全球海上遇险与安全系统（GMDSS）及供学生使用的重要的 GMDSS 资料；该卷还有大量解释性图表。

第六卷（VOLUME 6）：该卷是关于引航服务、船舶交通管理（VTS）和港口业务的资料，附有说明各系统或程序的关键细节的 180 张以上的相关图表。该卷按覆盖区域分为五册：第一册包括英国、爱尔兰和英吉利海峡各港；第二册包括除英国、爱尔兰、英吉利海峡各港和地中海沿岸各港外的欧洲各港；第三册包括非洲和地中海及波斯湾沿岸各港；第四册包括亚洲和大洋洲各港；第五册包括美洲和南极洲各港。

英版《无线电信号表》虽然每卷内容不同，但是在编排上有很多相似之处，掌握这一点对使用该表很有帮助，现归纳如下。

1. 各卷均有的内容

（1）本卷改正指南（Directions for correcting this volume）　由三部分内容组成，第一部分为本卷所包括的最新资料的日期及使用中的改正说明；第二部分为改正登记表，用于登记已改正了的与本卷有关的航海通告的期号；第三部分为对航海通告年度摘要中与无线电信号表有关通告的说明。

（2）对航海通信类出版物的介绍　包括对《海上通信》和《无线电信号表》各卷内容总的概要说明。

（3）总论（General information）　对使用的时间、方位、名称的拼写和地理位置以及所引用的法律与规则等的说明。

（4）词汇（Glossary）　对本卷正文内的缩写词、术语和定义的解释与说明，使用者在阅读正文时可参考。

此外还有目录（Contents）、前言（Preface）、注意（Notice）等。

2. 正文安排

正文编排上大都是同类资料前给出详细资料的编排格式及细节介绍（Introduction），书的最后给出专项索引。

英版《无线电信号表》出版后的改正应根据英版《航海通告》第6部分进行。

鉴于各卷内容编排上的相似，以下仅对第二卷的主要内容和使用加以介绍，其他各卷可参照使用。

二、第二卷主要内容和使用方法

1. 英版《无线电信号表》第二卷主要内容

英版《无线电信号表》第二卷主要内容可分为无线电航标、卫星定位系统、无线电时号、电子导航系统和专项索引几大部分。

2. 第二卷的使用

①想要了解英版《无线电信号表》各卷的内容，可阅读对英版《无线电信号表》的介绍部分，了解本卷内容编排，可参阅目录。

②如果要查阅某国家或地区的无线电航标、雷达航标或时号发射台的资料，可利用该部分的地理区域索引查得。

③如需要根据不同情况查某台、标的资料，应利用专项索引。

④电子定位系统的资料应根据目录查得。

第五节 中版《航海通告》

本节要点：中版《航海通告》主要内容；中版《航海通告》注意事项。

航海通告是用以通报涉及航行安全和改正航海图书的定期或不定期出版物，它是改正海图、航路指南和其他航海图书的依据。中版《航海通告》由中国人民解放军海军航保部出版，每周出版一期，每年52期。

一、中版《航海通告》的主要内容

1. 索引

由"地理区域索引"和"关系海图索引"两部分组成，用以指明本期通告的内容所涉及的有关海区和需要改正的有关航海图书。

2. 航海通告

主要刊载了与航行安全有关的海区资料变化情况和新的航海图书资料出版的消息等内容。其编排顺序是先国内海区后国外海区，国内又以渤海、黄海、东海、南海为序。该部分一般先刊印永久性通告，后刊印临时性通告和预告。

3. 无线电航行警告

内容覆盖国际划分的NAVAREA XI区的范围，由两部分组成，前一部分重申以前发布而至今仍有效的航行警告的年份与号码；后一部分刊印当前一段时期内新的航海警告内容。

4. 航标表改正

按照中版《航标表》的卷名、编号顺序编排，每个编号的改正资料按八栏单面印出，便于贴改。

5. 航路指南及港口资料改正

刊印对中版《航路指南》及有关港口资料的改正。

6. 其他

凡不能包括在上述2、3、4、5各项而又与航行安全有关的内容均在此栏刊出，但此栏并不一定每期都有。

二、使用中版《航海通告》的注意事项

①临时性通告和预告分别在每项通告标题后面均注有"（临）"或

"（预）"字样。每月最后一期通告，将有效临时通告和预告索引列出，并在每年年底出版有效临时通告汇编，以供航海人员查找使用。这部分通告中的海图图号不列入第1部分关系海图索引中。对这类通告仅需用铅笔改正到有关海图和航海图书上即可。凡后面未加注上述字样的，为永久性内容，则应用红色改正笔在有关海图和航海图书上进行改正。

②航海通告中给出的位置是以最大比例尺的最新版海图为准，用经纬度或方位、距离表示。如在位置数据后面附以"（概位）"或"（疑存）"等字样，表示为概略位置或怀疑存在（危险物）。当用某物标作为方位、距离的起算点时，为便于寻找，其后亦注有经纬度，但均为概位。

③方位均是真方位，但所记灯光光弧或导标方位线是从海上看灯塔、灯柱的真方位。

④每一号码的航海通告一般由通告号码与标题、通告本文、应改正的海图图号（该图号之后用小括号括起来的数码表示该号海图应改正本通告中的第几款内容，而中括号内的数码则表示上次该图改正的通告号码）和资料来源等四部分组成，例如2009年第38期1199号通告如图6-1所示。

1199. 黄海　大连港　寺儿沟港区——撤除灯桩

Yellow Sea-Dalian Port—Siergou Harbour—Lightbeacon

删去下列位置处的灯桩符号及注记：

Lightbeacons are deleted in the following positions:

名　称	位　置	内　容
Designation	Position	Characteristics
（1）寺儿沟第一码头灯桩	38°55′16″.1N、121°41′01″.9E	★定绿 15n4M
（2）寺儿沟第二码头灯桩	38°55′11″.7N、121°41′29″.1E	★定红 15n8M

图　号　10101〔2009-1174〕10102〔2009-529〕10111〔2009-169〕

10122（2）〔2009-1173〕

Chart　10101〔2009-1174〕10102〔2009-529〕10111〔2009-169〕

10122（2）〔2009-1173〕

资料来源　津2009年标通字47号

Source　Tianjin Aids 47/2009

图6-1　航海通告

该例中海图后面的10101〔2009-1174〕表示对10101号海图上一次小改正是2009年1174号通告；10122（2）〔2009-1173〕表示对10122号海图仅改正该通告中的第2款内容，该海图的上一次小改正是2009年的1173号。

⑤第 52 期《航海通告》除了一般周版通告的内容外，还给出本年度图书消息索引和航海通告改正索引。图书消息索引说明了本年度出版的新版图书和改版图书的情况，利用该索引可检验本船图书是否需要更新。航海通告改正索引给出了该年度海图应改正的通告的顺序列表，利用该索引可检验海图在本年度是否漏改。

⑥中版《航海通告》的发行方在其网站上提供与书面印刷版同样格式和内容的通告供下载使用，有条件的船舶可加以利用。

第六节 海图与航海图书资料的改正与管理

本节要点：海图的改正；改正海图注意事项；海图管理；航海图书资料的改正及管理。

一、海图的改正与管理

海图是船舶航行的必备工具，是船舶安全航行的重要依据，因此要求海图必须能真实地反映图区内标绘、记载的资料是最新情况。但实际情况是不断变化的，如浅滩、水深的变化，水中障碍物的发现和清除，暗礁的发现，助航标志的变更，港界及航道的变迁等。驾驶员必须把更新的情况及时地改正到海图上去。由于船上海图较多，为了有效地利用海图，就要采用一定的方法对其进行管理。

1. 海图改正

根据由中华人民共和国航海保证部发布的"航海通告"进行改正。"航海通告"可分为临时和正式两类。临时航海通告和预告：有书面文件的，也有由海运局、航道局、海事局等单位临时用电报通报各船的。船上接到这种通告后，要用铅笔及时按通告内容改正海图。待收到正式航海通告后，再按正式航海通告改正方法改正。正式航海通告：由海图出版部门定期发布，是改正海图和其他航海图书资料的主要文件。它反映的是海区某些情况长久性的变动，需用红墨水在海图上改正。

2. 海图改正的方法

（1）**小改正** 又称更改法。用不渗水的红墨水笔，将海图上不适合的图式内容用细线划去，然后根据"通告"信息，将改正的内容填记在海图上。

（2）**大改正** 又称贴图法。如航海通告内附有改正贴图时，只要将贴图正确地粘贴在有关海图的相应部位上即可。

3. 改正海图的注意事项

在改正海图时，一般应先改比例尺大的，后改比例尺小的海图。先改常用的，后改备用海图。可先从通告中最后一个航海通告改起。相同海图有几张时，必须全部改正。在改正中如遇物标方位距离位与经纬度位置不一致时，应以方位距离为准。每张海图改完后，在海图的左下角要进行小改正登记，把改正年份（用正体字）通告号数（用斜体字）记入，以备查考。改完的航海通告，应按海区和编号汇集成册，注意保存，以备查阅。英版"航海通告"有临时、预告和正式3种。改正方法与中版"通告"改正方法相同，但"航海通告"的出版类别与中版不同。

4. 海图管理

（1）海图存放的要求　海图存放处应保持干燥。海图一旦受潮后，应平压在玻璃板下阴干，以免变形。每张海图右下角均印有图幅尺寸，伸缩变形过大者不宜使用。海图在柜内平放时，图号应保持在右下角，便于抽选；海图折放时，背面图号应朝上。如果使用英版海图数量较多，有的采用按图号顺序存放，有的则分区域或图夹存放。按图号顺序存放时，常用航线可抽出来单独存放。分区域存放时，每一区域中的海图要另编序号和目录，便于抽选和查找。

（2）建立海图卡片　每张航用海图都应建立一张海图卡片，用以反映海图的出版和改正情况，便于登记改正和查阅。全部海图卡片应按图号顺序存放在卡片箱内。海图卡片应妥善保管，卡片上的一切登记及勾销都要能正确和及时地反映出海图的新版和小改正情况。如果船上有英版《海图改正登记簿与图夹索引》，应将其中本船所有海图的图号用醒目标记标示，以用这一出版物来代替海图卡片，也可同时代替下面讨论的"本船航用海图图号表"与"本船海图新版及作废登记簿"。

（3）编制"本船航用海图图号表"　应自行打印一份"本船航用海图图号表"，图号可按顺序列出，以反映本船实际备有的全部航用海图。

（4）建立"本船海图新版及作废登记簿"　关于海图的新版及作废的登记（根据每期《航海通告》），目前有两种方式：一种是建立登记簿，每期逐行登记；另一种是登记在海图卡片上。最好设立"本船海图新版及作废登记簿"，登记簿可与"本船航用海图图号表"合用，登记簿中各栏均用铅笔登记，当新版图到船后，可将原登记出版日期及类别擦去，填入新版类别及日期，这样不仅可以了解本船海图的现行版日期，而且还可一目了然地看出新版和永久作废图的消息，需要时及时购置，此登记簿可以长期使用。

(5) 海图的配备与添置 配备海图时，应考虑将本船预定航行区域的总图、航用海图及参考图配齐。配备港泊图时，不仅要考虑到船舶营运可能到达的港口，而且也要考虑到避风锚地等因素。海图常有新版，久备不用，易造成浪赞。海图的使用、改正与管理，是航线拟定及船舶安全航行的重要保证。因此，应以严肃认真的态度，建立科学而合理的管理制度，务求把这一工作做好。

二、航海图书资料的改正及管理

中版《航标表》的改正是通过中版《航海通告》进行改正。它按照中版《航标表》的卷名、编号顺序编排，每个编号的改正资料按八栏单面印出，便于贴改。

中版《航路指南》的改正是每两年出版一次补篇，在补篇还没出版之前是通过中版《航海通告》的第五部分进行改正的。

《航海图书总目录》的改正应根据其附有的补遗和勘误表、《航海通告》发布的航海图书新版与作废通告和季末版的航海图书一览表进行，并注意其再版消息，及时更新。

《潮汐表》的改正资料在《航海通告年度摘要》的第一号通告中或《航海通告》第六部分进行改正。

《无线电信号表》是利用《航海通告》第六部分提供的单面印刷资料进行粘贴改正的。

《世界大洋航路》和《航海员手册》的改正资料来源于其出版后发行的补篇和《航海通告》的第四部分，其改正方法与《航路指南》的改正相同。

思考题

1. 如何使用中版《航海图书总目录》?
2. 如何使用中版《航路指南》?
3. 试述中版《航路指南》的主要内容。
4. 试述《中国港口指南》的主要内容。

5. 试述英版《无线电信号表》的主要内容。

6. 概述中版《航路指南》的作用。

7. 简述《无线电信号表》第二卷的主要内容。

8. 试述中版《航海通告》的主要内容。

9. 试述海图的改正与管理的作用。

第七章 航线与航行方法

第一节 航行计划与航海日志

本节要点：航行计划主要内容；航海日志主要内容。

一、航行计划

为了保证安全、迅速、经济地完成航行任务，联系实际，充分考虑各种因素，综合利用船舶驾驶科学知识，制订航行计划是非常重要的。拟定航行计划的具体工作内容如下。

1. 图书资料的准备和改正

应备齐包括有关港口、航线、水文气象、航标、港章和地方性航行规则等全部图书资料，并根据航海通告认真改正到使用之日。

2. 人员配备、各种助航仪器的准备和检修

船舶领导对所属船员的适航状况要特别关心。对确定出航人员的政治、技术素质要做到心中有数。助航设备的完备状态，是执行航行计划的必要保证条件之一。要根据平时的工作记录，进行必要的检修。必要时对磁罗经、无线电测向仪等仪器还应进行校正，编制新的自差表。

3. 确定航线

根据查阅航海图书资料和本船或他船的具体航行经验，结合本船的船型、吃水、性能、气象条件、定位条件、船员素质等因素，在保证安全和经济的前提下，反复推敲，确定并预画航线。

4. 进出港和通过重要航段或物标的时机

进出潮流较强的港口，应考虑潮时。还要结合港章的具体规定，尽可能选在中午之前进港。如锚泊船进港或码头在港口纵深地段时，应考虑在时间上留有充分的余地。挂中途港时，应将旅客上下，货物装卸，补充燃料、淡水和食物等时间一并估算。对于暗礁、浅滩、孤立障碍物多或因渔汛期渔船密集的海面，应尽可能设计绕航航线，这样增加航程不多，但更有利于航行安全。

5. 预算时间

经过狭水道、进中途港或目的港时，应根据驶抵时间推算潮汐和潮流情况。在预算到达时间上，应留有余地。在实际航行中，则应宁可提前一些，而不推迟，以便发生意外情况时，有周旋的余地。

6. 填写航行计划表

航行计划制定完成后，还需要填写如下的航行计划表：

①海区重要记事。

②通过重要物标和转向点记要。

③大圆航线分点表。

④途经主要港口的标准时和世界时关系表。

二、航海日志

航海日志是船舶航行和停泊时的工作记录文件，它记载着船舶航行和停泊时的条件和所遇到的情况，以及船员为保证船舶安全所采取的一切措施。

1. 航海日志的作用

①积累资料。

②海事处理的依据。

船舶航行在国外，航海日志更要从政治和涉外的角度来考虑它的意义和作用。因此，在填写航海日志时，应该严肃认真地按记载及保管规则的要求进行。

2. 航海日志的填写要求

①由值班驾驶员填写，不得中断。要能完整地反映当当时航行和生产的主要情况，必要时能根据填写内容复原出当时的海图作业。

②按顺序记载，不得留有空格和空页，按规定使用缩写和符号，并记载原始数据。

③记载如有错误，可用笔划去后改写，但划去部分应当清晰可见，并由修改人在修改处签名，交班时应在本班记载内容之后签名。

④船舶发生海事，应当详细记载，留作事后进行海事分析和处理。

3. 航海日志填写内容

航海日志分左页（主页）和右页（记事栏）。

（1）左页填写的内容

航行记录部分：航向、航程。

气象海况部分：风向、风力、气压、云量。如图 7-1 所示。

年　　月　　日　星期　农历　月　　日　　　　　　　　　　　　　　　第　　航次

时间	罗经航向	罗经差	风		流		航迹向	航速	航程	天气	能见度	水深	值班驾驶员
			向	级	向	节							

图 7-1　航海日志左页

（2）右页填写的内容　凡是左页不能包括，但与航梅有关的内容均应记入右页。如图 7-2 所示。

时间	记事栏	备忘录

图 7-2　航海日志右页

4. 航海日志的管理

①航海日志由大副负责管理及保存。

②船长有检查监督的责任。

③用完的航海日志由大副保存 3 年后上交公司。

④当发生重大海事时，应将航海日志连同海图交船长封存，弃船时，船长必须将航海日志及有关海图随身携带离船，以供调查处理之用。

第二节 沿岸航行

本节要点：沿岸航线的拟定；沿岸航行注意事项。

沿岸航行的特点是离沿岸危险物较近、地形比较复杂、潮流影响较大，而且航行船舶和渔船比较密集，有时造成避让比较困难，尤其在能见度不佳时，更须谨慎驾驶。

一、沿岸航线的拟定

沿岸航行时、沿岸的主要航区资料比较详细，并且有推荐航线。一般情况下应当选用推荐航线。但根据具体情况不同，航线也不是固定不变的。在具体选定航线时，应当进行以下三方面的工作。

1. 分析本航次的情况

航次的任务、本船情况、航程、风、流、能见度、障碍物、避风港等。

2. 研究有关资料

研究有关的航海图书资料，分析天气预报、掌握本航次的气象特点，确定开航时间。

3. 预画航线

应在仔细研究海图和航路指南等航海图书资料的基础上，根据下述原则选定：

（1）应尽可能采用资料中的习惯航线、推荐航线和通航分隔航道来拟定航线

（2）计划航线应尽可能与岸线的总趋势平行，以减少发生海事的可能性

（3）确定正确的离岸距离 适当的离岸距离可以根据具体情况来定，应当对避让和转向留有足够的余地。

①能见度良好时。距离陡峭无危险的海岸可以在 2n mile 以外通过。

沿着较平坦的海岸航行时，大船应当以 20m 的等深线做为警戒线，小船以 10m 等深线为警戒线（总之，水深应当大于 2 倍的吃水）。

②定位条件不好，或能见度不良时，应当在离岸 10n mile 以外航行。

③航线应当尽量避开船舶交汇点和渔船作业区。

（4）确定正确的离危险物的距离 安全距离根据下列因素考虑决定：①从最后一个实测船位到危险物的推算距离和航行时间；②危险物附近海图

测量的精确度；③危险物附近有没有显著的可供定位和避险的物标；④通过时的能见度情况；⑤风流对航行的影响。

一般有陆标可供不断定位时，至少应当在 1n mile 以上通过；没有陆标时，一般以 5～10n mile 为好。能见度不良时还应当增大。

（5）拟定沿岸航线时应避开的区域

①周围水深较浅，水深变化不规则的水深空白区。

②连续的长礁脉及其边缘附近。

③孤立的岩礁以及水深明显比周围浅的点滩。

④未经精确测量的岩礁和岛屿之间的狭窄水域。

⑤珊瑚礁附近未经系统的扫海测量、水深浅于 100m 的水域。

（6）转向点的选择　关键的转向点应当选在明显的物标附近，可选择转向一侧的正横附近的显著物标作为转向点依据。围绕岛屿与岬角航行，最好采用定距绕航的办法。

二、沿岸航行注意事项

1. 准确地进行航迹推算

沿岸航行虽然定位方便，但是不能忽视推算，否则一旦能见度变差，就有失去船位的危险。应当对推算船位心中有数。

2. 做好定位工作

沿岸航行应当每半小时测定一次船位，并能利用各种方法定位以排除单一定位方法可能存在的误差；推算船位每小时测定 1 次（平时 2～4h 测一次船位）。

3. 驾驶瞭望

许多海事的发生，特别是碰撞事故，大部分是由于疏忽瞭望而引起的。瞭望应由近及远地连续扫视水平线内的一切事物，不要忽视任何微小的异常现象。

4. 转向

①转向前测定准确船位。

②推算出预计到达转向点的时间、计算好新的航向。

③用小舵角转向、并根据船到转向物标的横距比预定距离的大小，提前或推后转向。

④转向后在海图和航海日志上记下转向时间、计程仪读数和船位，并校验转向后船是否驶上计划航线。

第三节　狭水道航行

本节要点：狭水道航行方法；狭水道航行避险方法；狭水道航行转向方法。

狭水道一般是指船舶不能完全自由航行和操纵的可航水域，也就是指水域深度、宽度受到限制的水道，如港口、狭窄海峡、江河水道、运河、岛礁区、雷区和其他禁航地带的限制水道。

一、狭水道的特点

①水道狭窄，且水道中有沉船、浅滩、暗礁及其他障碍物存在，限制了船舶的机动余地，影响船舶安全航行。

②狭水道一般有较多的弯曲地段，因此需要频繁转向。

③航道水深变化较大，一般浅水区较多。过浅滩时要注意浅水效应。大船过浅滩时往往要候潮。

④水流流向、流速复杂多变。由于狭水道附近地形复杂，往往出现回流、涡梳和急流等现象。

⑤狭水道通常是船舶来往要道，船舶密集，增大了航行和操纵的困难。

⑥导航标志较多。海峡、岛礁区一般多自然物标。港口航道除自然物标外还设有浮标、导航标等，都可作为导航和定位之用。

二、狭水道航行方法

1. 按浮标航行

在江河人海处，往往岸线低平，必须设置一系列的灯船、灯浮等来标示航道、指示危险，引导船舶安全进出港。某些海上雷区航道，由于离岸较远，导航准确度要求较高，也设置浮标导航。

浮标导航方法，实际上就是逐个通过浮标的航行方法。因此，要查阅有关航路指南和港章，熟悉浮标制度。航行前，应预画好航线、熟记相邻浮标之间的航向和航程。航行中，要认真逐一核对灯浮的形状、颜色、灯质、顶标、编号等。浮标导航时，应在航道内靠本船右舷的一边航行。通过浮标的距离按规定不宜过近，防止因风流影响将船压上浮标。

可以利用下列方法检查本船是否在航道内或计划航线上行驶。

（1）**查看前后浮标法** 将前后浮标设想连成直线，能直观地判断本船是否行驶在航道内。如图7-3所示，B、A是前后两个浮标，设置在航道南侧，北侧为可航水道。a、b、c表示船的三个位置。a在前后标连线的南侧，说明本船已偏离航道进入浅水区，应立即左转离开此地；b在前后浮标连线上，说明已进入航道边线，也应左转离开连线位置；c在前后连线的北侧，说明本船在航道内。

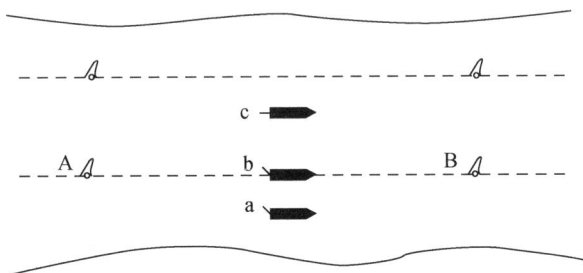

图7-3 查看前后浮标法

（2）**前标舷角变化法** 如图7-4所示，船位于A浮标正横附近时测得前标B方位为Q，航行中不断观测前标B的舷角，即可判断船舶偏航情况：如果航行中舷角不断增加，表明船舶在通过B标前将行驶在该标所标示的航道边界线的可航水域一侧；如果舷角不变，船舶将与B标碰撞；一旦舷角愈来愈小，船舶在通过B标前，就将偏离航道进入该标所标示的航道边界线的浅水区一侧。

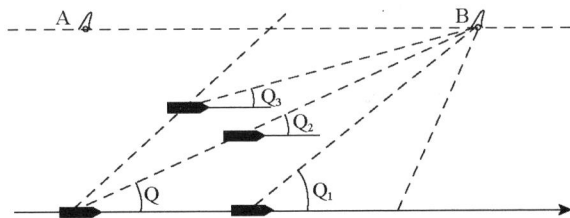

图7-4 前标舷角变化法

（3）**舷角航程法** 浮标导航目测正横距离，可用以判断船舶是否偏离计划航线。无风流情况下，除四点方位法外，还可使用舷角航程法。如图7-5所示，A、B为两浮标，其间距设为6n mile。船与A浮标正横时，测得B浮标的舷角Q=1°，则船通过B浮标的正横距离，可按下式算出：

$$BD = AB \times \frac{Q°}{57.3} = 6 \times \frac{1}{57.3} = 0.1 \text{n mile}$$

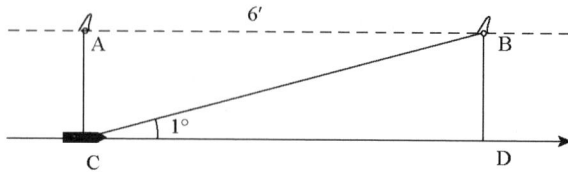

图 7-5　舷角航程法

浮标导航时，转向时机应视船舶操纵性能、装载量、流的大小和方向以及船位偏离浮标的远近而定。正常情况下，选择在浮标正横时转向。顺流航行，应适当提前转向；顶流航行，应适当推迟转向，具体位置根据流的大小、船舶惯性、舵效等因素和当时实际情况而定。根据船位采取提前或推迟转向时，要注意勿使转向直航后离浮标太近。通常，离浮标近，应晚转向；离浮标远，可早转向。

2. 按叠标航行

为了保证船舶准确地保持在计划航线上航行，在拟定计划航线时，如航线两端有合适的叠标，则可将叠标线作为计划航线。航行时始终保持叠标串视。在有风流影响时，应当修正风流压差。如发现叠标分开，说明船舶已偏离计划航线，应及时修正。修正时以后标为基准，当叠标在船首方向时，前标偏右，表示船舶偏在计划航线左边，应向右修正，前标偏左，应向左修正；当叠标在船后方向时，修正方向与上述相反（图 7-6）。

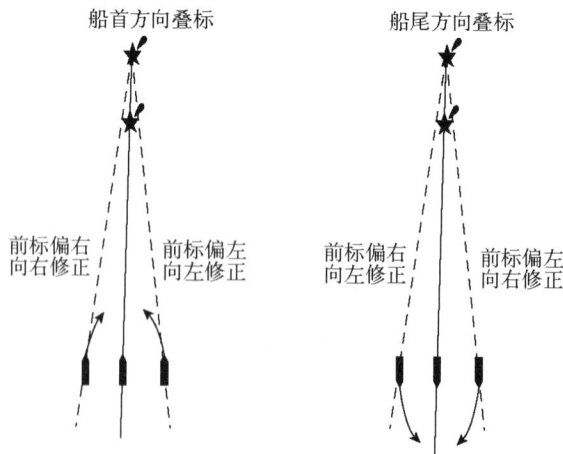

图 7-6　叠标导航

按叠标保持船舶在计划航线上航行的准确性与叠标的敏感性有关。所谓叠标敏感性是指船在垂直叠标线方向偏离多少距离才能发现叠标分开。敏感性好的叠标，船舶稍微偏离叠标线时，就能发现叠标分开。为提高叠标的敏感性，在选择叠标时，应注意：

①叠标间的距离：船到前标的距离≥1：3。

②叠标越细长越好。

③后标比前标高，并且背景清晰。

3. 按导标航行

当航线上没有合适的叠标时，可在航线前方或后方，选择一个明显的物标作为导标，即过该物标作一方位线，选择该方位线为计划航线，航行中保持该物标的预定方位不变，即可使船舶沿该方位线航行。按导标航行，必须不断地用罗经观测导标方位。当方位变化时，说明已偏离计划航线，应及时修正。其修正方法是：导标在船首方向时，方位增大，说明船位偏在计划航线的左边，应向右修正；当方位减小，说明船位偏在计划航线的右边，应向左修正；导标在船尾方向时，则相反。按导航标航行，切记不能误认为是船首对着导标航行，否则在有风流压的情况下，会被压向风流的下方而发生危险（图7-7）。

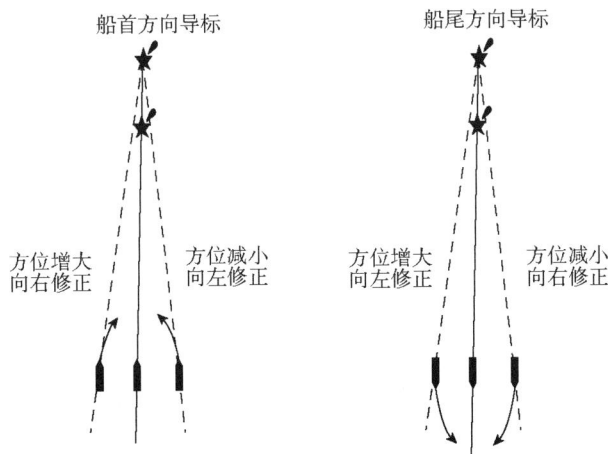

船首方向导标　　　　　船尾方向导标

方位增大　　方位减小　　　方位增大　　方位减小
向右修正　　向左修正　　　向左修正　　向右修正

图7-7　导标导航

三、避险方法

狭水道航行，应选择适当而有效的避险方法进行避险。

1. 利用物标方位线避险

在障碍物附近并在海图上标有准确位置且易于辨认的适当物标，最好是在航线的两端，由该物标作方位限制线，量出其真方位后换算为罗经方位。在航行中，应保持该物标的罗经方位始终小于（或大于）方位限制线的罗经方位，这样就可避开障碍物。

例如，某渔轮经某岛礁区，为避开航线西边一暗礁，选用前方灯塔 A 作方位限制线，量得罗方位为 357°，只要保持灯塔 A 的罗经方位始终小于 357°，即可安全避开暗礁（图 7-8）。

2. 利用距离圈避险

在障碍物附近选一物标，以物标为圆心，以安全距离为半径作圆弧，这就是距离避险圈。距离的测定可以用雷达测距或用六分仪测定物标的垂直夹角求距离（图 7-9）。

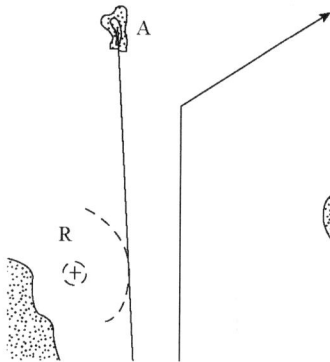

图 7-8　方位避险线　　　　　　　图 7-9　距离避险线

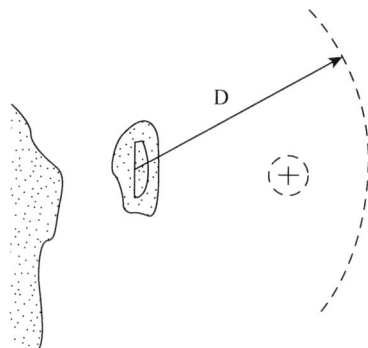

当用雷达测距时，可先把雷达的活动距离圈定在安全距离上，航行时只要保持物标在活动距离圈之外，就可以避开障碍物而安全通过。如用六分仪测垂直夹角，要根据安全距离和物标高度先算出垂直角 α，航行时不断地测该物标的垂直角，只要实测的垂直角小于 α，船就在避险圈之外，可以安全通过。

3. 叠标避险线

利用叠标线避险，可采用人工或天然的叠标。将叠标线作为安全水域和危险水域的分界线，用未控制船舶航行的区域。另外还可以设置垂直危险角和水平危险角来避险。

四、狭水道中转向

在狭水道或岛礁区航行的船舶，为确保转向后处于预定的航线上，须预先选定转向点和转向物标，量出转向方位，充分估计水流的影响，并根据本船的旋回性能决定开始转舵地点和舵角。通常转向方法有下列几种。

1. 逐渐转向法

在狭窄而弯度较大的航道中转向，通常不能通过一次回旋就转入下一航线。为了保持船舶在转向航道中央航行，必须逐渐改变航向，这种方法为逐渐转向法。当航道附近有危险物时，可同时采用船位限制线。如图 7-10 所示，在逐渐转向过程中，始终保持 A 物标的距离大于 D，同时不超过 B 与 C 物标的连线，即可保持在航道中央航行。

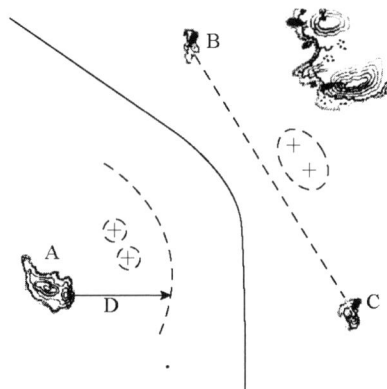

图 7-10　逐渐转向法

2. 平行方位转向法

如在转向点附近没有合适物标作转向依据时，可采用平行方位转向法。如图 7-11 所示，在转向点附近选择一物标 M，经 M 作新航向的平行线 MN 交计划航线于 a 点，量出 a 至转向点 A 的航程 S，根据航速算出这段航程所需的航行时间 T。航行时，当物标 M 的方位等于新航向的度数时，立即启动秒表，经 T 时间后转向，即可转入预定的计划航线上。

3. 利用导标转向法

当新航线的正前方或正后方有导标时，可直接用该导标方位作为转向方位。这样，转向前不论船舶航迹偏离在原计划航线的哪一边，均能准确地转到新计划航线上。

4. 正横距离转向法

正横距离转向法是船舶常用的转向方法之一。这种转向法是把计划航线的转向点，选择在某物标的正横方位线与航线的交点上，并量出物标至转向点的距离。实际航行时，当航行到该物标正横的转向点时转向。使用这种转向法时，可使船舶能较准确地转到新航线上。

当航行中船舶偏离计划航线外侧时，船到达转向物标正横时，距物标的距离大于预定距离，这时应在正横之前转向；当船舶向转向物标靠拢时，应推迟转向（图 7-12）。

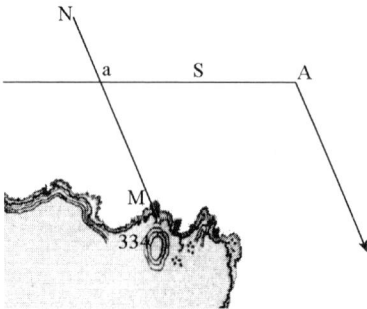

图 7-11　平行方位转向　　　　图 7-12　正横距离转向法

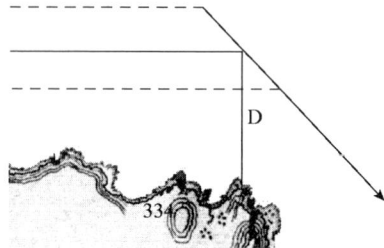

第四节　雾中航行

本节要点：雾中航行方法；雾中航行定位。

根据国际雾级的规定，凡能见距离在 4 000m 以下者，称能见度不良。由于无法直接观察船舶周围情况，使定位、避让和船舶机动受到局限，航行变得困难和危险。所谓雾中航行是能见度不良情况下航行的一种习惯叫法。

一、雾航前准备

①通知机舱备车，并按国际避碰规则使用安全航速和施放雾号。

②通知船长，并派出必要的瞭望人员。

③立即记下视界内所有船舶的大概方位、距离和航向。如果有可能，应观测进入雾区前的最后一个准确船位。

④开启雷达和甚高频对讲机，必要时运用无线电测向仪和测深仪等助航

仪器，以保证船舶航行安全。

⑤保持肃静，关闭所有水密门窗。

⑥如果对船位有任何怀疑时，应立即改向驶往安全地区，或在条件许可时抛锚，等弄清情况后再继续航行。

二、雾中航行定位和导航方法

第一，用雷达或其他无线电导航系统进行定位和导航。

第二，利用测深辨位：接近海岸时连续测水深，然后与海图相对照，进行避险和辩位，以引导船舶安全航行。

$$海图水深＝测深仪读数＋吃水－潮高$$

（1）**透明纸法**　在透明纸上，按照海图比例尺画出计划航线，进行连续测深，标出各个测深时的推算船位，并将改正后的水深标在船位附近，将透明纸移到海图上，保持纸上的计划航线与图上的计划航线平行，移动透明纸直到纸上的推算船位水深与海图上水深差不多相吻合时为止。则海图上最后一个水深点的位置就是最后一次测深的大概船位。

测深辨位的准确性，取决于测深和改正潮高的准确性、海图水深点的位置和深度的准确性，以及计划航线上水深变化的情况。如果计划航线上水深变化明显且均匀，则结果较为准确；反之，如果计划航线上水深变化不明显或存在急剧地不规则变化，则辨位准确度较差。

（2）**特殊水深法**　有的海区水深变化有某种特殊规律，可以利用这种变化规律选择航线，并且利用连续测深，判定船位是否在计划航线上或在某一区域内航行。如在航行区域有特殊水深，设法测得这种特殊水深的所在，也是辨位的一种好方法。当船接近特殊水深区时，可去寻找该特殊水深点。一旦测得这样的水深，即得知船位的所在。

（3）**逐点航法**　如果在航区内有适当的灯塔、浮标、雾号站、小岛等物标，而其周围危险物又较少，可采用逐点航法。

所谓逐点航法，就是由一个物标正对着下一物标航行的方法。根据航速和两物标之间的距离，预算到达下一个物标的时间。航行中要注意瞭望，如不能及时发现物标，则应抛锚待航，决不可盲目航行（图7-13）。

逐点航行法的优点是：可以连续不断地控制和缩小推算误差。其缺点是：必须故意接近物标，能见度极差时，也具有较大的危险性。

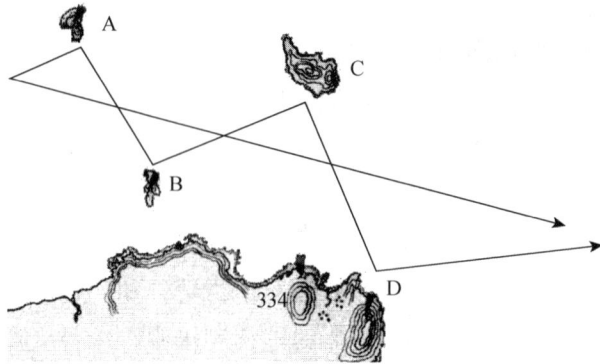

图7-13　逐点航法

第五节　冰区航行

本节要点：冰区航行方法；冰区航行定位方法。

冰对船舶航行影响是比较大的。冰区航行对船舶操纵、船舶定位和确保航行安全上面都是相当困难的。在我国北部沿海，如渤海湾，在历史上发生过严重结冰，影响船舶航行。

一、接近冰区的预兆

船舶在冬季航行时，可根据下述预兆推测冰况：

①刮西北风或西风时，在海上遇到波高两米左右的波浪，如风力不减弱，波峰变为平坦，则在上风区可能遇到流冰。

②在冰区方向的云中出现灰白色的反光；有时在冰区的边缘伴有薄雾带。

③夜间航行时，船首经常不断地发生撞击流冰声或冲破薄冰层的破裂声，这说明已接近冰区或已抵达冰区。

二、冰区航行

在冰区航行时，可利用风流，当船舶在大海中航行，途中发现前方有流冰群。宜绕其上风一侧航行。如果航线非通过流冰群不可，则宜从其下风的一边进入，因为上风的一边涌浪大，冰块紧密，且冰块上下波动易损船体。而下风一侧涌浪小，冰块松散。在流冰群中航行，宜顺流而过，以减少阻力。

三、冰中定位

冰区航行的困难之一是测定船位。从天文定位来说，冰区水域的水平线常被冰的地平线所代替，所以天文定位的误差甚大而机会又少。太阳在云隙中出现的时间往往很短促，必须将六分仪和秒表保持在备用状态，抓住测天时机，以免错过观测机会。对陆标定位来说，在白茫茫一片中，难以辨别海洋与陆地；冰雪覆盖之下使雷达荧光屏上显示的岸形与真实的海岸线不一；冰区天气阴霾多雾，能见度很差，难以清晰区别物标。

所以当从大洋接近陆岸而第一次用陆标定位时。应参照卫星船位。从推算船位来说，在冰区航行，经常被迫不断地变向变速，难以测定船舶在流冰中漂移的方向和速度，造成推算船位上的误差，因此在利用推算船位定位时，应采用航迹推算中的折航法。即在航行中改变一次航向，就应记下时间、航向、航速或航程，如改向改速过频，可在较短的时间间隔中。定时地记录航向、航速和航程，然后按三角公式或东西距纬差表，分别计算出东西距与纬差的代数和，再求出总纬差和总经差与出发点经纬度相加，即得出最后一转向点的经纬度。

四、冰区航行的注意事项

①进入冰区附近时，必须加强瞭望，并按时收听有关单位发布的冰况预报。

②掌握好进入冰区前的准确船位，作为冰区推算和定位的基础。

③调整好吃水和吃水差，一般应尽量增加吃水而使车叶全部淹没在水面下。为了使船舶具有较好的破冰能力，前后吃水差应保持在1m左右。

④发现漂浮冰块时，应设法避开。遇到大量冰块无法躲避时，应尽量降低航速，以减少冲击力，并尽可能以船首柱对准冰缘，直角驶入选定的进路。船舶的航速必须根据冰量、冰质、本船的船型结构及实际强度，谨慎决定。

⑤有冰山和碎冰接近船舶时，应尽量避开，以免被冰围困。

⑥在冰区航行，如船尾集结大量流冰或船体被冰冻结时，切不可用倒车，以防损坏车叶。

⑦在冰区中尽可能避免下锚如果必须下锚时，放出的锚链不宜过长。一般不要超过水深的2倍。否则当船舶受到大块流冰挤压时，锚链会因受力过

大而断链。

⑧在破冰船引导下航行时，要严格执行破冰船的引航信号，并在破冰船后保持一定的距离。

思考题

1. 试述拟定航行计划的具体工作内容。
2. 沿岸航行如何确定距海岸的安全距离？
3. 沿岸航行如何确定距危险物的安全距离？
4. 沿岸航行时有哪些注意事项？
5. 在狭水道航行中避开危险物的方法有哪些？
6. 如何在狭水道中进行转向？
7. 雾航前应做好哪些工作准备？
8. 什么是逐点航法？
9. 冰区航行有哪些注意事项？

第二篇

航海仪器

第八章　船用雷达导航与定位

雷达（RADAR）是英文 radio detection and ranging 的缩写，意为无线电探测与测距。雷达是一种发射电磁波和接收回波，对目标进行探测和测定目标信息的设备。

1887 年赫兹发现电磁波现象并发明电磁波理论，1935 年瓦特利用电磁波设计了第一部雷达设备，直至 1937 年第一部航海雷达问世。1939 年第二次世界大战及其以后民用雷达得到普及，首先用于船舶导航，称为航海雷达。航海雷达能够及时发现远距离弱小目标，精确测量本船相对目标的距离和方位，确定船舶位置，引导船舶航行。通过对海上运动目标的连续观测和标绘，还可以得到目标的运动数据，判断目标的动态，保证船舶的安全航行。

雷达早已成为船舶航行必不可少的主要助航设备，称为"船长的眼镜"。因此，国际海事组织（International Maritime Organization，IMO）对各类船舶装备雷达的数量和性能要求均做出了具体规定。作为船舶驾驶员有必要掌握正确的雷达基本原理和使用方法，充分了解其误差和局限性，不可盲目依赖雷达。

第一节　雷达基本工作原理及组成

本节要点：雷达测距与测方位原理、雷达基本组成及各部分的作用。

一、雷达测距、测方位原理

（一）雷达图像特点

航海雷达是通过发射微波脉冲探测目标和测量目标参数，微波具有似光性。雷达波在地球表面近似以光速直线传播，遇到物体后，雷达波被反射，反射波被雷达接收，称为回波。回波经过接收机处理，最终以加强亮点方式显示在显示器上。在雷达中，回波距离和方位的测量都是在显示器上完成的。显示器上除了显示岛屿、岸线、导航标志、船舶等对船舶导航避碰、安全航行有用的各种回波之外，还会显示各种驾驶员不希望看到的回波，如假回波、海浪干扰、雨雪干扰、云雾回波、同频干扰、噪声等。一个优秀的雷达观测者，应能够在杂波干扰和各种复杂屏幕背景中分辨出有用回波，引导船舶安全航行。

（二）测距原理

如图 8-1 所示，如果雷达发射脉冲往返于雷达天线与目标之间的时间为 Δt，电磁波在空间传播的速度为 C（约 3×10^8 m/s），则目标的距离：

$$R = C \cdot \Delta t / 2$$

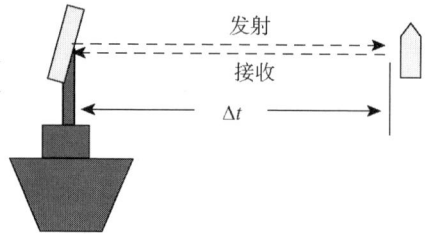

图 8-1　测距原理示意图

（三）测方位原理

雷达天线是定向圆周扫描天线，在水平面内，天线辐射宽度只有 $1°$ 左右，所以对于每一特定时刻，雷达只能向一个方向发射和接收。雷达天线在空中 $360°$ 匀速转动，典型转速大约 20r/min。通过方位同步系统，显示器上的扫描线在屏幕上的转动与天线在空中的转动保持着方位一致，于是天线探测到目标的方向就被记录在屏幕上相应的方位，再借助于船艏线和电子方位线，就可以测量出目标的舷角（图 8-2）。

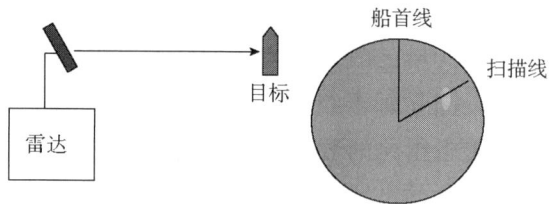

图 8-2　测方位原理示意图

二、雷达基本组成

航海雷达采用收发一体的脉冲体制，通常由收发机、天线和显示器组成，并被分装在不同的箱体，分别安装在船舶适当的位置。根据雷达设备分装形式不同，又可称为桅上型雷达或桅下型雷达。桅下型雷达被分装为天线、收发机和显示器三个箱体，一般天线安装在主桅上，显示器安装在驾驶台，收发机则安装在海图室或驾驶台附近的设备间。如果收发机与天线底座合为一体，装在主桅上，显示器安装在驾驶台里，这样的分装形式就称为桅上型雷达。桅下型雷达便于维护保养，多安装在大型船舶上，一般发射功率较大。而中小型船舶常采用发射功率较低的桅上型配置，设备成本较低。

（一）雷达组成框图

无论雷达采用哪种分装形式，航海雷达都采用了传统的脉冲发射和接收体制，其基本组成框图如图 8-3 所示。与雷达出厂分装相比，原理图中的定时器、发射机、接收机和双工器构成了雷达收发机，对于桅下型雷达，这是一个单独的箱体，而对桅上型雷达来说，则与天线共同组成了天线收发单元，俗称为"雷达头"。

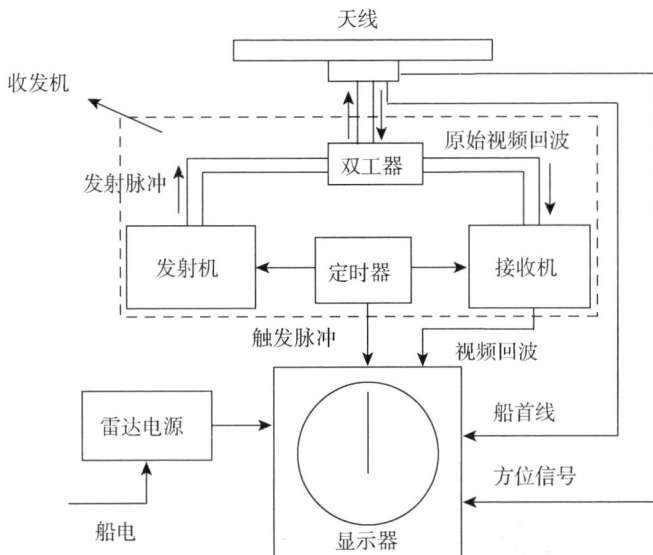

图 8-3　雷达组成框图

（二）发射机

在触发脉冲的控制下，发射机产生具有一定宽度和幅度的大功率射频脉冲，通过微波传输线送到天线，向空间辐射。

发射机组成如图 8-4 所示，主要由定时器（触发脉冲产生器）、调制器、磁控管和发射机附属电路组成。

1. 定时器

定时器常被称为触发脉冲产生器，是雷达的基准定时电路。触发脉冲的重复频率决定了雷达发射脉冲的重复频率。触发脉冲的传输分为三路，一路送到调制器，控制发射机正常工作；另一路送到接收机，准备接收物标回波；还有一路送到显示器，经过适当延时后，控制显示器开始计时。这个延时可以消除由于信号在雷达设备中的传播而引起的固定测距误差。

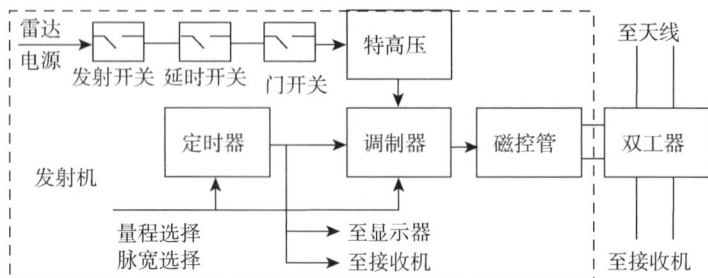

图 8-4　雷达发射机系统

2. 调制器

在触发脉冲的作用下，调制器（图 8-5）产生具有一定宽度的负极性的调制脉冲，控制磁控管的工作。调制脉冲的幅值与雷达的发射功率有关，幅值越高，要求特高压越高，发射功率也越大，一般幅值在 10～15kV。

3. 磁控管

磁控管（图 8-6）是发射机的核心部件，它是一种大功率微波振荡真空电子器件。在触发脉冲的控制下，将上万伏的调制高压加到磁控管的阴极，产生微波振荡，形成雷达波。

图 8-5　调制器

图 8-6　磁控管

磁控管的工作寿命由阴极发射电子能力决定，通常为 3 000～9 000h。磁控管在正常发射之前，需要有 3min 以上的加热时间，使阴极充分预热，以延长磁控管使用寿命。因此，雷达特高压控制电路设有自动延时开关，在雷达首次接通电源 3min 之内，该开关保持断开，3min 之后，开关才自动闭合，雷达发射机进入预备工作状态。

磁控管使用注意事项：

①为防止管内打火，更换新的磁控管或长期不用的备用磁控管时，应先进行"老练"，提高管子内部的真空度，以防损坏阴极。老练的方法是：将雷达置于较低的量程下预备状态 0.5h 以上，发射 0.5h 以上，再将高压加到正常值。如果条件许可，备用磁控管最好每隔半年轮流使用。

②为延长磁控管使用寿命，开机时要充分预热 3～5min，特别是船舶靠港较长时间不使用雷达，或天气寒冷潮湿时，更应延长预热时间。如果雷达观测的间歇期间超过 10min，可以将雷达放在预备位置。较长时间不使用雷达时，应每两周开机 0.5h 以上。

③为保护永久磁铁的磁场特性，严禁将铁磁物体靠近磁控管，拆卸时应使用非铁磁工具。通常磁控管备件都有特制的包装盒，使铁磁体远离管子 10cm 以上，两备件之间相距超过 20cm。

4. 发射机主要技术指标

（1）**工作波段** 航海雷达主要工作波段有 S 和 X 两种，它们的频率和波长为：

X 波段雷达：工作频率 9GHz、波长 3cm，通常简称 3cm 雷达。

S 波段雷达：工作频率 3GHz、波长 10cm，通常简称 10cm 雷达。

（2）**发射脉冲宽度** 雷达每个发射周期内射频脉冲振荡持续的时间称为脉冲宽度。脉冲宽度一般随着量程不同而不同，近量程一般采用窄脉冲，提高雷达观测目标的分辨能力，而远量程为了探测远距离目标采用发射能量大的宽脉冲。

（3）**脉冲重复频率** 雷达每秒发射的脉冲数量称为脉冲重复频率，相邻两个脉冲的时间间隔称为脉冲重复周期。脉冲重复频率倒数为脉冲重复周期。

（4）**峰值功率和平均功率** 雷达射频脉冲振荡持续期间（即脉冲宽度）内的平均辐射功率称为峰值功率，雷达射频脉冲周期（脉冲重复周期）内的平均辐射功率称为平均功率。航海雷达通常以峰值功率作为发射机的功率，一般在 5～50kW。显然，峰值功率远大于平均功率。在船上，当人体离开雷达天线 20m 之外，所受到的微波辐射是非常小的。如果不是长时间近距离暴露在雷达辐射范围内作业，航海雷达对人体的伤害可以不必考虑。

（三）**微波传输与天线系统**

雷达微波传输及天线系统由微波传输系统、双工器、天线、方位电机与同步信号发生器、驱动马达和传动装置等组成（图 8-7）。

1. 微波传输系统

在雷达收发机与天线之间传递微波信号的电路系统称为微波传输系统。不同波段雷达的微波传输系统也不同。3cm 波段雷达一般采用波导，根据雷达在船上安装位置的实际需求，波导有直波导、弯波导、扭波导、软波导等各种波导件；而 10cm 雷达多采用同轴电缆（图 8-8）及相关元件作为微波传输系统。

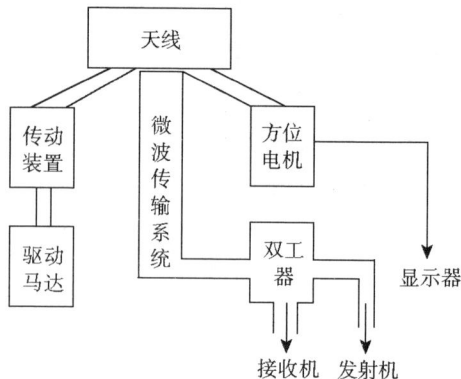

图 8-7　雷达天线系统组成框图

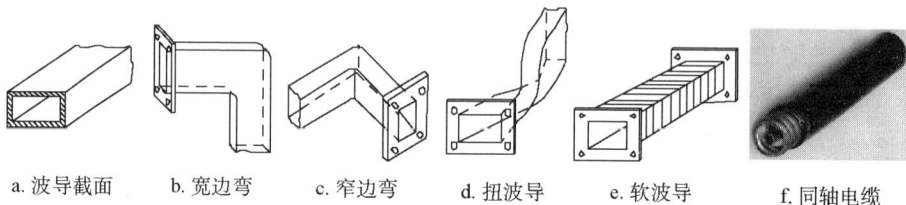

a. 波导截面　　b. 宽边弯　　c. 窄边弯　　d. 扭波导　　e. 软波导　　f. 同轴电缆

图 8-8　各种类型微波传输

2. 双工器

雷达天线是收发共用天线，雷达发射的大功率脉冲如果漏进接收机，就会烧坏接收机前端电路。发射机工作时，双工器使天线只与发射机连接；发射结束后，双工器自动断开天线与发射机的连接，恢复天线与接收机的连接，实现天线的收发共用。显然，双工器阻止发射脉冲进入接收机，保护了接收机电路。用于航海雷达的收发开关有气体放电管收发开关（图 8-9a，b）和铁氧体环流器（图 8-9c）两种。

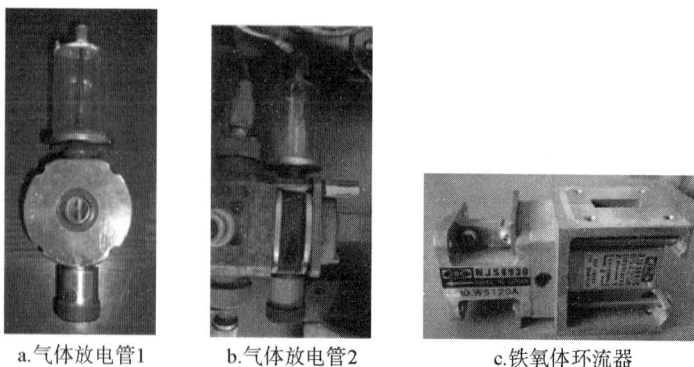

a. 气体放电管1　　b. 气体放电管2　　c. 铁氧体环流器

图 8-9　各种类型双工器

3. 雷达天线

雷达采用定向扫描天线（图 8-10），天线转速通常为 20～25r/min，少数高转速天线的转速高于 40r/min。雷达的转速过低，目标在屏幕上呈跳跃显示，不利于观测；转速过高，目标回波脉冲积累数少，回波弱，不利于发现弱小目标。从空中俯瞰雷达天线应顺时针旋转。

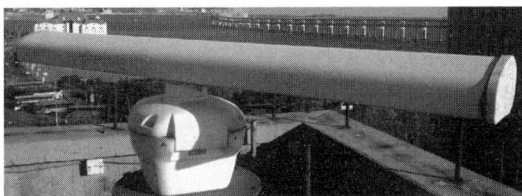

图 8-10　雷达天线

航海雷达普遍采用的隙缝波导天线（图 8-11），它由隙缝波导辐射器，扇形滤波喇叭，吸收负载和天线面罩等组成。

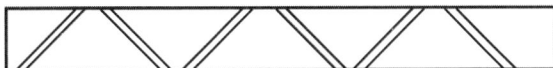

图 8-11　隙缝波导

天线辐射窗的长度和宽度决定了天线的增益大小，辐射窗尺寸越小，天线的增益越大，天线的集束能力越强，定向性越好。雷达发射波从天线一端馈入隙缝辐射器，通过隙缝向空间辐射，辐射的波束与天线和喇叭口尺寸有关，波导越长，隙缝越多，喇叭口越宽大，天线的辐射波束就越窄，方向性就越好。在辐射器的另外一端有吸收负载，匹配吸收剩余的微波能量，避免反射造成二次辐射。喇叭口还设有垂直极化滤波器，保证辐射出去的微波是水平极化方式。整个天线的结构被密封在天线面罩内，保持水密和气密性，起到防护作用。

雷达天线按照天线辐射电磁波能量在空间的振动方向不同，可分为水平极化、垂直极化、圆极化三种形式：①水平极化天线抗海浪干扰较好，海面物标的反射较强，被航海雷达广泛采用；②垂直极化天线抗雨雾干扰较好，多应用于港口雷达；③圆极化天线能有效地抑制或减弱对称物标的回波，能有效抑制雨雪干扰反射波。

4. 方位电机与同步信号发生器

方位电机与同步信号发生器是方位指示与同步系统的一个组成部分，

它将天线的方位基准信号（船艏方位信号）和瞬时天线角位置信号准确地传送给显示器。现代数字雷达中多采用方位编码器（图8-12）实现方位同步功能。

图8-12　方位编码器

5. 驱动马达与传动装置

驱动马达可保证雷达天线能够在相对风速100kn时正常工作。很多雷达的天线上设有安全开关，当有人员在天线附近维护作业时，可以切断电源，防止意外起动雷达。驱动马达的转速一般在1 000～3 000r/min，为保证天线转动平稳，通过皮带轮和/或齿轮组成的动力传动装置降速，带动天线以额定转速匀速转动。应每年定期检查皮带的附着力和更换防冻润滑油，做好维护保养，保证传动装置工作正常。

6. 天线系统主要技术指标

（1）**波束宽度**　天线的波束宽度是对应主波瓣而言的，分为水平波束宽度和垂直波束宽度。

（2）**水平波束宽度**　在水平方向上，在最大辐射方向两侧，辐射功率下降3dB的两个方向的夹角。为了保证雷达目标探测的方位精度和目标的方位分辨能力，天线的水平波束宽度很窄，只有1°左右。

天线的水平波束宽度（θ_H）可以用式：

$$\theta_H = 70\lambda/L$$

近似计算，其中λ为发射波长，L为天线口径长度。

（3）**垂直波束宽度**　在垂直方向上，在最大辐射方向两侧，辐射功率下降3dB的两个方向的夹角。雷达垂直波束宽度或垂直波瓣范围将影响雷达在船舶安装后的最小探测距离，即雷达盲区。

天线的垂直波束宽度（θ_V）可以用式：

$$\theta_V = 70\lambda/H$$

近似计算，其中λ为发射波长，H为天线辐射器喇叭口的高度。

（4）**天线增益**　在输入功率相等的条件下，实际天线与理想的辐射单元在空间同一点处所产生的信号的功率密度之比。

（四）接收机

航海雷达接收机采用超外差接收技术，主要由微波集成放大器、混频器、中频放大器检波器、视频放大器、增益控制、海浪抑制等电路组成。

天线接收到的微弱射频回波信号，经过双工器送到接收机，经过低噪声微波集成放大器（MIC）放大，改善射频回波信噪比。变频器将射频回波信号转变为中频回波信号后，在中频放大器中对回波进行放大。经过去处海浪杂波和放大后的中频回波信号，经过检波器，转变为视频回波信号，送到显示器显示。

1. 变频器

变频器由混频器和本机振荡器组成。其作用是将射频回波信号频率转换为频率较低的中频信号，适合中频放大器工作。通常通过设在显示器面板上的调谐按钮来控制变频器，以保证混频器输出频率稳定在上述中频。

2. 中频放大器

航海雷达中频放大器普遍采用宽带调谐高增益对数级联放大器，这种放大器对小信号保持着较高的放大量，而对大信号的放大倍数较低，从而扩大了放大器的动态范围。为了适应不同观测者在不同环境下对雷达观测的要求，航海雷达均采用手动增益调整，来大范围调整中频放大器的放大量，从而改变回波在屏幕上的影像亮度。

3. 杂波抑制电路

雷达是在杂波环境下检测回波的。通常在接收机电路中设有海浪杂波抑制电路和恒虚警率处理电路，以获得清晰的回波。

4. 检波及视频放大器

经过处理的回波中频信号，经过检波器后，转变为视频回波信号。

5. 接收机主要技术指标

（1）增益　接收机的增益表示将输入的回波信号放大至显像管正常工作所需要幅值的放大倍数。一般通过放大之后雷达荧光屏上可见到背景噪声斑点。

（2）通频带　接收机通频带表示接收机能有效放大信号的频率范围，通频带过窄，将导致雷达距离分辨力和测距精度下降；通频带过宽，则会使接收机灵敏度下降。因此，在近量程采用较宽通频带，远量程采用较窄通频带。

（3）灵敏度　灵敏度表示接收机能接收微弱信号的能力，用最小可辨信号功率表示。最小可辨功率越小，接收机的灵敏度越高，雷达探测弱小目标的能力越强。

（4）恢复时间　过强的回波信号会使放大器饱和甚至过载，使接收机暂时失去放大能力，而无法观测到强信号后的回波信号。从引起接收机饱和或过载的强信号过后开始，到接收机刚刚恢复正常工作能力为止所经历的时间，称为接收机恢复时间。显然，恢复时间越短越好，它会影响雷达的最小探测距离。

（五）显示器

雷达显示器是目标回波的显示单元。通过雷达显示器，驾驶员能够观测到目标回波，并测量目标的方位和距离。通过连续观测目标运动，建立目标的运动轨迹，还能够获得周围目标的运动参数，避免船舶碰撞，引导船舶安全航行。

航海雷达图像采用极坐标平面位置显示原理，扫描中心代表本船（天线位置），目标回波在屏幕上以加强亮点显示。径向扫描线上点的位置到扫描中心的距离，代表该点目标到本船的距离。

目前，实现雷达显示的技术处理手段有三种，即模拟处理方法、模拟数字组合处理方法、数字处理方法，对应的显示设备分别为 PPI 显示屏、光栅显示屏以及液晶显示屏。

（六）电源

为了能够稳定可靠地工作，雷达都设计有自己的电源系统，将船电转变为雷达需要的电源，再给雷达供电。雷达电源的电压与船电基本相同，在 $100\sim300\mathrm{V}$，但其频率通常高于船电频率，在 $400\sim2\,000\mathrm{Hz}$，称为中频电源。采用中频电源，能够有效隔离船电的电网干扰，向雷达输出稳定可靠电源，缩小雷达内部电源设备尺寸，从而减小雷达设备体积。

早期的雷达电源采用船电驱动的电动机，并带动中频发动机转动，发出雷达需要的中频电源。目前，新型雷达电源都采用电源逆变的方式，直接将船电变换为中频电源，供雷达工作。通常称这种形式的电源为逆变器，它工作稳定可靠，输出精度高，体积轻巧，故障率低，维护方便。

第二节　雷达观测影响因素

本节要点： 影响目标雷达最大作用距离、最小探测距离、距离分辨力和方位分辨力的影响因素；超折射、大气波导、次折射的定义及特点；影响雷达回波图像质量的各种杂波及其特点；能有效识别出间接反射假回波、多次反射假回波、旁瓣假回波、二次扫描假回波并消除。

目标能够被雷达探测到并清晰地显示在雷达屏幕上，是由雷达设备自身性能、雷达波传播条件、目标对雷达波的反射特性以及雷达观测者的操作技术等多方面因素决定的。作为船舶驾驶员，必须掌握船用雷达的各项使用性能及影响因素，识别各种杂波干扰，了解雷达局限性，才能充分发挥雷达的功能，正确理解和使用雷达以确保船舶航行安全。

一、雷达使用性能及影响因素

（一）目标雷达最大作用距离及影响因素

在自由空间中，雷达能够探测到目标的最远距离称为目标的雷达最大作用距离，它是雷达探测远距离物标的能力。影响雷达最大作用距离的因素有：发射机功率、物标的有效散射面积、雷达天线增益、雷达波长、接收机最小可辨功率等因素。而实际上，影响目标的雷达发现能力的所有因素中，每一项技术参数的影响都不是很大。

（二）目标最小探测距离及影响因素

目标最小探测距离是指在雷达显示器上能够显示出该目标的最近距离，表征着雷达发现近距离目标的能力。在这个距离之内，雷达不能发现目标，称为雷达的近距离盲区。最小作用距离由两个方面决定：一方面与脉冲宽度及双工器恢复时间有关；另一方面与雷达波束的垂直覆盖范围有关。实际上，雷达设备的技术指标和船舶的实际安装环境，都直接影响了雷达近距离盲区的范围。现代雷达采用固态双工器，最小探测距离一般稳定在 30m 之内。

（三）雷达距离分辨力及影响因素

雷达分辨相同方位相邻两个点目标的能力，称为距离分辨力。例如，在海面相同方位上有两艘相邻而且逐渐驶近的渔船，当接近到某一距离时，其雷达回波刚好合二为一。那么在此之前，在雷达屏幕上刚刚能够分辨出来为两个孤立的目标船的时候，这两艘船在海上的实际距离，就是当时雷达使用量程的距离分辨力。雷达距离分辨力与脉冲宽度、屏幕像素尺寸、雷达使用量程等设备因素有关，此外，气象海况及雷达操作技术等因素也影响了雷达的距离分辨力。

为了减小雷达测距误差，应该注意：①正确调节显示器控制面板按钮，使回波饱满清晰；②选择包含所测目标的合适量程，使物标回波显示于 1/2～2/3 量程处；③应定期将活动距标圈与固定距标圈比对和校准；④活动距标应和回波正确重合，即活动距标圈内缘与回波前沿（外缘）相切；⑤尽可能选用短脉冲发射工作，以减小回波外侧扩大效应。

（四）雷达方位分辨力及影响因素

雷达分辨相同距离相邻两个点目标的能力，称为方位分辨力。方位分辨力以能够分辨出两个点目标的最小方位夹角来表示。雷达方位分辨力与水平波束宽度、屏幕像素尺寸、雷达使用量程等设备因素有关，此外气象海况及雷达操作技术等因素也影响了雷达的方位分辨力。

为了减小雷达测方位误差，应该注意：①正确调节显示器控制面板按钮，使回波饱满清晰；②选择包含所测目标的合适量程，使物标回波显示于 1/2～2/3 量程处；③校准中心，减少中心差；④检查船艏线是否在正确的位置上，应校核罗经复示器、主罗经及船艏线所指航向值三者是否一致；⑤使用电子方位线测量点物标方位时，应使方位标尺穿过回波中心，若测物标边缘注意修正"角向肥大"；⑥使用电子方位线测物标时，应使其和物标回波边缘进行"同侧外缘"重合；⑦船舶摇摆倾斜时，应注意选择船舶摆动到正平时进行测量。

二、影响雷达回波正常观测的因素

（一）大气传播条件

1. 超折射

如果海面湿度大且随着随高度升高而减小，或者大气温度随着高度的增加而增加，且电磁波传播速度也随高度增加而急剧增加，电磁波传播轨迹严重向海面弯曲，即雷达波束沿地表弯曲比正常大，这种现象称为超折射。发生超折射时目标的雷达的探测地平比标准大气折射时要远（图 8-13）。超折射经常发生在热带及非常炎热的大陆附近。

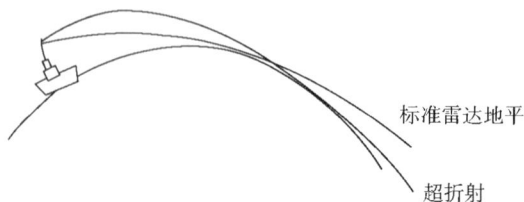

图 8-13　超折射

2. 大气波导

当超折射现象特别严重时会形成大气波导状传播雷达波，即雷达波被大气折射而射向海面，再由海面反射至大气，再由大气折射向海面，如此循环往复，如同雷达波在波导中传播一样，故也称之为"表面波导"传播现象。发生"表面波导"现象时，雷达的探测距离大大增加，可能产生后面提到的二次扫描假回波（图 8-14）。

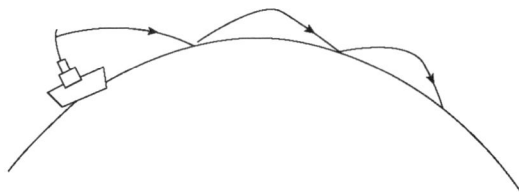

图 8-14　表面波导

3. 次折射

当气温随高度升高而降低的速率变快；或相对湿度随高度升高而急剧增大时，会发生雷达波束向空中弯曲的现象，此现象称为次折射。发生次折射时目标的雷达的探测地平比标准大气折射时要近（图 8-15）。次折射一般发生在极区及非常寒冷的大陆附近。

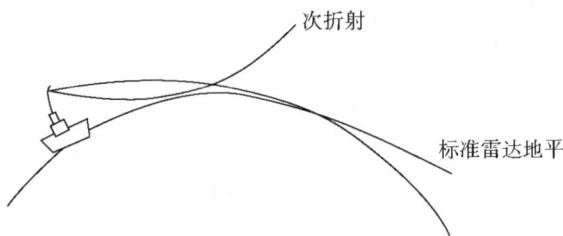

图 8-15　次折射

（二）杂波干扰

1. 海浪干扰

海浪对雷达波的反射而产生的海浪干扰回波，在荧光屏扫描中心附近形成不稳定的鱼鳞状亮斑（图 8-16）。海浪干扰回波有时会淹没近距离的物标回波，影响正常观测。在大风浪时，强海浪回波会造成接收机饱和或过载。海浪干扰的特点如下：

①海浪干扰回波强度随着距离增加按指数规律迅速减弱，密度变疏；弱

海浪回波亮点的位置是随机的；干扰范围一般
为 3～6n mile，风浪大时可达 8～10n mile，海
上幅度较大浪涌的回波可显示为波纹状。

②船舶上风舷方向的海浪回波强，位于船
舶下风舷方向的海浪回波弱。

在有风浪的海况下，要注意充分利用每次
天线扫描雷达显示器上海浪回波的位置是随机
的，而小目标的回波位置基本不变的特点，识
别海浪中小目标回波。当屏幕的海浪回波较强

图 8-16　海浪干扰

影响到观测目标时（图 8-17a），可使用相应的海浪干扰抑制旋钮处理（图 8-
17b）。常用的抑制海浪干扰的方法，控制的是接收机近距离的增益，故又称
为近程增益控制电路；且该电路是随时间变化控制接收机的灵敏度高低，故
又称为灵敏度时间控制电路（sensitivity time control，STC）。其他辅助措
施，在海浪环境中，也可以通过选用窄脉冲、选用 S 波段雷达、选用高转速
天线等来减弱海浪回波的干扰。

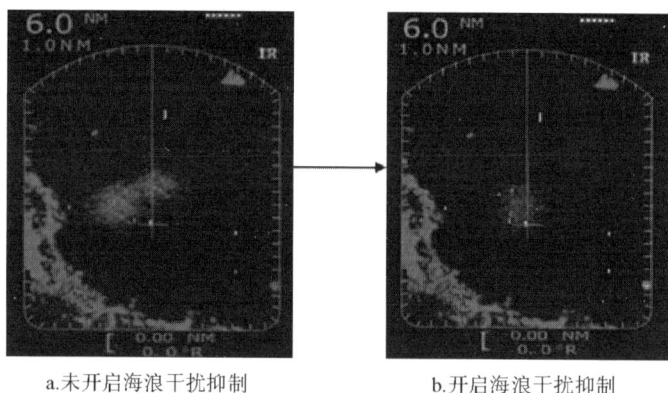

a.未开启海浪干扰抑制　　　　　　　　　　b.开启海浪干扰抑制

图 8-17　海浪干扰抑制效果图

2. 雨雪干扰

由于雨雪反射雷达波产生的干扰脉冲，在雷达屏幕上形成无明显边缘的
疏松的棉絮状连续亮斑区，如图 8-18a 所示。

雨雪对雷达的干扰不受雨（或雪）区大小的影响而与降雨（或雪）量大
小有关，降雨（或雪）量越大，雨点（或雪片）越粗，雷达工作波长越短，
天线波束越宽，脉冲宽度越宽，则雨雪反射越强，可能淹没雨区中的物标
回波。

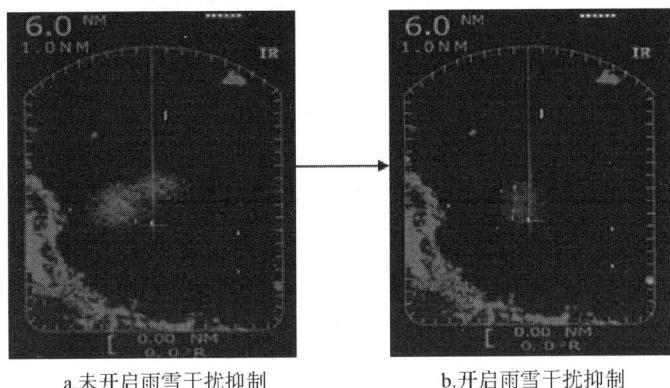

a.未开启雨雪干扰抑制　　　　　　　　　b.开启雨雪干扰抑制

图 8-18　雨雪干扰抑制效果图

为抑制雨雪干扰回波，常用"雨雪干扰抑制"电路，即 FTC（fast time constant）电路。其作用是去除宽回波视频信号中连续不变的部分以抑制连续的雨雪回波，保留有用物标回波其变化的前沿部分，同时它使宽回波变窄，可提高距离分辨力，使用中应注意有可能丢失小物标回波。只有在雨雪干扰严重时使用。除可用"FTC"电路外，还可选用 S 波段雷达、窄脉冲以及圆极化天线等。

3. 同频干扰

相邻船舶同频段工作频率相近雷达的发射脉冲直接被本船雷达天线接收，或其被目标散射的脉冲被本船雷达接收机检测出来，称为同频干扰。由于这种发射与接收分别由各自雷达触发脉冲控制，因而也称为非同步辐射（非相关）干扰。同频干扰回波呈现为有特点的散乱地遍布在雷达图像显示区域的杂波，多表现为螺旋线状。不仅辐射主瓣会产生干扰，旁瓣辐射和接收也会构成干扰。

同频干扰回波特点为：在量程比较小的时候，干扰在屏幕上较为分散，螺旋线效果不明显（图 8-19a）；随着量程增大，干扰变得密集（图 8-19b）。如果使用远量程，干扰回波相关性降低，干扰杂波则表现为密集混乱的图像（图 8-19c）。同频干扰一般发生在狭水道船舶航行密集的海域，而且可能发生多部雷达之间互相干扰，因此实际干扰图像常比图 8-19 所示混乱得多，弱小目标受干扰尤其严重。

由于同频雷达干扰的现象比较特殊，比较容易识别，如装有同频雷达干扰抑制器（Radar Interfere Canceler，RIC）。可打开面板上的控制开关，图

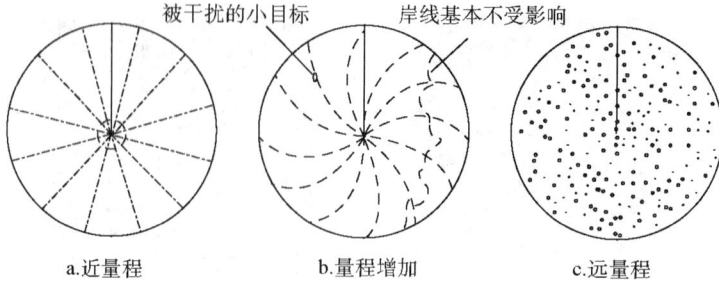

图 8-19　同频干扰图像

像观测效果会有明显改善。但在两船相距很近干扰很强时，干扰很难完全消除。驾驶员在使用同频干扰抑制时应注意：①使用前应将雷达"调谐""增益"及"STC"等调至最佳状态；②同频干扰严重时才可使用；③为避免丢失小目标回波，通常不要与"FTC"和其他自动干扰抑制同时使用。

（三）假回波

在雷达观测中经常会出现一个目标在显示器上多处显示回波，或者显示的回波位置不是目标的真实位置，即目标回波的距离或方位不正确或二者均不正确，称这样的回波为目标的假回波。它们的存在会引起驾驶员错误判断，不利于正常的雷达观测。雷达假回波有以下四种。

1. 间接反射假回波

船上的大桅、烟囱、吊杆柱等高大物件及附近的大船、陆上的高大建筑物等强反射体，不但能阻挡雷达波的传播，在其后方会形成阴影区，同时又能将直接来自雷达天线的雷达波间接反射到目标，目标回波再通过上述反射体间接反射回天线。这样，同一个目标，雷达波可能会有两条不同的传播路径：一条是直接从天线到目标的路径；另一条是经过上述反射体间接反射后再到达目标的路径。于是，一个目标在雷达显示器上可能有两个回波，一个是真实目标回波，另一个显示在方位与障碍物相同、距离比真实目标距离远的位置上，这个回波就是间接假回波。如图 8-20 所示，A 为目标真实回波，A′为目标的假回波。

在狭水道航行或在锚区，本船附近的其他大船、桥梁以及岸上反射性能好的大型建筑物都有可能产生这种间接假回波。

目标间接假回波的特点：①目标间接假回波出现在阴影扇形区域内；②目标间接假回波的距离、方位与目标真回波不同，其方位为障碍物方位，距离为障碍物到目标的距离与障碍物到雷达天线的距离之和；③目标间接假

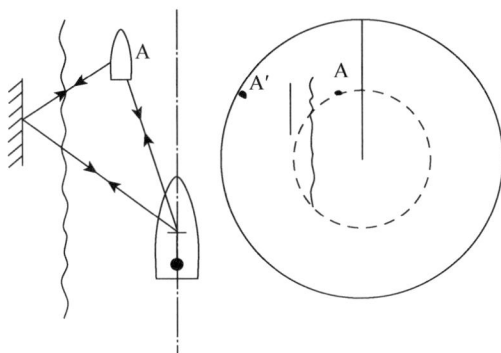

图 8-20　间接假回波

回波与其真回波比较，回波的强度弱，显示的形状常有明显的畸变；④对应本船的运动和真回波的移动，假回波在显示器上的移动不合理。例如，当本船改向时，显示器上目标真回波方位发生变化，而目标的间接假回波仍在阴影扇形区内或者突然消失。

临时改变本船航向可以识别和判定由于本船所引起的间接假回波。但要注意狭水道航行时受环境限制，可能难以实现。暂时降低增益，使用 FTC 可以抑制间接假回波。对于离雷达天线较近的反射体产生的假回波还可以使用 STC 加以抑制。但是抑制假回波时需要特别注意不要丢失弱小目标。

2. 多次反射假回波

雷达波在本船和正横近距离强反射体之间多次往返反射，均被雷达天线接收而产生的假回波，称为多次反射假回波。当两船在狭水道或锚地等狭窄水域近距离（约 1n mile 以内）平行驶过时，这种现象经常发生（图 8-21）。

目标多次反射假回波的特点：①多次反射假回波在真回波方位上连续出现的比真回波远的等距离间隔的几个回波，假回波之间的距离间隔大小均等于真回波的距离；②离本船越远的假回波强度越弱，图中离本船中心最近的回波是真回波，其他均为多次反射假回波；③在屏幕上假回波与真回波的移动协调一致。

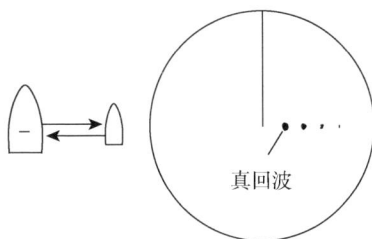

图 8-21　多次反射假回波

当船舶接近陆地时，近岸的目标也会引起多次反射假回波，被淹没在陆地的回波之中，通常对雷达观测影响不大。驾驶员根据上述特点很容易识别出目标的多次反射假回波，可以通过降低增益或者适当使用雨雪干扰抑制（FTC）来减弱或消除。

3. 旁瓣假回波

距离本船较近的强反射目标被雷达天线旁瓣辐射探测到所显示的回波称为旁瓣假回波。如图8-22所示，在真回波A周围两侧的圆弧上杂散分布着的回波是旁瓣假回波。如果天线尺寸较小，辐射窗口损伤或表面不清洁，旁瓣回波会比较频繁发生。

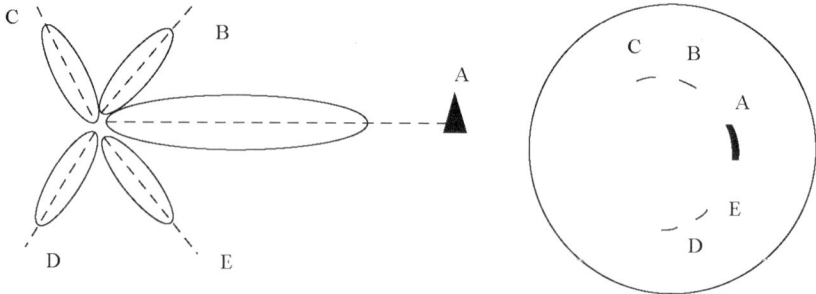

图8-22　旁瓣假回波

目标旁瓣假回波的特点：①由于雷达天线旁瓣辐射基本对称分布于波束主瓣的两侧，但辐射不够稳定，所以目标旁瓣假回波杂散对称地分布在目标真回波两侧的圆弧上；②目标旁瓣假回波的距离与其真回波距离相等，方位相邻；③目标旁瓣假回波的强度比目标真回波的强度弱的多，且闪烁不定，真回波与假回波边缘界限不清晰，给正常雷达观测带来干扰；④在海浪较强的海域，旁瓣辐射会加重海浪杂波效果，严重影响雷达近距离观测效果。

驾驶员根据上述特点很容易识别出目标旁瓣假回波，可以通过适当使用STC或适当降低增益或适当使用FTC来减弱或消除之。

4. 二次扫描假回波

在某种特殊环境下，如发生超折射时，雷达发射脉冲探测到了非常远的强反射回波，其距离远超过了雷达设计的脉冲重复周期，回波被显示在了下一个扫描周期上，回波的显示距离丢失了一个雷达脉冲重复周期所对应的探测距离，这样的回波称之为二次扫描假回波（图8-23）。

目标二次扫描假回波的特点：①目标二次扫描假回波的方位与目标的真实方位相同，但显示的距离比目标真实距离少了CT/2；②目标二次扫描假

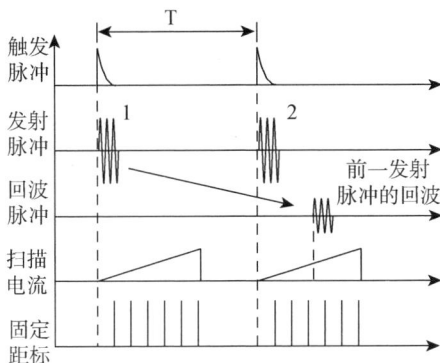

图 8-23　二次扫描回波产生原理

回波的图形与实际目标形状不符，发生了变形，如远处直岸线的二次扫描假回波在雷达显示器上显示时变成了 V 字形图像（图 8-24）；③当改变量程段即改变脉冲重复频率时，目标二次扫描假回波的距离会改变、变形或消失。

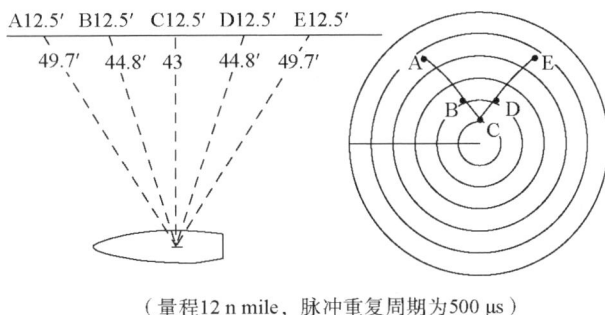

（量程 12 n mile，脉冲重复周期为 500 μs）

图 8-24　二次扫描回波图像

（四）阴影扇形

雷达波束在传播途中被本船上的大桅、烟囱等高大构件或建筑物阻挡和吸收，致使雷达在这些遮蔽物体后面无法探测到其他物标，结果在荧光屏对应的区域形成探测不到物标的扇形暗区，这种扇形暗区称为雷达扇形阴影区。

阴影区的大小主要取决于天线与有关构件的间距、构件大小及与天线的相对高度。高度等于或高于雷达天线的构件，其尺寸越大，离天线越近，则阴影区越大。显然，这对于雷达观测物标是极为不利的。应尽量减小阴影扇形，尤其是要避免在船首方向出现阴影区。航行中，如对阴影区是否存在物标有疑问时，可通过临时改向识别（图 8-25）。

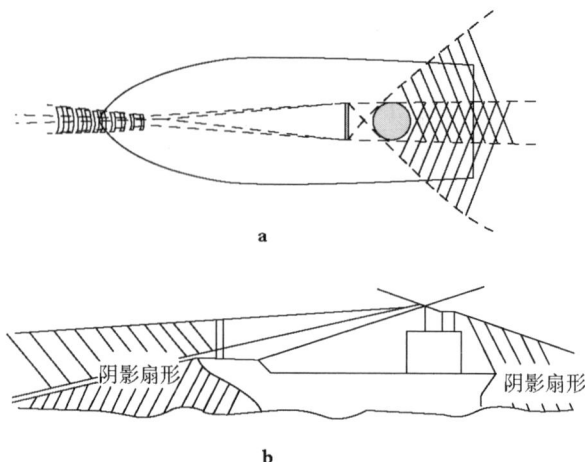

图 8-25 雷达阴影扇形

a. 俯视图   b. 侧视图

第三节 雷达操作与显示方式

本节要点：相对运动与真运动的特点与不同；船艏向上、航向向上、真北向上三种显示方式的特点及其应用；雷达常用控钮的作用及基本操作方法。

为了满足不同航行环境下人员观测的需要，雷达设有不同的图像显示方式。按代表本船位置的扫描中心在荧光屏上的运动方式，船用雷达可分为相对运动和真运动两种运动方式。真运动的运动方式根据输入的速度源不同分为对水真运动和对地真运动。

在不同的雷达图像运动模式下，根据船艏指向及所显示的物标方位，船用雷达的显示方式可分为船艏向上、真北向上和航向向上三种。不同的显示方式方便不同航行环境下的雷达观测，驾驶员应该熟练掌握和灵活应用各种显示方式的特点，保证船舶航行安全。

一、相对运动（RM）显示方式

所谓相对运动是指无论本船是否运动，在雷达屏幕上，代表本船的扫描中心固定不动，所有目标都做相对本船的运动。与本船同向同速的目标，其回波在屏幕上固定不动，而固定目标的回波在屏幕上与本船等速反向运动。

(一) 船艏向上 (H-up) 相对运动显示

船艏向上相对运动显示,雷达无需接入任何其他传感器信号便能够工作。其显示特点如下:

①具有相对运动的特点,代表本船的扫描中心固定不动,所有目标都做相对本船的运动。与本船同向同速的目标,其回波在屏幕上固定不动,而固定目标的回波在屏幕上与本船等速反向运动。

②船艏线指向方位刻度盘的零度并固定不动,雷达回波在屏幕上的分布与驾驶员视觉瞭望目标的实际情况一致,可获得目标的相对方位。

③本船转向时,船艏线不动,目标回波反向转动,图像不稳定,会出现目标拖尾现象,影响观测。尤其是大风浪天气,船艏偏荡频繁时,目标回波左右摇摆,会使得图像模糊不清,影响观测精度。不利于定位、导航和航向频繁机动的环境,如船舶进港、狭水道以及大多数情况的沿岸航行。

以上特点可用图 8-26 说明。图中画出海上真实情况与雷达显示器显示情况。本船在①位置时,屏幕显示如①图:船艏线指 $0°$,物标回波显示舷角为 $030°$,距离为 6n mile 的 A 处。本船保向 ($050°$) 航行至②位置时,屏幕显示②图:船艏线指 $0°$,物标回波在右正横位置 ($090°$),距离 3n mile 的 B 处。假设本船在②位置原地右转 $45°$ 至 $095°$ 的③位置时,屏幕显示③图:船艏线仍指 $0°$,但物标回波左转 $45°$ 至 C 处,距离仍为 3n mile。这种显示方式较直观,便于判明来船在本船左舷还是右舷,适合宽阔水域平静海况时船舶避碰。

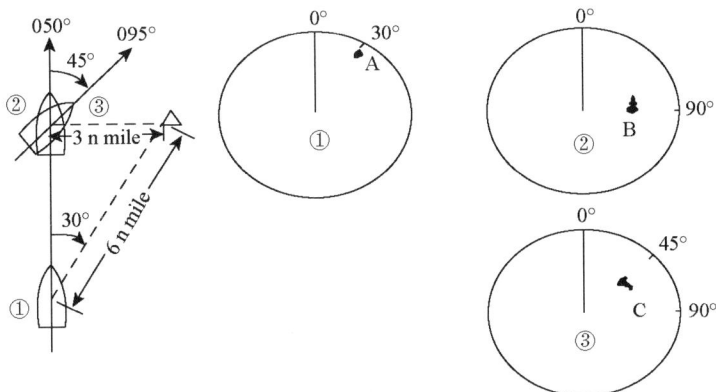

图 8-26 船艏向上相对运动显示方式

（二）真北向上（N-up）相对运动显示

真北向上相对运动显示，雷达需接入本船航向信号。其显示特点如下：

①具有相对运动的特点，代表本船的扫描中心固定不动，所有目标都做相对本船的运动。与本船同向同速的目标，其回波在屏幕上固定不动，而固定目标的回波在屏幕上与本船等速反向运动。

②方位刻度盘的零度代表地理真北，船艏线指向本船艏向，雷达回波在屏幕上的分布与所用海图类似，可直接得到目标的真方位。

③本船转向时，船艏线随艏向转动，目标回波保持稳定清晰，便于观测。

以上特点可用图 8-27 说明。图中本船在①位置时，屏幕显示①图：船艏线指 050°，物标回波显示真方位为 080°，距离为 6n mile 的 A 处。本船保向（050°）航行至②位置时，屏幕显示②图：船艏线仍指 050°，物标回波在我船右正横位置，真方位 140°，距离 3n mile 的 B 处。假设本船在②位置原地右转 45°至 095°的③位置时，屏幕显示③图：船艏线右转至 095°，物标回波仍在真方位 140°的 C 处，距离为 3n mile。这种显示方式适合于定位、导航和航向频繁机动的环境，如船舶进港、狭水道以及大多数情况的沿岸航行。尤其注意，当船舶艏向介于 090°和 270°之间时，应特别注意雷达图像的左右与驾驶员从驾驶台瞭望时左右舷是相反的。

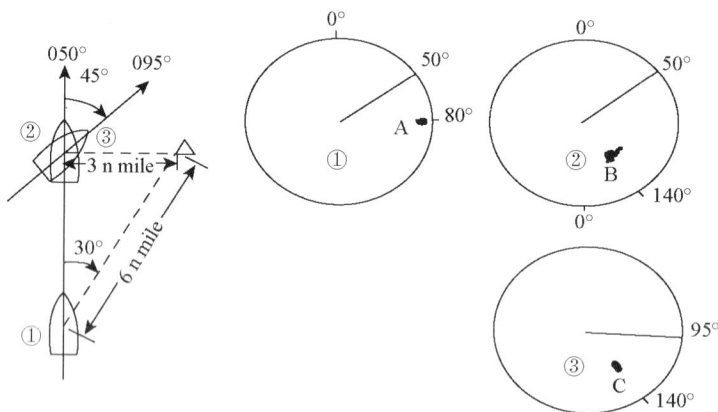

图 8-27 真北向上相对运动显示方式

（三）航向向上（C-up）相对运动显示

航向向上相对运动显示，雷达需接入本船航向信号。这种显示方式综合了上述两种显示的优点，其显示特点如下：

①船艏线指示本船艏向，并指向屏幕正上方，屏幕方位刻度由本船航向信号驱动，000代表真北方位。雷达回波在屏幕上的分布与驾驶员视觉瞭望目标的实际情况一致，方位测量能够得到目标的真方位。

②本船转向时，船艏线随航向转动而固定物标回波不动，图像稳定。改向完毕只要按一下"新航向向上（new course up）"按钮，则船艏线、图像及可动方位圈一起转动，直到船艏线恢复指向新的稳定航向且指向屏幕正上方为止，避免了H-up本船转向过程引起的目标拖尾模糊的显示缺点。

以上特点可用图8-28说明。图中本船在①位置时，屏幕显示如①图：船艏线指可动方位刻度盘050°（固定刻度盘的0°），物标回波显示真方位为080°（相对方位030°），距离为6n mile的A处。本船保向（050°）航行至②位置时，屏幕显示②图：船艏线仍指可动方位刻度盘050°（固定刻度盘的0°），物标回波在我船右正横位置，真方位140°（相对方位090°），距离3n mile的B处。假设本船在②位置原地右转45°至095°的③位置时，屏幕显示③图：船艏线右转至095°（固定刻度盘的045°），物标回波仍在真方位140°（相对方位090°）的B处，距离为3n mile。本船转向完毕，按下"新航向向上"按钮后，屏幕显示④图：船艏线和可动方位刻度盘的095°，一起左转回到屏上方固定刻度盘的0°处，物标回波也左转到相对方位045°的C处。这种显示方式够兼顾导航和避碰功能，适合于比较广泛水域的航行环境。

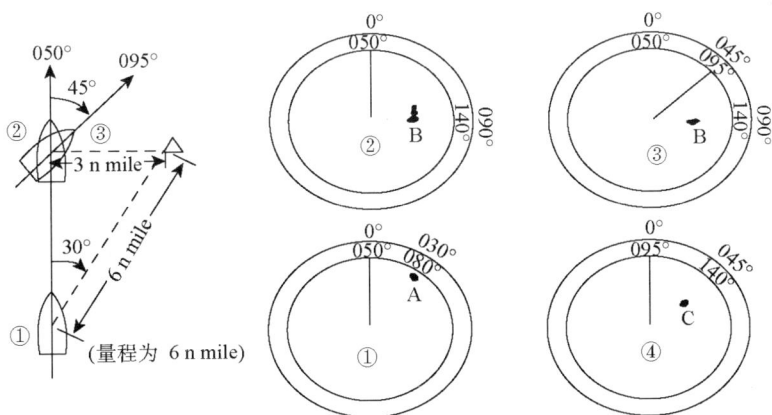

图8-28　航向向上相对运动显示方式

二、真运动（TM）显示方式

这种显示方式雷达需同时接入本船航向和航速信号才能够工作。

真运动显示时，代表本船参考位置的扫描中心根据所选择量程，在屏幕上按照本船的航向和航速移动，所有目标的运动都参考本船的速度输入。

如果输入的是对水速度，则在水面上漂浮的船舶在屏幕上固定不动，而陆地会以与风流压差相反的方向和速度移动。对水稳定真运动用于船舶避让。

如果输入的是对地速度，则岛屿等固定目标是静止的，本船和目标船在屏幕上按照其航迹向移动。对地稳定真运动用于船舶在狭水道和进出港导航。

三、雷达显示方式选择

不同的显示方式可以满足不同的雷达观测需要。在相对运动模式下，连续观测回波相对本船的变化，有利于判断目标船的碰撞危险，及早做出避让决定。在平静的大洋航行时，雷达只用于避碰观测，采用 H-up 是最方便的选择。在沿岸航行时，需要雷达定位和导航，为了便于识别目标，最好使用 N-up 显示方式。在沿岸尤其在狭水道或港口航行时，船艏偏荡或船舶频繁转向，C-up 则更有利于避碰观测。

四、雷达的控钮及作用

雷达主要控钮分为：控制电源的开关、调整图像质量的控钮、提供测量手段的控钮、杂波干扰抑制控钮、显示方式选择控钮、附属操作控钮。雷达的主要控钮及其功能见表 8-1。

表 8-1　雷达的主要控钮

控　　钮	功能说明
POWER	雷达电源开关，主要是在开机、关机时使用。它的作用是接通或切断雷达供电
STBY TX	发射机工作开关，主要是用来控制发射机的工作状态。开关置"ON"位置，发射机进入了工作状态。在发射机工作期间，将该开关置"STBY"位置，发射机停止工作，雷达恢复到"STANDBY"状态

（续）

控　钮	功能说明
（BRILL）	亮度控钮，对于 PPI 显示器型雷达，亮度控钮的作用是调整扫描线亮度。开关机前该控钮逆时针调到最小位置；正常使用时，调节该控钮使雷达屏幕上的扫描线刚刚看不见 TV 显示器型雷达和 TFT 显示器型雷达屏幕亮度调节适中后，开关机前不必逆时针方向置最小位置
（GAIN）	增益控钮的作用是调整雷达接收机的灵敏度。调节该控钮，可以改变屏幕上视频回波的强度。开关机前该控钮逆时针调到最小位置。正常使用时，调节该控钮使雷达屏幕上的接收机噪声信号刚刚看得见
（TUNE）	调谐控钮的作用是改变雷达接收机本级振荡器的振荡频率。调节调谐控钮，雷达接收机中频信号的频率随之变化。调谐最佳时，可获得清晰而饱满的视频回波图像，同时调谐指示也会指示其所能达到的最大位置。接收机调谐前，"微调"调谐控钮置于中间位置，使得接收机调谐后保留一定的微调动态范围
OFF　ON （VRM）	活动距标控钮是用于测量物标距本船的距离。调整活动距标距离调节控钮，使活动距标圈的内缘与物标的前沿相切，此时活动距标读数器显示的读数是该物标距本船的距离。雷达通常设置两个活动距标控制与显示系统，可以单独使用，也可以同时使用
OFF　ON （EBL）	电子方位线控钮是用于测量物标与本船的方位。调整电子方位线控钮可以改变电子方位线信号相对船艏线（或北）的位置，此时电子方位线读数器显示出电子方位线相对本船船艏（或北）的方位读数。雷达通常设置两条电子方位线控制与显示系统
固定距标 控钮（RR）	固定距标控钮是控制固定距标圈的显示与否。固定距标测距有时采用估算的方法获取物标相对本船的距离，存在一定的读数误差
2 EBL OFFSET	电子方位线偏心控钮是用来调整电子方位线偏心显示功能。用于观测某一参考目标相对待定目标的方位，还可用作安全避险线功能。电子方位线偏心显示时，该方位线上的活动距标圈测取的距离是距偏心点的距离
+ RANGE −	量程转换开关是用来改变雷达观测的距离范围。雷达开关机前，量程转换开关应选择中距离量程（6nm 或 12nm），以便驾驶员雷达观测和船舶操纵能够同时兼顾本船近距离避让和中距离导航

（续）

控　钮	功能说明
(A/C SEA)	有两种海浪干扰抑制的方式，一种是自动海浪干扰抑制，另外一种是人工海浪干扰抑制。由于海浪干扰回波的特点，海浪干扰抑制的作用随距离的增加而明显减弱。开关机前海浪干扰抑制控钮选择人工抑制方式，返时针方向调到最小位置。正常使用时要保持"雷达天线高度15m，有海浪干扰的海面，3.5nm以上的图像清晰"的原则
(A/C RAIN)	有两种雨雪干扰抑制的方式，一种是自动雨雪干扰抑制，另外一种是人工雨雪干扰抑制。它通过微分减弱或消除雨、雪、雹等形成的干扰回波。使用雨雪干扰抑制后，不仅可以消除雨雪等干扰回波对雷达观测的不良影响，而且还可以提高雷达观测的距离分辨率。开关机前雨雪干扰抑制控钮选择人工抑制方式，返时针方向调到最小位置。无论使用那一种微分形式，使用效果都要保留雨雪中的小目标回波不被丢失
同频干扰抑制控钮（IR或RIC）	雷达同频干扰抑制控钮的作用是消除来自于其他船舶相同波段雷达射频信号被本船雷达所接收而在本船雷达屏幕上形成的同频干扰信号。雷达同频干扰抑制一般设置为3～4级，级数越高同频干扰抑制的效果越好，雷达屏幕越清晰。使用同频干扰抑制效果应该是有效地消除同频干扰信号而保留小物标回波信号
1 HL OFF	船艏线消隐控钮是常闭弹簧控钮。按下并保持该控钮时，船艏线消失；松开它时，船艏线恢复显示。这样就可以有效观测船艏方向上的小目标回波信号
ALARM ACK	警报应答按钮，当雷达系统产生报警后，按下报警应答按钮可临时静音。除非产生警报的条件解除，否则一段时间后，系统会再次报警
ACQ	捕获ARPA物标按钮，开启ARPA功能后，光标移动至物标上按下捕获按钮，可跟踪已捕获的物标
TARGET DATA	读取ARPA/AIS物标的运动参数按钮，将光标移动至想要读取数据的ARPA/AIS物标上，按下按钮，可读取物标方位、距离、航向、航速、CPA、TCPA或目标的AIS信息等
TARGET CANCEL	取消ARPA/AIS物标按钮，将光标移动至想要取消数据的ARPA/AIS物标上，按下按钮，可取消物标数据
3 MODE	显示方式转换按钮，每按一次，可实现船艏向上、真北向上、航向向上等显示方式交替转换

五、雷达基本操作

（一）开机前检查项目

①检查天线附近是否有人或是否存在影响天线辐射器旋转的障碍物。

②检查雷达操作面板上亮度（BRILL）、增益（GAIN）、海浪干扰抑制（SEA）、雨雪干扰抑制（RAIN）、抗同频干扰（RIC）等控制旋钮是否置于逆时针最小位置；调谐（TUNE）旋钮置中间位置；量程转换开关置于中量程或空档位置，传统 PPI 雷达的亮度和增益应预置在最小位置。

（二）雷达一般开机步骤

①接通船舶电源。

②接通雷达电源，雷达进入"预备"状态，等待 3min。

③待雷达进入"预备好"状态，将发射开关置"发射"。

④调整亮度，对于光栅扫描雷达使屏幕亮度与环境适应，适于观测；对于 PPI 雷达使扫描线刚刚看不见。

⑤调整增益，使噪声斑点刚刚看得见。

⑥调整调谐，在调谐指示达到最大时，再微调调谐确认回波饱满，清晰；然后置调谐于自动调谐，并确认回波质量不低于手动调谐的最佳效果，否则采用手动调谐。

⑦在需要的时候，使用各种抗干扰电路和雷达图像质量辅助控制装置。

（三）以某一型号雷达为例的具体操作方法

1. 进行开机前检查

2. 接通船舶电源

3. 接通雷达电源

位于操作键盘的左上角的雷达电源"POWER"开关，翻开其保护弹簧盖板，并按一次发送指令开启雷达。雷达设备进入预热状态，屏幕显示方位标尺和人机对话窗口，同时在屏幕中心显示倒计时。等待 3min，即整机预热、磁控管灯丝预热。当倒计时为"0：00"时，屏幕中心显示"ST-BY"，雷达处于预备状态。在"ST-BY"下方显示的"ON TIME"和"TX TIME"标志该雷达在此之前"通电时间（包括预热时间和发射机工作时间总和）"和"发射机工作时间"。

4. 屏幕亮度调整

调节操作键盘上方的"BRILL"控钮，顺时针调节屏幕亮度增强；逆时针调节屏幕亮度减弱。

5. 接通发射机

按一下操作键盘的"STBY/TX"键，接通发射机。

6. 接收机增益调整

调节操作键盘上方的"GAIN"控钮，调整接收机增益。

7. 接收机调谐

可以选择自动调谐或人工调谐两种模式进行接收机调谐。

用跟踪球将光标移至位于屏幕右上角的"TUNE AUTO 或 TUNE MANU"位置并激活窗口。当选择了"TUNE MANU"时，光标移向右侧激活调谐指示窗口，使用手轮进行调谐。调谐指示窗口可移动的"▲"的位置，表示"MIC"工作电压数值，调谐指示窗口可移动的"游标指示"，表示接收机调谐状态（图8-29）。

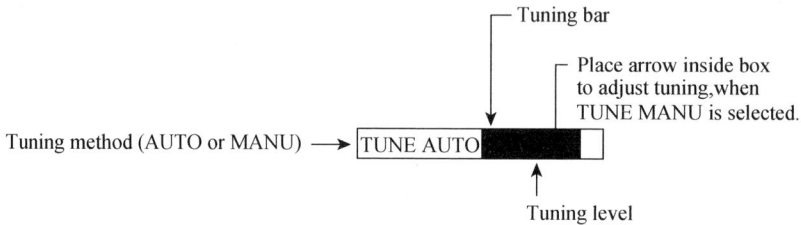

图 8-29　调谐调节示意图

8. 测量目标距离

（1）**键盘操作**　按2次操作键盘上的"VRM ON"键，按顺序激活屏幕右边下方的"VRM1"和"VRM2"窗口，屏幕有效面积上显示 VRM1 和 VRM2 活动距标圈符号。调节活动距标编码器，屏幕上 VRM1 或 VRM2 的活动距标圈随之变化，对应的读数窗显示观测的距离（图8-30）。

（2）**关闭活动距标圈**　按操作面板上的"VRM OFF"，或用光标激活 VRM 窗口，依次关闭 VRM 窗口。

9. 测量目标方位

（1）**键盘操作**　按2次操作键盘上的"EBL ON"键，按顺序激活屏幕右边下方的"EBL1"和"EBL2"窗口，屏幕有效面积上显示 EBL1（细虚线）和 EBL2（粗虚线）电子方位线符号。调节活动距标编码器，屏幕上 EBL1 或 EBL2 的电子方位线随之变化，对应的读数窗显示观测方位（图8-31）。

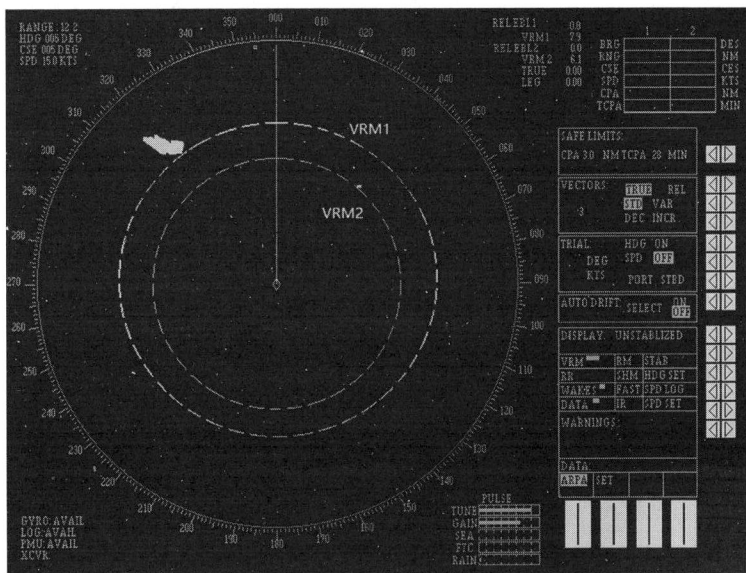

图8-30 雷达测距示意图

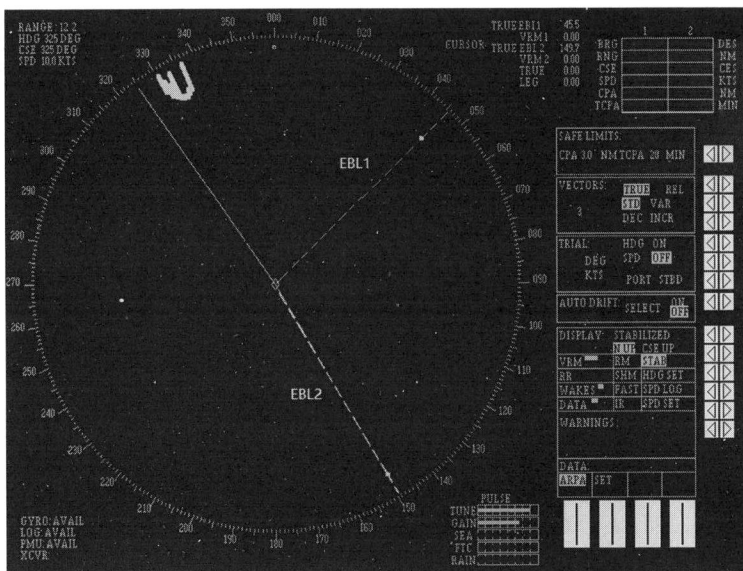

图8-31 雷达测方位示意图

(2) 关闭电子方位线 按操作面板上的"EBL OFF"，或用光标激活EBL窗口，依次关闭EBL窗口。

10. 电子方位线偏心显示

使用光标选择电子方位线（EBL1 或 EBL2），按一次"EBL OFF"键，使用跟踪球置光标于偏离扫描线起始点位置，再按一次"EBL OFF"键，光标确认在偏心位置，实现电子方位线偏心显示。

11. 选择显示模式

连续按"MODE"（模式）键选择所需的显示模式。

12. 量程选择

使用"RANGE"键选择所需的量程。点击量程键的"＋"部分增加距离；点击量程键的"－"部分减小距离。

13. 脉冲长度转换

①移动跟踪球，在屏幕左边选择"PULSELENGTH"（脉冲长度）方框，如图 8-32 所示。

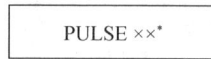

图 8-32　脉冲长度示意图

②按左键减小脉冲长度，按右按钮增加脉冲长度；也可以通过转动滚轮选择脉冲长度，然后按下滚轮或左键。

14. 海浪杂波抑制

（1）自动调整海浪抑制

①移动跟踪球，选择显示器顶部的"SEA AUTO"或"SEA MAN"，如图 8-33 所示。

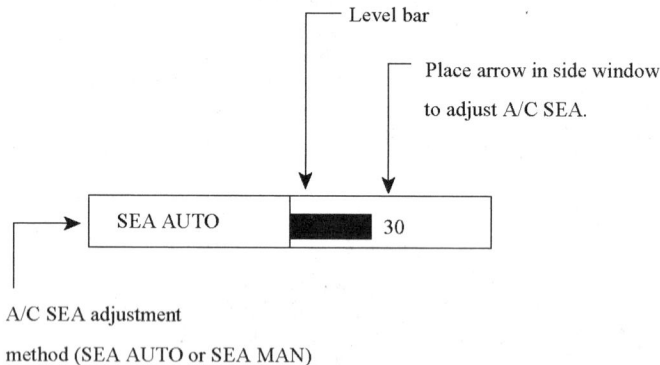

图 8-33　海浪调节示意图

②按左键显示相应的"SEA AUTO"。

③观察 A/C SEA 级别指示器的同时，使用"A/C SEA"控制按钮调整 A/C SEA。

（2）手动调整海浪抑制

①移动跟踪球，选择显示器顶部的"SEA AUTO"或"SEA MAN"。

②按左键显示相应的"SEA MAN"。

③观察 A/C SEA 级别指示器的同时，使用"A/C SEA"控制按钮调整 A/C SEA。

15. 雨雪杂波抑制

（1）打开/关闭自动雨雪抑制

①使用跟踪球选择屏幕左侧的"PICTURE"框。

②按右键显示"PICTURE"菜单。

③移动滚轮选择"6 AUTO RAIN"，并按一次左键或手轮。

④选择"OFF"或"1""2""3""4"。

⑤按右键关闭菜单。

（2）调整雨雪抑制的大小　使用"A/C RAIN"控制按钮调整 A/C RAIN。

16. 同频干扰抑制

①使用跟踪球选择屏幕左侧的"PICTURE"框。

②按右键显示"PICTURE"菜单。

③移动滚轮选择"1 INT REJECT"，并按一次左键或手轮。

④选择"OFF"或"1""2""3"。

⑤按右键关闭菜单。

17. 雷达关机步骤

①将雷达电源开关从发射状态"TX"转换为预备"Stand-by"。

②将雨雪干扰、海浪干扰、同频干扰等抗杂波控钮调至最小状态。

③对于 PPI 雷达，将增益和亮度置于最低。

④将雷达电源开关（RADAR POWER SWICTH）由"ON"位置转换到"OFF"位置。

⑤关闭船舶电源开关（SHIPS POWER SWICTH）。

第四节　雷达定位与导航

本节要点：雷达定位中物标选择原则；不同物标回波特点并正确识别物标；测距、测方位要领；学会使用各种雷达定位的方法；平行线导航、距离避险线、方位避险线的方法及雷达导航注意事项。

一、雷达定位

船舶近岸航行时，尤其在沿岸 10n mile 之内，由于雷达能够提供较高精度的定位，因此它是驾驶员首选的定位设备。驾驶员通过仔细对比海图与雷达图像，选择合适的定位目标，测量出目标的距离或方位，通过海图作业，求取本船船位的过程。为使测定雷达定位准确，必须做到用作定位的物标选得合适，其回波辨认准确无误，测量距离和方位使用的方法正确、数据准确、速度快捷，且海图作业正确。因此，在采用雷达进行船舶定位时，应认真注意以下内容。

（一）正确选择物标的原则

在选择用于定位物标时，应遵循以下原则：

①应尽量选用孤立小岛、岩石、岬角、突堤、孤立灯标等物标，其回波特性应是：图像稳定，亮而清晰，回波位置应能与海图精确对应。应避免使用回波可能产生严重变形或位置难以在海图上确定的物标，如平坦的岸线、斜缓的山坡、高大建筑物群中的灯塔等。

②应尽量选用近的便于确认的可靠物标，而不用远、不易确认的物标。

③选用多目标定位，船位线交角符合航海定位要求。确认目标十分可靠时，也可使用单目标距离方位定位。

（二）准确测距与测方位的要领

1. 准确测距的要领

①选择能显示被测量物标的合适量程，是物标回波显示于屏幕半径的 1/2～2/3 处。

②正确调节显示器各控钮，使回波饱满清晰。

③应使活动距标圈内缘与回波前沿相切。

④测量的先后顺序为：先正横，后首尾。

⑤应经常检查活动距标的准确度。

2. 准确测方位的要领

①选择能显示被测量物标的合适量程，是物标回波显示于屏幕半径的 1/2～2/3 处。

②选择近而可靠的物标，左右侧陡峭的物标或孤立物标。

③各控钮应调节适当，否则将使图像变形而导致测量误差。

④调准中心，减少中心偏差。正确读数，减少视差。

⑤检查船艏线是否在正确的位置上。应校对罗经复示器、主罗经及船艏线所指航向值三者是否一致。

⑥测点物标时，应使方位标尺线穿过回波中心；测横向岬角、突堤等物标时，应将方位标尺线切于回波边缘，如果测量目标左侧，应加上半个波束宽度值；测量目标右侧时，应减去半个波束宽度值。

⑦测量的先后顺序为：先首尾，后正横。

⑧船舶摇摆时，待船舶正平时测量。

（三）雷达定位方法

根据物标回波特点及位置分布，雷达定位方法大致可分为如下四种。

1. 单物标距离、方位定位

利用雷达同时测定孤立、显著的单物标方位和距离来确定船位的方法称为单物标方位、距离定位。这种定位方法方便、快速，两条船位线垂直相交，作图精度较高。若使用陀螺罗经目测方位代替雷达方位，船位可靠性和精度则会更高，物标正横距离定位是这种方法的特例。

使用这种方法定位时，最重要的是物标辨识一定要准确、可靠，否则，一旦认错物标，船位则完全错误。

2. 两个或三个物标距离定位

如果本船周围有适合雷达测距定位的两个或多个物标，选择交角合适的两个或三个目标分别测量其距离，在海图上画出相应的距离船位线，其交点即为本船船位。这是船位精度最高的一种雷达定位方法。

测量时应充分利用雷达的双 VRM 功能，尽量缩短操作时间，并注意先测左右舷目标，后测艏艉向目标，先测难测目标，后测易测目标。

3. 两个或三个目标方位定位

如果本船周围有适合雷达测方位定位的两个或多个目标，选择交角合适的两个或三个目标分别测量其方位，在海图上画出相应的方位船位线，其交点即为本船船位。这种方法的优点是作图方便，缺点是雷达测方位精度较低，所以航行中较少使用。

测量时应充分利用雷达的双 EBL 功能，尽量缩短操作时间，并注意先测艏艉向目标，后测左右舷目标，先测难测目标，后测易测目标。

4. 多目标方位、距离混合定位

如果本船周围既有适合雷达测距定位又有适合测方位定位的两个或

多个目标，选择交角合适的两个或三个目标分别测量其距离和方位，在海图上画出相应的船位线，其交点即为本船船位。多目标距离、方位混合定位的组合可以是两目标距离和一目标的方位定位，或两目标方位和一目标的距离定位，或一目标的方位、距离和另一目标的距离或方位等方法定位。这种定位方法可靠性精度较高，是沿岸航行时驾驶员常用的方法。

（四）雷达定位的精度

雷达定位的精度主要取决于目标海图位置的准确性、观测距离和方位的精度、船位线的交角以及海图作业的精度等因素。由于雷达测距性能较测方位性能好，且测方位的精度受各种因素的影响较大，因此测距离定位的精度比测方位定位的精度高。就船位线数量来说，三船位线精度高于两船位线精度；就船位线交角来说，两船位线交角以 90°为最好，三船位线交角以 120°为最好；就目标的远近来说，近距离定位精度高于远距离定位精度；就目标特性来说，用孤立、点状及位置可靠的目标或迎面陡峭、回波前沿清晰、稳定的目标最好。

此外，定位精度还与驾驶员的测量方法、操作速度和海图作业技巧等因素有关。

若上述各种条件因素均相同时，各种定位方法所对应船位精度由高至低排序大致如下：①三目标距离定位；②两目标距离加一目标方位定位；③两目标距离定位；④两目标方位加一目标距离定位；⑤单目标距离、方位定位；⑥三目标方位定位；⑦两目标方位定位。

二、雷达导航

船舶在进出港、狭水道以及沿岸航行中，尤其在夜间或能见度不良的恶劣天气时，使用雷达导航十分方便、有效。雷达导航包括距离避险线导航和方位避险线导航。现代雷达一般借助平行线实现导航功能（图8-34）。

（一）平行导航线功能
下面以某型号雷达为例阐述平行导航线的使用方法。

1. 显示、关闭平行导航线
①通过滚动跟踪球，置光标于屏幕左下角 INDEX LINE 方框内。
②通过滚动滚轮，调整平行导航线编号，然后按鼠标左键或者滚轮打开

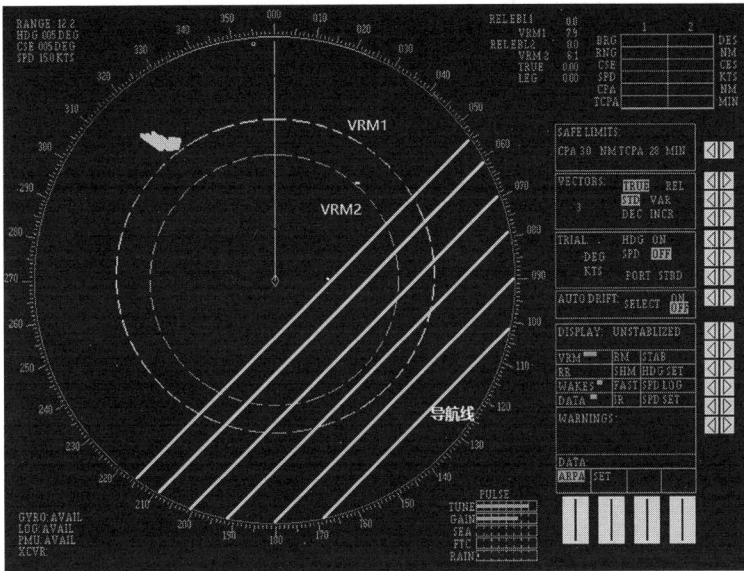

图 8-34　平行导航线

或者关闭导航线。

导航线编号→	IL 1 ON ← 状态（ON or OFF）
导航线方向	032.0°T
导航线间距	5.60NM

2. 调整导航线的方向以及间距

①显示所要调整方向的导航线。

②通过滚动跟踪球，置光标于导航线方向设置窗口。

③通过滚动滚轮调整导航线方向〔在 000.0—359.9（°T）之间〕。

④通过滚动跟踪球，置光标于导航线间距设置窗口。

⑤通过滚动滚轮调整导航线间距。

3. 导航线的方位基准选择

导航线的方位基准可以是相对于船首，也可以是相对于真北，调整的方法如下：

①通过滚动跟踪球，选择屏幕右侧的 MENU 窗口，然后按左键。

②通过滚动滚轮，选择第 2 项 MARK，然后按滚轮或左键显示 MARK 菜单。

```
［MARK］
1 BACK
2 OWN SHIP MARK
  OFF/ON
3 STERN MARK
  OFF/ON
4 INDEX LINE BEARING
  REL/TRUE
5 INDEX LINE
  1/2/3/6
6 INDEX LINE MODE
  VERTICAL/HORIZONTAL
7 ［BARGE MARK］
8 EBL OFFSET BASE
  STAB GND/STAB HDG/
  STAB NORTH
9 EBL CURSOR BEARING
  REL/TRUE
0 RING
  OFF/ON
```

③滚动滚轮选择第 4 项 INDEX LINE BEARING，然后按滚轮或左键。

④滚动滚轮选择 REL 或 TRUE，然后按滚轮或左键。

⑤双击右键关闭菜单。

4. 选择导航线的条数

导航线的条数可以选择 1、2、3 或 6，不过受间距的影响，实际显示的条数可能少于设置的数目。

①通过滚动跟踪球，选择屏幕右侧的 MENU 窗口，然后按左键。

②通过滚动滚轮，选择第 2 项 MARK，然后按滚轮或左键显示 MARK 菜单。

③滚动滚轮选择第 5 项 INDEX LINE，然后按滚轮或左键。

④滚动滚轮选择 1、2、3 或 6，然后按滚轮或左键。

⑤双击右键关闭菜单。

5. 导航线模式

导航线的方向可以是水平的或者是垂直的。但是当 MARK 菜单中第 5 项 INDEX LINE 设置为"1"时除外。

①通过滚动跟踪球，选择屏幕右侧的 MENU 窗口，然后按左键。

②通过滚动滚轮，选择第二项 MARK，然后按滚轮或左键显示 MARK 菜单。

③滚动滚轮选择第 6 项 INDEX LINE MODE，然后按滚轮或左键。

④滚动滚轮选择 VERTICAL 或 HORIZONAL，然后按滚轮或左键。

⑤双击右键关闭菜单。

(二)距离避险线

当所选避险物标和危险物的连线与计划航线垂直或接近垂直时，可采用距离避险线避险。具体是使船舶在航行中离岸（或选定目标点）保持一定的距离，确保航行安全。采用距离避险，必须选择位于危险物同侧的避险物标。

1. 单一危险物标

首先确定距离危险物的最近距离 d（不是一个定值，受诸多因素影响，包括航行海域的海况、本船操作性能、本船装置情况等），再根据参考物标 M 进一步确定避险距离 D_0。航行中，保持船舶距该标的距离 $D \geq D_0$，即可避离该避险物标附近的危险物。雷达导航时，调整雷达活动距标圈值为 D_0，只要避险物标的回波位于该活动距标圈以外，就可安全避开该危险物。或者采用平行导航线，使船位始终处于平行导航线 PIL 的外侧（图 8-35）。

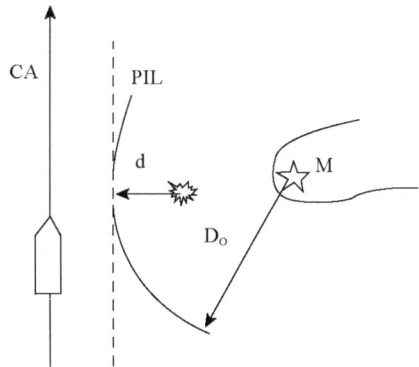

图 8-35 距离避险线 1

2. 多个危险物标

首先在海图上确立距离避险线，它由各危险点的安全距离圈的切线组成。图 8-36 中实线表示计划航线，虚线表示距离避险线。航行时必须使船舶始终保持在距离避险线的外侧。雷达导航时，打开平行导航线，根据以上的介绍，调整好距离和方位，航行时保持危险物标的回波处在平行导航线的外侧。

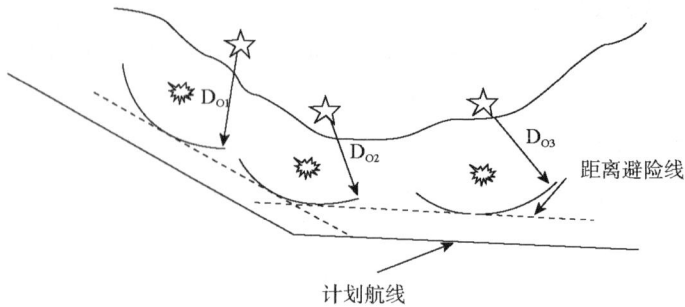

图 8-36　距离避险线 2

（三）方位避险线

为了避开航线一侧的危险物，当船舶的航向和岸线或多个危险物连线的方向近于平行时（图 8-37），可采用方位避险线避险。具体是在海图上画出危险物标的连线，在靠近航线一侧，根据安全距离 d 确定一条与连线平行的直线，即为方位避险线。雷达导航时，根据方位避险线设置平行导航线，船舶航行时，保证危险物标回波始终处于导航线的外侧即可。

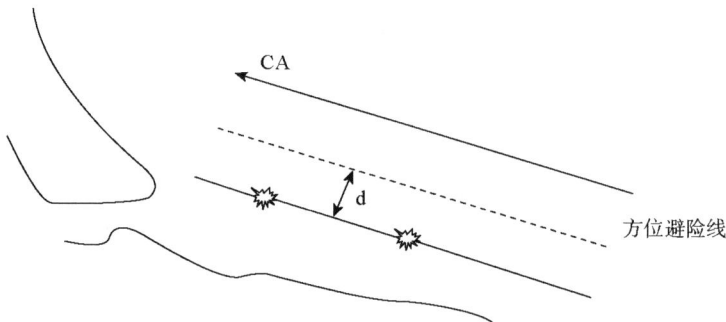

图 8-37　方位避险线

（四）雷达导航注意事项

利用雷达导航时应注意如下几点：

①在进入导航区前，应仔细研究导航区情况及本船计划航线情况，找到主要物标、转向点位置及转向数据、导航物标及危险物的位置及特点，定出避险线等，并了解当时的风流及航区中的船舶动态，做到心中有数。应利用一切有利时机，分析雷达图像与海图实际情况的差异，积累经验，这对在能见度不良时进行导航、定位等是很重要的。

②在狭水道中，由于陆标近、方位变化快，一般不能像在近海航行那样

作图定位而只能根据雷达图像及当时情况即时导航。这就要求对图像的判读要准而快，并且准备工作要做得充分，如航线与岸或导航标的距离、转向点物标的图像特点、转向点的距离及方位、距离、航向、航程等都要标志清楚，在特殊地区还应熟记。

③狭水道大多用浮标和岸标标志航道，因此要熟悉它们的特点，了解它们的探测距离，认真识别。如有怀疑，应立即设法用岸上可靠物标进行校核。

④狭水道中，雷达荧光屏上易出现假回波和干扰回波，应注意识别。小船和浮标的回波也较难识别，应仔细辨认，不可混淆。

⑤应充分利用雷达方位平行标尺线、电子方位线和活动距离圈协助判断船位及避离危险物。

⑥进入狭水道前要准备好雷达，查明它的工作状态，并将雷达调至最佳状态。显示方式的选择要根据具体情况决定。一般来说，用对地稳定真运动显示方式为好，无真运动显示方式时，若航道变向不多，则用船首向上显示方式为好；若航道弯曲、变向频繁，则用真北向上显示方式为好。量程要根据当时的视距、当地的船舶密度、航道的情况及本船的速度、操纵性能等决定。

⑦不能仅仅依赖雷达进行观测瞭望。为了有足够的时间进行雷达图像的判读，除派有经验人员担任雷达观测外，船速应尽量慢些。

思考题

1. 简述雷达测量目标距离和方位的基本原理。
2. 简述雷达相对运动模式和真运动模式的特点。
3. 简述雷达图像分别在 H-up、N-up、C-up 三种指向模式下的特点及应用。
4. 试画出雷达系统配置框图，叙述各传感器的作用。
5. 简述雷达组成及各部分作用。
6. 简述雷达开机前的准备及正确的开关机步骤。
7. 简述间接假回波产生的原因、回波特点识别方法及抑制或消除方法。
8. 简述多次反射假回波产生的原因、回波特点、识别方法及抑制或消除方法。
9. 简述旁瓣假回波产生的原因、回波特点、识别方法及抑制或消除方法。

10. 简述二次扫描假回波产生的原因、回波特点、识别方法及抑制或消除方法。

11. 简述雷达定位时选择目标的原则。

12. 总结雷达导航注意事项。

第九章 船载 GPS/北斗定位
系统的使用方法

第一节 全球卫星定位系统

本节要点：GPS 系统组成及其特点；船用 GPS 的定位原理；影响 GPS 定位精度的因素；

全球定位系统（global positioning system，GPS），是一种测距卫星导航系统。GPS 利用多颗高轨道卫星，测量其距离变化与距离变化率来精测用户位置、速度和时间参数。GPS 是一种以空间卫星为基础的电子定位系统，可在全球范围内全天候的为海上、陆上、空中和空间的用户提供连续的、高精度的、近于实时的三维定位、速度和时间信息。

一、GPS 系统组成

GPS 由空间部分、地面部分和用户设备三部分组成（图 9-1）。

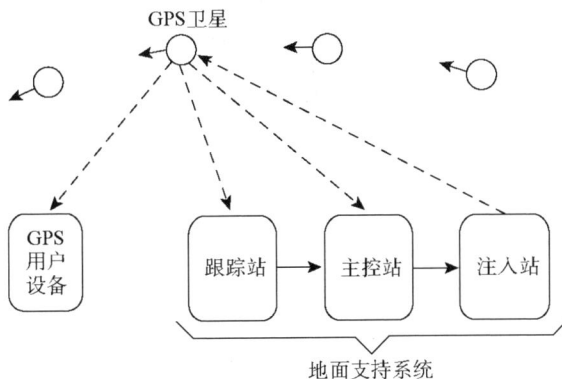

图 9-1 GPS 系统组成

（一）地面部分
地面部分包括 1 个主控站、3 个注入站和 5 个跟踪站。地面站的作用是跟踪所有的卫星，测量卫星轨道参数和卫星钟误差，预测修正模型参数，星钟同步和向卫星注入新的信息。

主控站设在科罗拉多州斯普林斯的富尔肯空军基地的联合工作中心，它负责整个卫星的控制、导航性能的评价和卫星星历表的产生，将导航信息编码送给注入站。主控站还负责控制和调整偏离轨道的卫星，启用备用卫星。注入站位于阿森松岛、迭戈加西亚岛和马绍尔群岛夸贾林，它在主控站的控制下，将导航信息注入卫星，每天1～2次。斯普林斯、夏威夷、阿森松岛、迭戈加西亚岛和马绍尔群岛夸贾林构成5个跟踪站，跟踪卫星并搜集包括环境数据在内的卫星的各种信息，并将测定的信息传送到主控站。

（二）空间部分

空间部分由24颗GPS导航卫星组成，其中21颗为工作卫星，3颗为备用卫星，平均分布在6个轨道上。卫星轨道倾角55°，轨道高度约为20 183km，运行周期约12h（11 h 58 min），卫星每天提前约4min，经过同一地点。全球任何地方的观测者，在地平线7.5°以上至少可以看到4颗卫星，在地平线以上至少可以观测到5颗卫星（图9-2）。

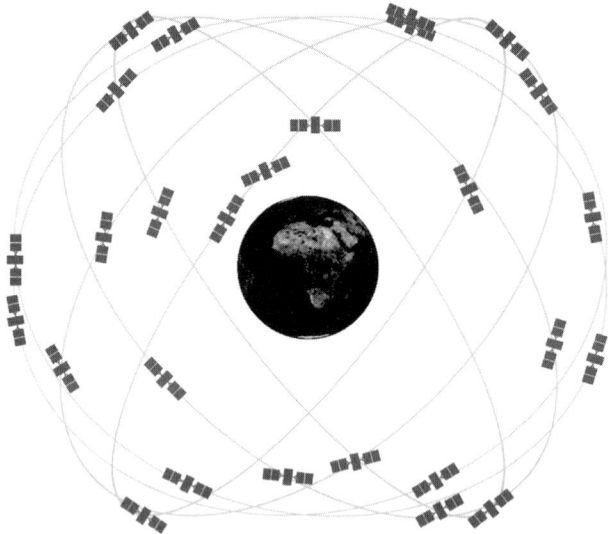

图9-2　GPS卫星星座

卫星上装备有原子钟、导航电文存储器、伪码发生器、接收机、发射机、微处理器、发现和检测核爆炸的传感器、紧急通信的卫星通信转发器。卫星可以在14天不需地面站提供精密星历的情况下，测距精度达到10～200m。

卫星发射两种频率，分别为 1 575.42MHz（L1 波段）和 1 227.60MHz（L2 波段）。L1 波段由导航数据码和伪随机噪声码 P 和 C/A 码调制，L2 则由导航数据码和 P 码进行调制；为了提高保密性可能使用 Y 码调制。C/A 码、P 码的主要用途是用来识别卫星和测量导航信号的传输时间，而导航数据主要用以计算卫星位置。

P 码是一种连续、快速、长周期的伪随机二进制序列码，其码率为 10.23MHz，周期为 7 天。这种码具有精确的时间和距离测量能力，但目前未开放民用。每颗卫星的 P 码码型均不一样，一般用户很难获得 P 码。

C/A 码是一种低速、短周期的伪随机二进制序列码，码率为 P 码的 1/10，即 1.023MHz，其周期为 1ms。

卫星发射的导航信息称为"卫星导航电文"。卫星导航电文是卫星向用户提供的导航基准信息，包括卫星上各有关系统的工作状态、系统时间、卫星钟偏差校正参量、卫星星历、卫星历书、卫星识别标志以及与卫星导航有关的其他信息。导航电文以帧为单位，由 5 个子帧组成一个帧，25 帧组成一份完整的历书，接收一份完整的历书需要 12.5min，因此卫星冷启动时至少需要 12.5min 才能定位。

（三）用户 GPS 接收机

为了实现定位导航的目的，用户必须通过 GPS 接收机设备接收 GPS 卫星发射的信号，以获取必要的导航信息和观测量，并经过数据处理完成解算任务。

二、GPS 系统的工作原理

GPS 是一种测距定位系统，用户通过测定卫星信号到用户的传播延时，得到电波在空间的传播时间，经过换算，即可得到用户到卫星的距离。

具体定位时，GPS 接收机接收其视界内一组卫星的导航信号，从中获取由主控站经注入站注入给该组卫星的卫星星历、时钟校正参量、大气校正参量等数据。接收机通过卫星星历，可计算出各卫星发射信号时的粗略位置，再测量用户与任意 3 颗卫星的距离便可以得到以卫星为球心、以卫星到用户的距离为半径的三个球面，其交点即为用户的三维空间位置（图 9-3）。利用经校正参量修正的伪距及卫星数据列出 3 个观测方程式，即可获取用户的位置，实现定位。

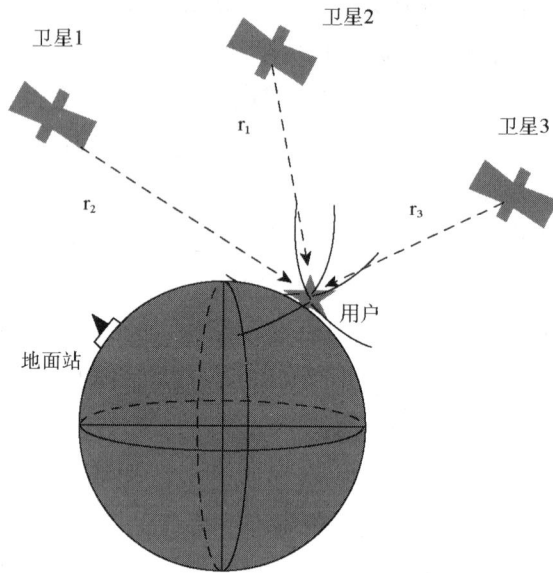

图 9-3　GPS 定位原理

三、GPS 定位精度

（一）精度计算

影响 GPS 定位精度因素包括伪测距误差、几何误差、美国 GPS 政策带来的误差、速度误差和海图标绘误差。GPS 接收机实际上是通过测量卫星到用户的伪距离来进行定位的。在实际应用中，通常将 GPS 定位的误差等效为测距离误差，称为用户等效测距误差。总的定位精度可由精度几何系数和伪距离测量误差的乘积来确定。

GPS 卫星导航仪的定位误差与用户及卫星之间的几何位置有关。用户与卫星间的几何位置对定位精度的影响可用精度几何因子（GDOP）来表征。总的定位标准差，可用 GDOP 与用户等效测距误差的乘积来确定。若用户等效测距标准差为 ρ，则定位总标准差 $\rho_{总}$ 为：

$\rho_{总}=\rho\times$ GDOP。实际使用中还采用四种精度系统：三维位置精度因子 PDOP、用户时钟精度因子 TDOP、水平位置精度因子 HDOP、垂向高度精度因子 VDOP，它们与 GDOP 之间的关系满足下面公式：

$$GDOP=\sqrt{(PDOP)^2+(TDOP)^2}$$

$$PDOP=\sqrt{(HDOP)^2+(VDOP)^2}$$

知道各精度因子后，就可根据以下公式求得各种定位标准差：

$$\rho_{三维} = \rho \times PDOP \qquad \rho_{水平位置} = \rho \times HDOP$$
$$\rho_{高度} = \rho \times VDOP \qquad \rho_{时钟} = \rho \times TDOP$$

最佳选星原则为：选择仰角为 5°＜仰角＜85°，且构成的空间几何图形能使几何精度系数 GDOP 最小的一组卫星作为最佳选择。船用 GPS 卫星导航仪通常设置卫星的 HDOP 为 10。设置的 HDOP 值越低，定位的精度越高，但会减少定位的机会。

（二）坐标系修正量

因坐标不同而引起位置的误差对 GPS 卫星导航仪来讲是一个决不可忽略的问题，航海人员必须清醒地认识到这一点。

目前已有不少船用 GPS 卫星导航仪具有世界上几个主要大地坐标系与标准的 WGS-84 坐标系的自动变换功能，航海人员在使用时，可以根据海图坐标系选择机内相同的坐标系。在实际使用中，有条件时还应用陆标定位去核对。

现在许多国家出版的新版海图中都已经给出海图坐标系与 WGS-84 坐标系之间的坐标系修正量。在某些大比例尺海图上可能按区域给出多个这样的修正量，航海人员应正确使用。

第二节　北斗定位系统

本节要点：北斗定位系统的组成及其特点；GPS 与北斗系统的区别。

北斗卫星导航系统是继美国全球定位系统（GPS）、俄罗斯格洛纳斯卫星导航系统（GLONASS）之后第三个成熟的卫星导航系统，它可为亚太地区提供无源定位、导航、授时等服务。2014 年 11 月 23 日，国际海事组织海上安全委员会审议通过了对北斗卫星导航系统认可的航行安全通函，这标志着北斗卫星导航系统正式成为全球无线电导航系统的组成部分，取得面向海事应用的国际合法地位。截止到 2015 年 7 月 25 日，我国已经发射了 19 颗北斗二代卫星，今后我国还会不断发射更多卫星以实现 2020 年形成全球运行服务能力，为全球用户提供更高精度的服务。

一、北斗系统组成

北斗卫星导航系统由北斗卫星网、地面系统和北斗用户设备三部分组成（图9-4）。

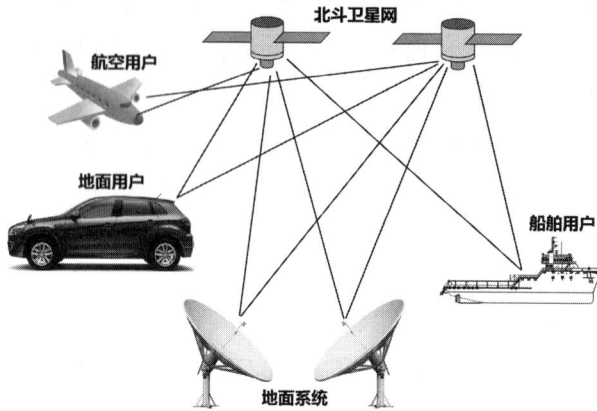

图 9-4 北斗卫星导航系统组成

1. 北斗卫星网

北斗卫星网计划由 35 颗卫星组成，包括 5 颗静止轨道卫星、27 颗中地球轨道卫星、3 颗倾斜同步轨道卫星。5 颗静止轨道卫星定点位置为东经 58.75°、80°、110.5°、140°、160°，中地球轨道卫星运行在 3 个轨道面上，轨道面之间为相隔 120°。

卫星上还装有太阳能电源、电池组成的卫星电源及原子钟等。

2. 地面系统

地面系统包括北斗地面控制中心站、集团用户管理中心、北斗运营服务中心，其主要任务为对卫星定位、测轨和制备星历，调整卫星运行轨道、姿态和控制卫星的工作；测量和收集导航定位参量、校正参量等，对用户进行导航定位；完成地面系统和用户以及用户和用户之间的通信；对系统覆盖区域内的用户进行识别、监视和控制。

3. 北斗用户设备

北斗用户设备是带有全向收发天线的接收、转发器，它用于追踪北斗导航卫星，并实时地计算出接收机所在位置的坐标、移动速度及时间，并向卫星发射应答信号，完成信息存储和显示。接收机可分为袖珍式、背负式、车载、船载、机载等。

二、北斗卫星导航系统的功能

1. 定位导航

北斗卫星导航系统可提供区域性、全天候、高精度、连续、快速、近于实时的定位与导航。定位精度10m，测速精度0.2m/s。另外，北斗卫星也可用作全球导航系统的区域增强系统的转发卫星，使差分GPS的定位精度为2～5m。

2. 简短通信

可提供双向数字（报文）通信，一次可以传送120个汉字信息。

3. 精密授时

可提供100ns的双向授时和20ns的单向授时精度。系统的授时与定位、通信是在同一信道中完成的，地面中心站的原子钟产生标准时间和标准频率，通过询问信号将时间信息传送给用户。

4. 船位监控

通过北斗船载终端，可实现自动位置报告和点名调取船位。

5. 紧急报警

北斗系统还可实现区域性遇险报警功能。当船舶遇到紧急或突发事件时，持续3s按下船载终端的"紧急"报警按钮，紧急信息通过北斗发送至北斗运营服务分理中心，经过存储处理后，再共享发送给渔船管辖所属的陆地监控指挥台站，实现紧急报警功能。

三、北斗系统与GPS的区别

北斗卫星导航系统与GPS系统的主要区别如下：

①北斗系统是我国自主发展的2020年后由35颗卫星构成的无线导航定位系统，高于GPS的24颗卫星。

②北斗系统有B1、B2、B3共三个载波，其频率分别为1 561.098MHz、1 207.140MHz、1 268.520MHz，GPS主要使用L1、L2两个载波，其频率分别为1 575.42MHz、1 227.60MHz。

③北斗系统具有独特的短报文功能（短信功能）、紧急报警等。

④北斗系统信号是双向传输，用户和外界均可知道用户的位置，便于定位、搜救、船位监控等业务的开展。

⑤北斗系统使用的是2000年中国大地坐标系，简称CGCS2000，而GPS采用WGS-84坐标系。

⑥北斗系统采用北斗时BDT，以2006年1月1日UTC时间的零点作为起点，GPS采用GPS时间，以1980年1月6日UTC时间的零点为起点。

⑦现今北斗系统为区域覆盖，至2020年后可实现全球覆盖，GPS已经

到达全球覆盖。

⑧北斗系统和 GPS 系统是兼容的，使用北斗系统后，定位精度和可用性可大大提高。

第三节　卫星导航系统的使用

本节要点： 卫星导航系统常用控钮的作用及其使用注意事项；开关机步骤；常见的初始化设置；导航仪工作状态判断；卫星导航功能的使用；航路点及其航线的设定方法；常用报警功能的设置；北斗系统短信息、遇险信号发送等操作。

目前，实用的卫星导航系统主要有 GPS 卫星导航系统、GLONASS 全球卫星导航系统、北斗卫星导航系统和伽利略卫星导航系统四种。其中，GPS 卫星导航系统可为全球提供全天候、高精度、连续、近于实时的三维定位与导航，且该系统已成为全球拥有用户数最多的卫星导航系统；而我国渔船普遍使用北斗卫星导航系统，以下内容结合北斗及 GPS 卫星导航系统的操作特点总结出卫星导航系统的一般操作方法。

卫星导航仪一般由直流电源（12V/24V）、天线和卫星接收机三部分组成。

一、卫星导航系统主要控钮的作用及注意事项

很多不同的厂家生产各种型号卫星导航系统，它们拥有完全不同的操作界面、控钮的布局与数量也存在着很大的不同，即使是同一厂家生产的卫星导航系统，不同型号的产品也存着或多或少的差别。从各种型号的卫星导航系统中分析得到，其主要控钮可分为以下几类。

1. 电源及背景灯按钮

（1）电源开/关按钮　其作用是打开或关闭卫星导航系统的接收机，如"DIM/PWR""POWER""开/关""电源"。

（2）背景灯亮度与对比度调整按钮　其作用是调节背景灯光的亮度和对比度，有些型号接收机的此按钮与电源开/关按钮合二为一，如"DIM/PWR""POWER""TONE""亮度"。

2. 显示界面转换按钮

显示界面转换按钮：其作用进行显示模式转换，如"DISP""DIS-

PLAY""MODE""切换"等。

（1）GPS常用显示界面

①导航数据显示界面（Nav Data Display）：提供船位的经纬度、对地航速（SOG）、对地航向（COG）、时间（Time）、定位方式等（图9-5）。

②用户显示界面（User Display）：显示的数据由用户根据应用的需要选择，这些数据有时间、接收机的状态、航速（SPD）、航向（CSE）、到达航路点的方位（BRG）和距离（RNG）、预计到达目的地的时间（ETA）和所需航行时间（TTG）、航程（TRIP）等（图9-6、图9-7）。

③标绘显示界面（Plotter/Plot Display）：提供本船航迹（Track）、船位、航向、航速、标绘视图范围等信息（图9-8）。

2D	10-APR-99	15:37:40
34°44.000′ N 135°21.000′ E		
SPD: 10.0 kt	CSE: 357°	

图9-5　导航数据显示界面

2D	10-APR-99	15:37:40
PWR	24.0 v	
SPD: 10.0 kt	CSE: 357°	

图9-6　用户显示界面1

2D 15:37:40	
PWR 24.0 v	
SPD 10.0 kt	
CSE: 357°	TRIP 0.00 nm

图9-7　用户显示界面2

2D n [5 m]	
CSE: 357°	
SPD: 10.0 kt	
34°44.000N	135°21.000E

图9-8　标绘显示界面

④航路显示界面（Highway Display）：提供船舶驶向目标航路点的3D航路示意图、导航数据及偏航值（XTE）等（图9-9）。

⑤操舵显示界面（Steering Display）：提供船舶操舵信息，如航速、航向、到达航路点的方位和距离、预计到达的时间和航行时间等（图9-10）。

（2）北斗常用显示界面

①卫星捕捉界面：提供GPS卫星图、GPS信号强度及北斗信号强度等

（图 9-11）。

②导航界面：提供本船坐标、航程、航行时间等（图 9-12）。

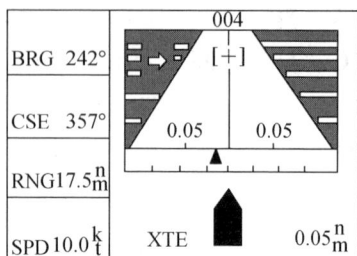

图 9-9　航路显示界面

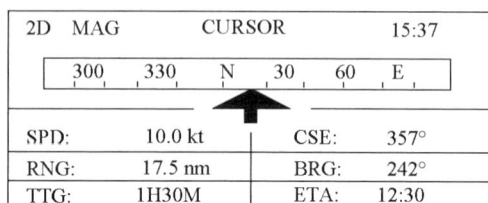

图 9-10　操舵显示界面

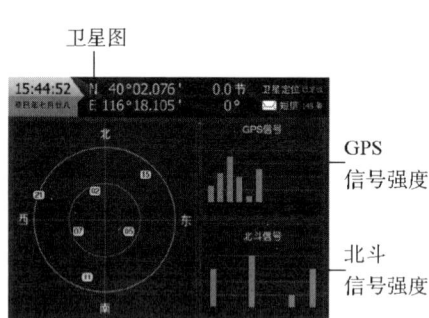

图 9-11　卫星捕捉界面

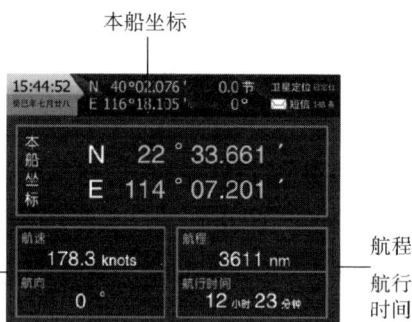

图 9-12　导航界面

注意：本船坐标显示在正常接收 GPS 或北斗卫星信号时，显示当前船位所在经纬度（N 表示北纬，E 表示东经）。经纬度为绿字表示当前已定位，其值为当前坐标；经纬度为灰字表示当前未定位，其值为最后一次定位坐标；经纬度为蓝字表示当前已定位，其值为北斗定位结果。

③罗盘界面：提供定位罗盘、目标位置、目标距离、目标方位、预计到达时间等（图 9-13）。

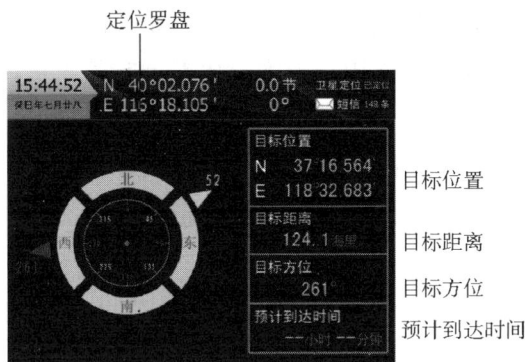

图 9-13　罗盘界面

注意：定位罗盘的蓝色指针指向导航目标，标示导航目标相对于当前船位的方向；罗盘的绿色指针标示当前的航向与正北方向的夹角。

④广告界面：提供广告内容及页数显示等。

3. 其他常见的功能按钮

（1）GPS 常见的其他功能按钮

①"MENU"：打开或关闭菜单。

②"ESC"：退出当前操作。

③"ENT"：确认键，确定当前的操作。

④"WPT" / "RTE"：输入航路点（Waypoints）/输入航线（Routes）。

⑤"GOTO"：设置目的地或功能菜单之间的跳转。

⑥"CLEAR"：删除航路点或标记；清除错误的数据；GPS 报警时，可通过按此键消音。

⑦"MARK/MOB" / "EVENT/MOB"：图标键，可标记某条件下的船舶位置，如人员落水点、锚位等。

⑧"MODE"：将当前窗口转换为功能菜单窗口。

（2）北斗常见的其他功能按钮

①导航：显示导航菜单。

②AIS：显示 AIS 列表。

③短信：进入短信界面。

④服务：进入服务界面。

⑤紧急：按下后发出紧急报警。

4. 使用注意事项

①操作者在使用接收机前，必须认真阅读接收机使用说明书及有关资

料。首次操作时，必须有熟悉其性能并能正确操作的人员在场指导。

②每台接收机均应设置专用记录本，由船上有关人员认真填写。记录内容包括：安装时间，承装单位和负责人员名单，验收情况；开机和关机的时间及地点，使用接收机的情况及实际工作时间；故障产生的年、月、日、时，故障现象，实际修理时间，检修处理情况，承修单位及修理人员名单等。

③接收机电源按键不应频繁启闭，一般启闭间隔时间应大于 5s，以免损坏设备。

④船舶在航行中，接收机应连续工作，严禁关机。船舶停港 3 天以上时可关机，不足 3 天时可不关机。

⑤由于接收机在特殊情况（详见使用说明书）时需要冷启动，冷启动进行时间为 2～5min。

⑥在某些特殊的应用中，需要输入其他信号数据时，输入给接收机的数据精度应符合说明书要求。

⑦使用接收机时，显示屏亮度调节不宜过亮，以能清晰读取显示数据为准。

⑧船舶航行中应尽可能使用"锁定键盘"的功能或其他保护措施，防止无关人员操作接收机键盘，造成接收机工作的失常或丢失机内已存储的有用资料，影响导航定位。

二、卫星导航系统操作

1. 开机

①打开直流供电电源。

a. 在卫星导航系统初次开机之前，请查看外接电源与机器规格要求是否一致，直流电源尤其需要注意电源正负极是否颠倒，以免损坏卫星导航系统的接收机。

b. 在实船上，所有的通讯和导航设备的船位信息均来自卫星导航系统，所以船上的通讯设备包括卫星导航系统的电源一定要外接 24V 应急电，避免突发情况时，因主、辅机电力中断而无法正常使用。

②短按控制面板右下角"DIM/PWR"/"POWER"/"开/关"键，卫星导航系统电源通电，开机自检，进入工作状态，用户即可进行日常操作。当安装后初次接通电源或内存数据清空时，一般需要 1～2min 时间进行搜索

定位；下次再使用时一般需要几十秒至 1min 时间即可定位。

③由于外界自然条件的变化，我们有时需要根据不同的天气条件，调整显示器的亮度和对比度，以适应相应的航行状况。

a. 使用接收机时，显示屏亮度调节不宜过亮，以能清晰读取显示数据为准。

b. 如果用户关机前把屏幕对比度调至最小。下次开机的时，屏幕上什么也看不到，则需要用户按照说明书的要求，重新调整对比度至正常状态。

c. 部分机型出现亮度和对比度调节菜单后，用户在 10s 之内没有任何操作，则调整界面消失。下次调整时，还要按照操作规程的要求重新打开亮度和对比度调整菜单。

2. GPS 的初始化设置

大多数型号的 GPS，开机后，需根据船舶航行的海域、所使用的海图和航海图书资料等相关信息，对 GPS 进行相应的初始化设置，使之满足当前航行的实际需求。例如：

（1）坐标系（Datum）设定　世界各国所使用海图的参考坐标系并非完全相同，用户在使用 GPS 时，其参考坐标系一定要与海图的坐标系一致，否则会产生较大的定位误差。

（2）单位（Unit）设定　为了保证海图作业的结果与 GPS 航线设计的预计的航程、预计到达时间（ETA）等一致，要求所用海图的单位与 GPS 的单位一致。此选项将影响其他航速和距离设定值。例如：模拟航速值和报警距离值等。GPS 常用单位有：

①距离单位：nm、mi、km、sm，（statute mile）（海里、英里、公里、法定英里）。

②速度单位：kt、mi/h、km/h，（节、英里/小时、公里/小时）。

③深度单位：m、ft、FA、fm，（米、英尺、拓、拓）。

④温度单位：℃、℉，（摄氏温度、华氏温度）。

⑤高度单位：m、ft，（米、拓）。

（3）时差（Time Diff）设定　GPS 提供的时间是世界协调时（UTC），有些 GPS 无法根据航行区域的经纬度，自动计算时差并转换成区时，这时用户可手动修改。根据时差计算公式：时差＝区时－世界时，其符号根据 GPS 说明书的要求进行输入。

（4）模拟操作　某些型号 GPS 具有模拟操作的功能，可通过此功能进行其他设备调试。例如，可测试雷达 GPS 接口功能是否正常。此功能在航行期间一定要关闭，否则 GPS 无法正常定位，影响船舶航行安全。

（5）定位模式（Fix Mode）　某些 GPS 导航仪可选择 2/3D（二维/三维）定位或 2D（二维）定位。在 2/3D 定位模式中，GPS 可根据接收到卫星的数目自动选择定位模式，当可用卫星数目≥4 时，可三维定位；可用卫星数目＝3 时，可二维定位；而 2D 定位是强制使用二维定位，该模式下必须准确输入 GPS 的天线高度。

（6）天线高度（ANT Height）　在 2D 定位模式时，需输入水线以上的天线高度，以获得准确船位。在 2/3D 定位模式中，当由 3D 定位模式自动转换 2D 定位模式时，此时的 3D 定位高度值可作为 2D 定位模式的天线高度。

（7）不可用卫星（Disable Satellite）　在某些 GPS 中，可根据当前已接收卫星的状态，查找出不可用卫星的编号，经初始化设定，可将不可用卫星屏蔽掉，提高定位速度及精度（图 9-14）。

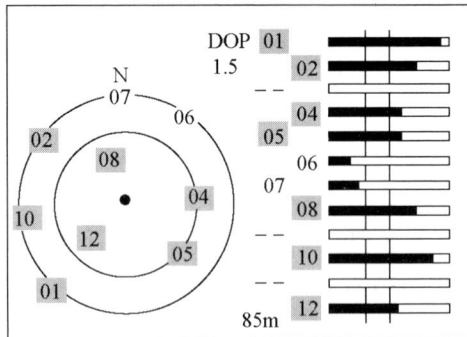

图 9-14　GP-31 卫星状态界面

（8）初始船位设置（Position）　通过设置 GPS 的当前近似船位，可减少 GPS 定位时间。

（9）位置偏移量（Position Offset）　当海图坐标系与 GPS 坐标系不一致时，用于修正 GPS 位置与海图配置的偏差。例如，某些航用海图没有标明海图坐标系，只有当前海图坐标系与"WGS-84"的偏差，用户只需输入海图上的偏差值即可。

（10）平均速度（Speed Average）　用于计算给定时间段的船舶平均速度，计算船舶预计到达目的地的时间（ETA）和所需航行时间（TTG）。如果输入过大或过小，均会导致计算误差，默认数值为 1min。

(11) **位置平滑常数（Smoothing Position）**　当卫星接收条件不理想时，GPS 的定位数据可能变化的幅度会发生很大的变化，影响 GPS 的使用。此时在位置平滑常数中输入相应的数值，减少这种变化。但是数值太大又会影响 GPS 船位数据更新的时间。

(12) **速度平滑常数（Smoothing Speed）**　在定位期间，可通过接受卫星信号测量船舶的速度和航向。但由于接收条件或其他因素的原因，通过 GPS 获取的船舶速度和航向可能会产生随机的变化，使之不稳定，可通过设定速度平滑常数减小随机变化的发生。

(13) **接收机性能完善监测功能开关（RAIM Function）**　打开或关闭接收机性能完善监测功能。接收机性能完善监测是接收机所具有的一种自诊断功能，测试卫星信号的准确性，并以字符的形式通过显示器提示用户。例如："SAFE"，GPS 信号安全可以使用；"CAUTION"，性能监视的准确性低或性能监视测功能不可用；"UNSAFE"，GPS 信号不安全，不可使用。

(14) **接收机性能完善监测准确性（RAIM Accuracy）**　按照用户的需求，设置性能检测的范围。

(15) **水平精度因子（HDOP）**　它反映经度与纬度的几何误差。HDOP 数值越小，定位精度越高；一般设置为 10。

3. 北斗卫星导航初始化设置

北斗系统的设置相比较 GPS 系统要简单的多，初始化设置中包括：设置时间和日期、重启定位通信单元、恢复出厂设置等。

①设置显示的时间：每间隔 1h，显控单元会通过定位通信单元进行自动对时，如果失败，可以通过手动调节来更改时间。

②重启定位通信单元：当定位通信单元出现故障时，可以通过此功能重启定位通信单元，再次进行定位。

③恢复出厂设置操作会删除所有的用户数据，并将显控单元的设置恢复到出厂时的状态。恢复出厂设置时清空的内容有：短信、联系人、航迹、标位。

4. 转向点（航路点）的设置及航路点导航

若要使用导航功能，必须输入船舶从起始点到目的地之间需要经过的转向点（航路点），以便于导航监测和编制航线。航路点数据包括：名称和经纬度（位置）。输入多个航路点后，可构成航路点列表。

当启动航路点导航功能时，将提供当前船位与下一航路点间的方位、距离和到达时间。

航线设置前，先在海图上或现有航路点中，按照航线的顺序依次选择转向点，然后将航路点输入到卫星导航仪中。

5. 航线（航迹）的设置及航线导航

航线是由导航仪接收机内所存储的一系列的转向点（航路点）组成。船舶在航行过程中，依照驾驶员预先设定的航路点组成航线，并逐个驶过各个航路点到达目的地，称之为航线导航。

当启动航线导航功能时，系统会提供当前船位偏离航线距离（XTE）和预计到达目的地的时间（ETA）。

6. 报警功能

卫星导航仪按照用户设置的报警种类发出警报。主要报警种类包括以下几种。

（1）到达警和锚更警（Arrival /Anchor Watch Alarm）

①到达警作用：当本船离转向点或目的地的距离小于到达警的设置的范围时，GPS卫星导航仪发出警报声，并出现"ARV ALARM!"字样和警报图标，提示用户即将接近目标（图9-15）。

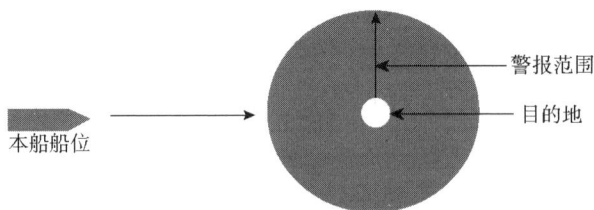

图9-15　到达警示意图

②锚更警作用：在船舶锚泊期间，当船舶偏移锚泊警所设置的数值时，GPS卫星导航仪发出警报声，并出现"ANC ALARM!"字样和警报图标，提示船舶可能走锚（图9-16）。

注意：到达警和锚更警不可同时使用。设定到达警前，需要确定下一个转向点或目的地；而锚更警打开前，需确定本船的锚位。

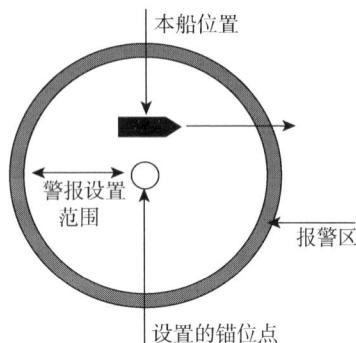

图9-16　锚更警示意图

（2）偏航警和边界警（Off-Course/XTE/ Boundary Alarm）

①偏航警作用：当本船偏离预计航线一定范围时，GPS 卫星导航仪发出警报声并出现"XTE ERROR!"字样和警报图标（图 9-17）。

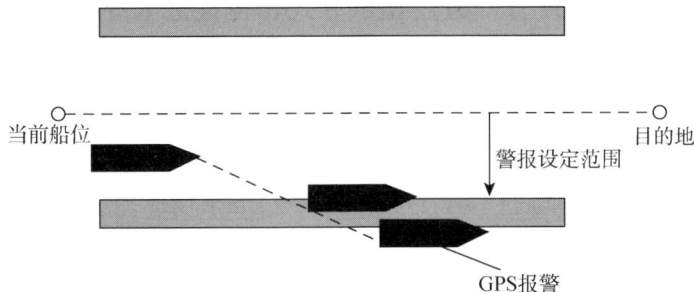

图 9-17　偏航警示意图

②边界警报作用：当本船进入预计航线为中心所设定的范围时，GPS 卫星导航仪发出警报声并出现"BOUNDARY ALAEM!"字样和警报图标（图 9-18）。

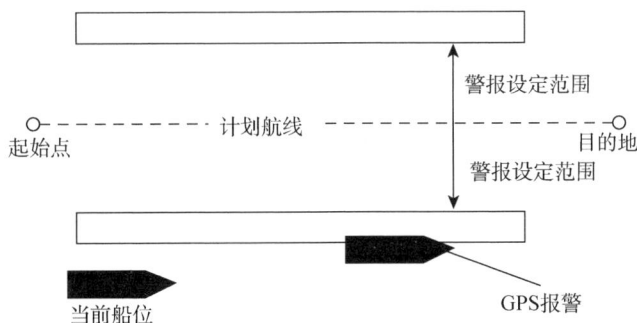

图 9-18　边缘警示意图

（3）速度警（Speed Alarm）　当本船速度高于或低于设定警报范围时，GPS 卫星导航仪发出警报声并出现"SPD ALARM!"字样和警报图标。一般有三种选项：HI（高）、LO（低）、OFF（关闭）。

（4）DGPS 警（DGPS Alarm）　当 DGPS 信标信号丢失时，GPS 卫星导航仪发出警报声并出现"DGPS　ALARM!"字样和警报图标。

（5）航程警（Trip Distance Alarm）　当本船航行距离大于用户设定的航程警报的距离时，GPS 卫星导航仪发出警报声并出现"TRIP　ALARM!"字样和警报图标。

7. 定位功能

在航海上，卫星导航仪的主要作用就是用来获取本船的船位，也就是定位功能。用户在使用定位功能之前，需要根据说明书及航行状况的需要，进行相关初始化设置，通过显示方式转换键进入导航数据显示方式（图 9-5、图 9-12 和图 9-19），对于 GPS 导航系统请注意屏幕是否有 3D 或 2D 的字样，确定本船是否已成功定位，再根据屏幕显示的经纬度确定本船的船位。

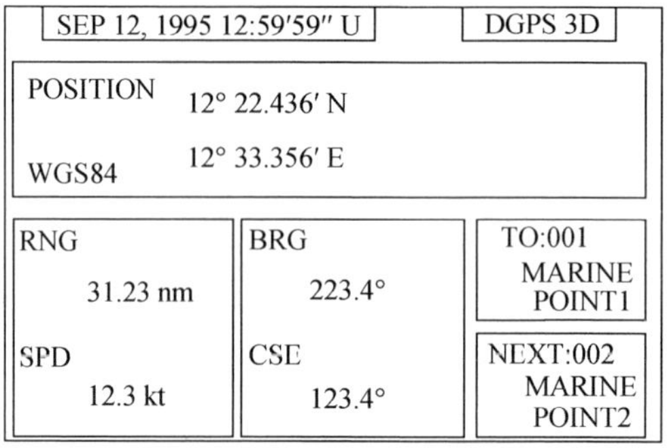

```
SEP 12, 1995 12:59′59″ U            DGPS 3D

POSITION        12° 22.436′ N
WGS84           12° 33.356′ E

RNG             BRG             TO:001
    31.23 nm        223.4°      MARINE POINT1
SPD             CSE             NEXT:002
    12.3 kt         123.4°      MARINE POINT2
```

图 9-19　导航数据显示方式

8. 关机操作

关机时，用户在本次开机状态，所进行的任何设置会自动保存，且在用户下次开机后，显示器会进入用户上次操作所使用的显示方式界面。

开机状态下，只用按"POWER"/"开/关"键一次或持续按"POWER"/"开/关"键 2~5s，即可关机。

某些厂家的设备（如 JRC、KODEN），关闭 GPS 接收机时，只用"POWER"键无法关机，此时需要"POWER"＋"OFF"组合使用才能完成关机操作。

注意：关机后，最好 10s 以后再开机。

三、工作状态判断

由于卫星导航仪集成化高、结构紧凑，制造工艺精密，其工作性能稳定，具有完善的自我保护电路，及自诊断功能，故障率非常低。但是在使用过程中，卫星导航仪经常会出现一些"小故障"，影响了设备的正常使用。因此，用户在使用过程中，通过卫星导航仪的自诊断功能及显示的信息，判断它的工作状态，进行简单的维修，同时可帮助维修人员做出诊断依据。

1. 启动状态的判断

GPS 卫星导航仪开机 2min 后，通过显示方式转换键或转换菜单，转换到导航数据显示方式，并注意观察屏幕上是否有 2D 或 3D 定位模式（图 9-20），若没有，可能表明还未定位，此时我们可查看 GPS 卫星导航仪的卫星状态，判断没有定位成功的原因。

2D	10—APR—99	15:37:40
	34° 44.000′ N	
	135° 21.000′ E	
SPD: 10.0 kt		CSE: 357°

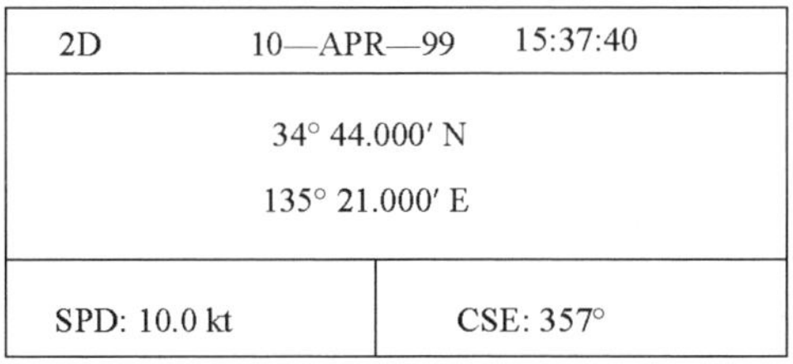

图 9-20　GPS 导航界面

北斗卫星导航系统的导航界面（图 9-12）中经纬度为绿色，表示当前已定位，其值为当前坐标；若经纬度显示为灰色，表示当前未定位，其值为最后一次定位坐标，判断没有定位成功的原因。

2. 卫星状态的判断

卫星导航仪启动后，长时间没有定位成功，我们可以参照上述卫星导航仪操作部分或查看说明书，调用当前接收卫星的状态，查看接收到卫星的个数、信号质量。若信号质量差或无信号，可能是导致卫星导航仪无法定位的主要原因。一般是天线单元损坏、天线接头脱落或锈蚀、天线电缆老化等原因造成。

四、GPS 的一般操作

以下以 GP-80/GP-90 为例，介绍 GPS 的一般操作。

1. 启动

①打开 GPS 直流供电电源。

②短按 GPS 控制面板右下角"POWER"键（图 9-21），GPS 启动。开机后，GPS 首先会检测 PROGRAM MEMORY（程序存储器）、SRAM（随机存储器）、battery（电池），并将结果显示屏幕上。同时设备进入上一次使用的显示方式。一般情况下，开机 12s 后，将显示精确的船位。

③显示屏亮度（DIMMER）和对比度（CONTRAST）调整：按

"TONE"键，弹出亮度和对比度调整窗口（图 9-22），按游标"⬍"键调节亮度，按游标"◀ ▶"键调节对比度，调整至操作人员眼睛正视 GPS 时图像清晰，按"MENU"确认键结束。

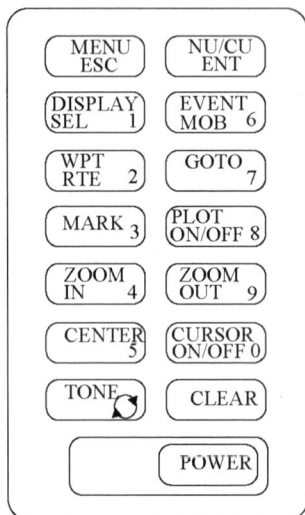

图 9-21　控制面板

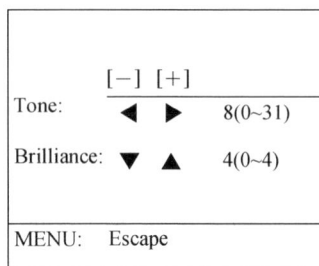

图 9-22　亮度和对比度调整窗口

注意：若按"TONE"键 10s 内没有任何操作，系统自动退出亮度和对比度窗口。

2. GPS 的初始化输入

①按"MENU"键，进入主菜单窗口，通过"⬍""◀ ▶"键的调整，选择 SYSTEM SETTING，按"NU/CU ENT"键，进入系统初始化界面。

②通过游标键，选择 GPS SETUP，按"NU/CU ENT"键，进入 GPS 初始化设置窗口 1（图 9-23、图 9-24）。

图 9-23　GP-80 初始化设置窗口 1

图 9-24　GP-90 初始化设置窗口 1

③根据 GPS 工作系统要素对子菜单中的子项进行正确的选择：

a. Fix Mode：定位模式，设置 2D 模式或 2D/3D 自动转换模式。

b. ANT Height：天线高度，2D 定位时需要输入准确的天线高度。

c. Disable satellite：不可使用的卫星，可输入 3 颗不可用卫星的编号，用以屏蔽工作异常的卫星。如果输入编号无效，会发出蜂鸣声；若想清除所有不能使用卫星，按"CLEAR"键。

d. GPS Smoothing（Posn、Spd）：平滑位置、平滑速度，修正定位解算误差，一般输入 0s，按［NU/CU ENT］键确认。

e. Speed Average：平均航速，求取航速的平均值，默认输入 1min，按"NU/CU ENT"键结束。

④选择 To Next Page，按"NU/CU ENT"键，进入 GPS 初始化设置窗口 2（图 9-25、图 9-26）。

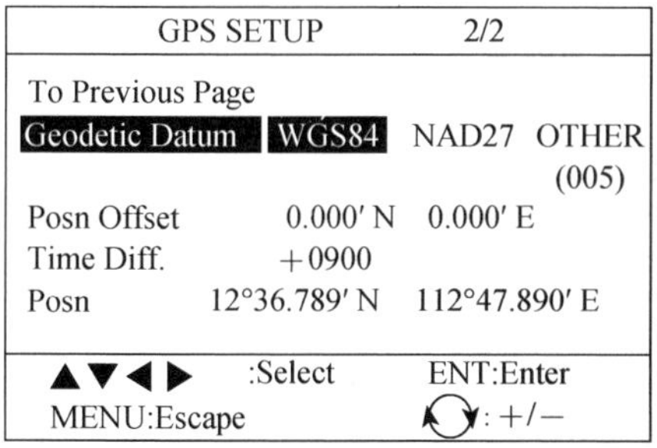

图 9-25　GP-80 初始化设置窗口 2 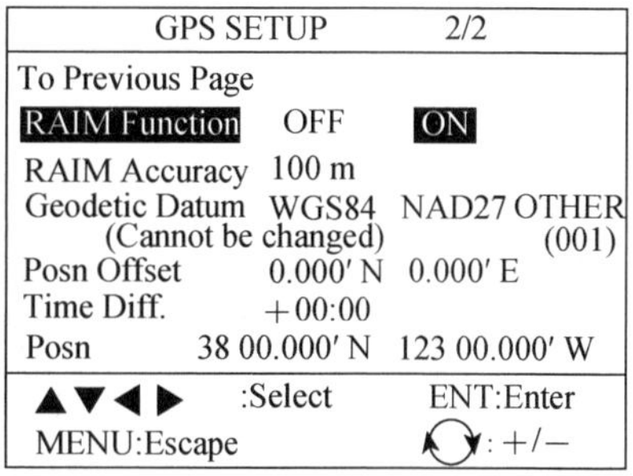　　图 9-26　GP-90 初始化设置窗口 2

a. Geodetic Datum：坐标系，选取当前正在使用的海图的坐标系。系统默认 WGS 84，选中后按"NU/CU ENT"键确认。

b. Posn Offest：船位偏移量，人工修正经纬度误差，根据海图提供的修正值输入，按"NU/CU ENT"键确认。

c. Time Diff：时差，根据本船所在水域的区时，如本地区处于东八区选 +0800，按"NU/CU ENT"键确认。

d. Posn：初始船位，输入本船当前船位，可减少 GPS 定位所需时间，按"NU/CU ENT"键确认。

e. RAIM Function：接收机性能完善监测功能开关，选择 OFF、ON，打开或关闭此功能，按"NU/CU ENT"键确认。

f. RAIM Accuracy：接收机性能完善监测功能准确性，输入性能监视的范围，按"NU/CU ENT"键确认。

3. 测量单位的确定

①按"MENU"键，进入主菜单窗口，通过"⬍""◀▶"键的调整，选择 SYSTEM SETTING，按"NU/CU ENT"键，进入系统初始化界面。

②通过游标键，选择 UNIT SETUP，按"NU/CU ENT"键，进入单位设置窗口（图9-27）。

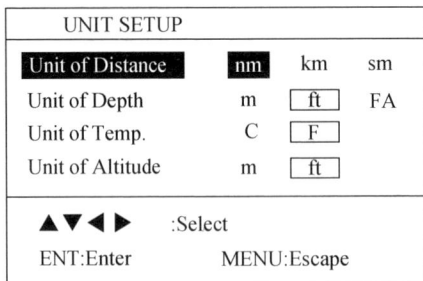

图 9-27　单位设置窗口

可通过移动游标键，选择想要设置的单位，按"NU/CU ENT"键确认。

4. 查看卫星状态

①按"MENU"键，进入主菜单窗口，通过"⬍""◀▶"键的调整，选择 GPS MONITOR，按"NU/CU ENT"键，进入 GPS 卫星状态窗口（图9-28）。

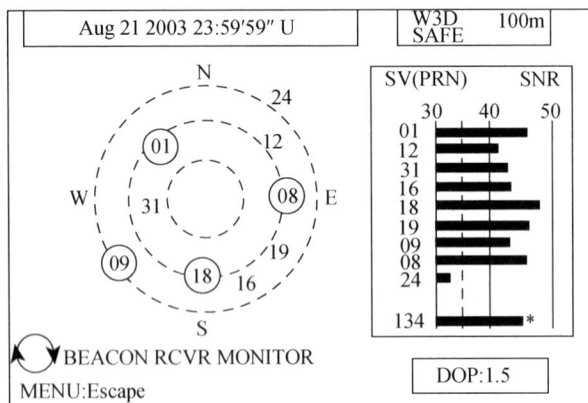

图 9-28　GPS 卫星状态窗口

②查看卫星状态后，按"MENU"键退出。

5. 导航功能的使用

（1）**设置航路点（Waypoint）**　GP-80/GP-90 可存储 999 个航路点。可通过以下方法实现航路点的输入。

①通过游标输入航路点：

a. 按"WPT RTE"键，显示 Waypoint/Route（航路点/航线）菜单（图 9-29、图 9-30）。

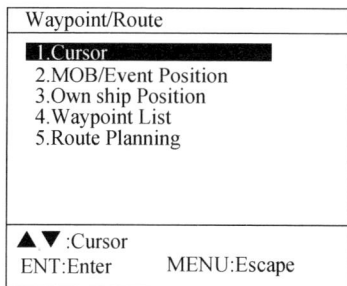

```
Waypoint/Route

 1.Cursor
 2.MOB/Event Position
 3.Own ship Position
 4.Waypoint List
 5.Route Planning



▲▼:Cursor
ENT:Enter        MENU:Escape
```

```
Waypoint/Route

 1.Cursor
 2.MOB/Event Position
 3.Own ship Position
 4.R/B to Position
 5.Waypoint List
 6.Route Planning


▲▼:Cursor
ENT:Enter        MENU:Escape
```

图 9-29　GP-80Waypoint/Route 窗口　　　**图 9-30　GP-90Waypoint/Route 窗口**

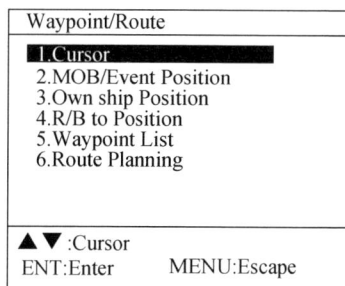

b. 选择 1.Cursor（游标）按"NU/CU ENT"键或按相应菜单编号"1"键，弹出窗口提示：Place cursor on desired location（请把游标放到相应的地点），按"NU/CU ENT"键进入标绘界面。

c. 移动光标后按"NU/CU ENT"键，弹出图 9-31 窗口，输入航路点名称、标记、备注，按"NU/CU ENT"键返回原来所在的显示方式。

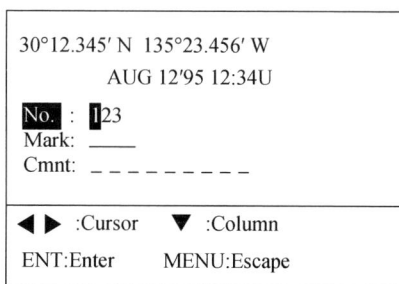

```
30°12.345′ N  135°23.456′ W
          AUG 12′95 12:34U

No. : 123
Mark: _____
Cmnt: _ _ _ _ _ _ _ _

◀▶:Cursor      ▼ :Column
ENT:Enter      MENU:Escape
```

图 9-31　航路点信息窗口

②通过航路点列表输入一个航路点：

a. 按"WPT RTE"键，显示 Waypoint/Route（航路点/航线）菜单。

b. GP-80 机型选择 4.Waypoint List（航路列表）按"NU/CU ENT"键或按相应菜单编号"4"键；GP-90 机型选择 5.Waypoint List（航路列表）

按"NU/CU ENT"键或按相应菜单编号"5"键，弹出航路点列表窗口（图 9-32）。

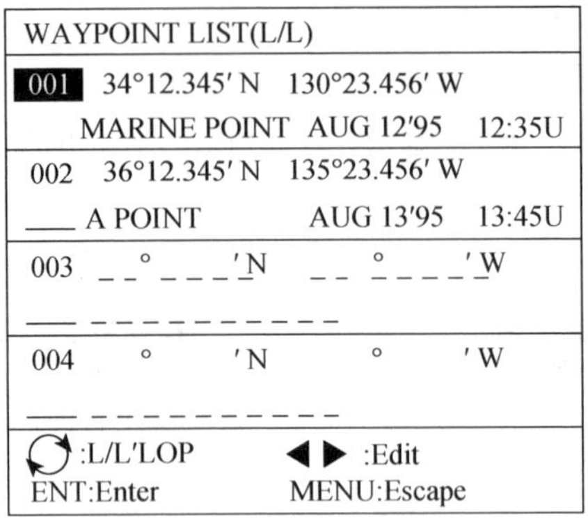

```
WAYPOINT LIST(L/L)

001  34°12.345′ N   130°23.456′ W
     MARINE POINT  AUG 12'95    12:35U

002  36°12.345′ N   135°23.456′ W
___  A POINT       AUG 13'95    13:45U

003  _ _ °_ _ _ _ ′ N   _ _ °_ _ _ _ ′ W
     _ _ _ _ _ _ _ _ _ _

004      °      ′ N       °      ′ W
     _ _ _ _ _ _ _ _ _ _

⟳ :L/L'LOP          ◀▶ :Edit
ENT:Enter           MENU:Escape
```

图 9-32　航路点列表窗口

c. 通过游标键选择航路点编号，并输入想要设定的经纬度、标记、备注等，按"NU/CU ENT"键 2 次，重新输入其他航路点的信息。

d. 完成信息输入后，按"MENU ESC"键。

（2）删除航路点

①通过游标删除：移动游标至想要删除的航路点上，按"CLEAR"键。

②通过航路列表删除：

a. 按"WPT RTE"键，显示 Waypoint/Route（航路点/航线）菜单。

b. GP-80 机型选择 4. Waypoint List（航路列表）按"NU/CU ENT"键或按相应菜单编号"4"键；GP-90 机型选择 5. Waypoint List（航路列表）按"NU/CU ENT"键或按相应菜单编号"5"键，弹出航路点列表窗口。

c. 通过游标键选择想要删除的航路点，按"CLEAR"键，弹出图 9-33。

```
1st line

Are you sure to erase?

ENT:Yes          MENU:No
```

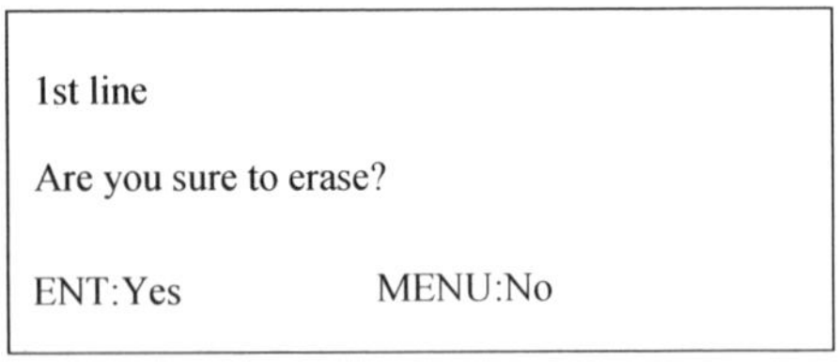

图 9-33　清除信息确认窗口

d. 若想删除航路点，按"NU/CU ENT"键；否则按"MENU ESC"键。

（3）设置航线（ROUTES）　本机能存储 30 条航线和一条记录航线、每条航线可包含 30 个航路点。

①按"WPT RTE"键，显示 Waypoint/Route（航路点/航线）菜单。

②GP-80 机型选择 5. Route Planning（航线设计）按"NU/CU ENT"

键或按相应菜单编号"5"键；GP-90 机型选择 6. Route Planning（航线设计）按"NU/CU ENT"键或按相应菜单编号"6"键，弹出航路列表窗口（图 9-34）。

③通过游标上下键选择需要的航路点，按左右键进行编辑选中的航线（如 1 号航线），弹出图 9-35。

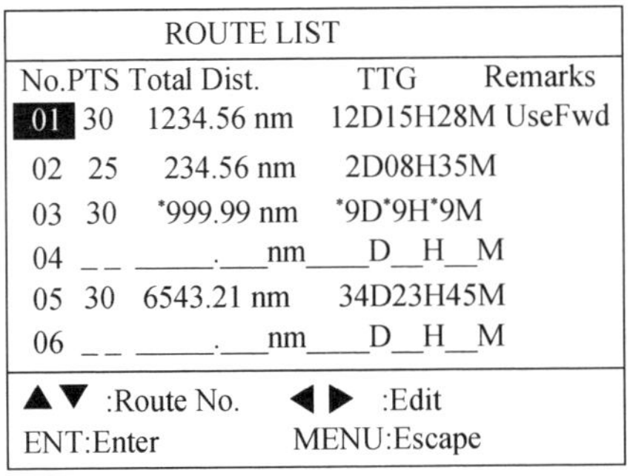

```
┌─────────────────────────────────┐
│         ROUTE LIST              │
│ No.PTS Total Dist.    TTG    Remarks │
│ 01  30  1234.56 nm  12D15H28M UseFwd │
│ 02  25   234.56 nm  2D08H35M    │
│ 03  30  *999.99 nm  *9D*9H*9M   │
│ 04  __ _____.__ nm  __D_H_M     │
│ 05  30  6543.21 nm  34D23H45M   │
│ 06  __ _____.__ nm  __D_H_M     │
├─────────────────────────────────┤
│ ▲▼ :Route No.   ◀▶ :Edit       │
│ ENT:Enter       MENU:Escape     │
└─────────────────────────────────┘
```

图 9-34　航路列表窗口

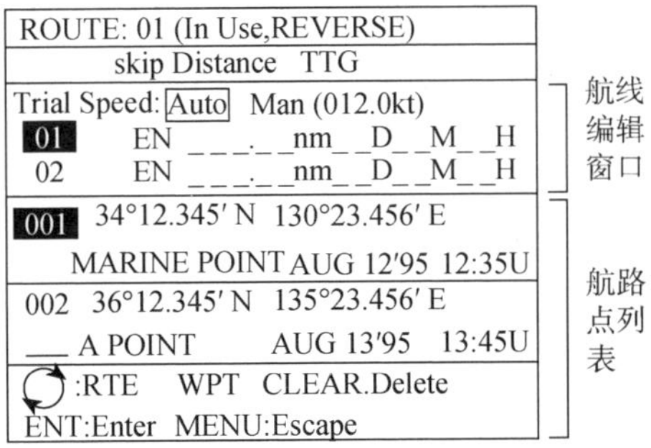

```
┌─────────────────────────────────┐
│ ROUTE: 01 (In Use,REVERSE)      │
│     skip Distance  TTG          │
│ Trial Speed:[Auto] Man (012.0kt)│    航
│ 01    EN ____.__nm__ D_ M_ H    │    线
│ 02    EN ____.__nm__ D_ M_ H    │    编
│                                 │    辑
│ 001  34°12.345′ N 130°23.456′ E │    窗
│      MARINE POINT AUG 12′95 12:35U│   口
│ 002  36°12.345′ N 135°23.456′ E │    航
│ __   A POINT      AUG 13′95 13:45U│   路
├─────────────────────────────────┤    点
│ ↻:RTE  WPT  CLEAR.Delete        │    列
│ ENT:Enter  MENU:Escape          │    表
└─────────────────────────────────┘
```

图 9-35　航线信息编辑窗口

④通过游标键选择速度类型：Auto（以当前的平均速度为基准计算），Man（手动输入速度值）。计算预计到港时间。

⑤直接在航线编辑窗口，输入以存储的本航线所用航路点的编号，按"NU/CU ENT"键确认添加航路点；若输入的编号不存在，输入的编号取消，重新输入。

如果原航线为 01-02-03-04-05，改向为 01-02-03-05，及跳过 04 点直接到 05，可将 04 点的标记改为 DI（Disable）不可用（图 9-36）。

航线的删除，可在航路列表中，选择想要删除的航线，按"CLEAR"键，根据提示，若想删除航路点，按"NU/CU ENT"键；否则按"MENU ESC"键。

（4）航线导航　设定目的地后，可实现 GPS 的导航功能。注意：若GPS 没定位，无法设定目的地。

①按"GOTO"键，弹出 GOTO 设置菜单（图 9-37）。

②选择 4. Route List（航线列表），按"NU/CU ENT"键或按相应菜单编号"4"键，弹出图 9-38。

③可按下面两种方法设置航线：通过航线编号，输入航线编号，按"NU/CU ENT"键；通过所选航路点，按游标的上下键，选择航线，按"NU/CU ENT"键。

按照上述两种方法设定目的地后，屏幕画出一条以当前位置为起始点连接第一个航路点的实线，而其他所有航路点由虚线连接。

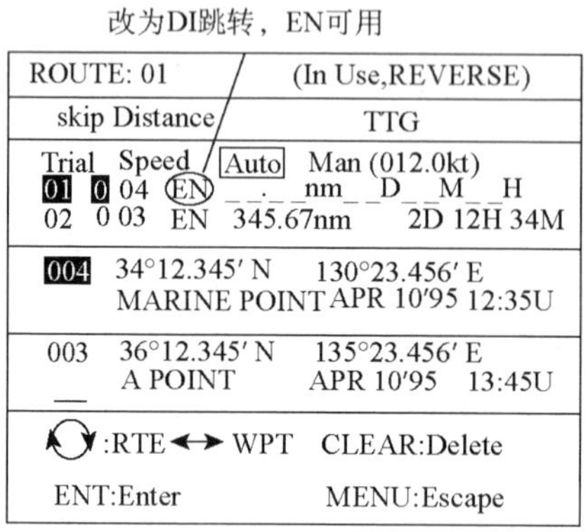

改为DI跳转，EN可用

ROUTE: 01	(In Use,REVERSE)
skip Distance	TTG

Trial Speed │Auto│ Man (012.0kt)
01 0 04 EN _ _._ nm_ _D_ _M_ _H
02 0 03 EN 345.67nm 2D 12H 34M

004 34°12.345′N 130°23.456′E
MARINE POINT APR 10′95 12:35U

003 36°12.345′N 135°23.456′E
A POINT APR 10′95 13:45U
—

⟳:RTE ↔ WPT CLEAR:Delete
ENT:Enter MENU:Escape

图 9-36 航线编辑窗口

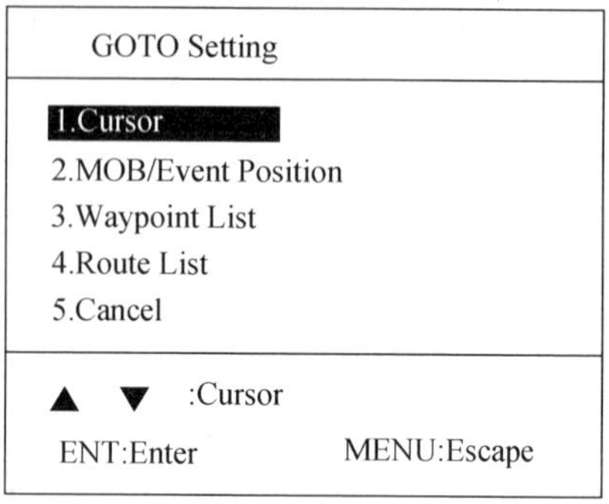

GOTO Setting

1.Cursor
2.MOB/Event Position
3.Waypoint List
4.Route List
5.Cancel

▲ ▼ :Cursor
ENT:Enter MENU:Escape

图 9-37 GOTO 设置菜单

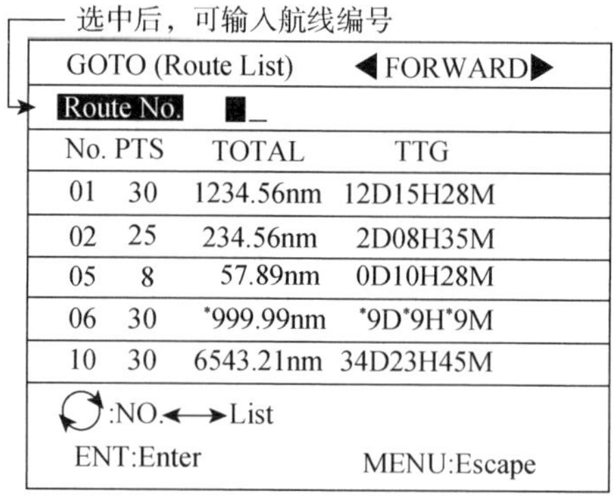

— 选中后，可输入航线编号

GOTO (Route List) ◄FORWARD►
Route No. ■_

No. PTS	TOTAL	TTG
01 30	1234.56nm	12D15H28M
02 25	234.56nm	2D08H35M
05 8	57.89nm	0D10H28M
06 30	*999.99nm	*9D*9H*9M
10 30	6543.21nm	34D23H45M

⟳:NO. ↔ List
ENT:Enter MENU:Escape

图 9-38 航线列表窗口

6. 报警功能

①按"MENU ESC"键，进入 MAIN MENU 主菜单。

②选择 4. ALARM SETTINGS（报警设置），按"NU/CU ENT"键或按相应菜单编号"4"键，进入报警设置窗口（图 9-39、图 9-40）。

a. Arrival/Anchor：到达警/锚更警，OFF 关闭，Arr 到达警，Anc 锚更警，设置到达警的距离或锚更警的范围，二者不可同时使用，按"NU/CU ENT"键确认。

b. XTE：偏航报警，选择 ON 并设置偏航值，按"NU/CU ENT"键确认。

c. SPEED：速度报警，选择 OVER（速度高于预置航速范围）或 IN

（处于预置航速范围）的报警，按"NU/CU ENT"键确认。

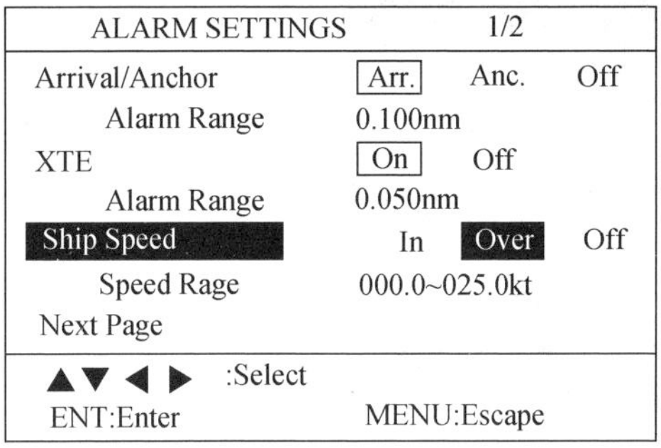

```
ALARM SETTINGS          1/2
Arrival/Anchor      [Arr.]   Anc.    Off
    Alarm Range     0.100nm
XTE                 [On]     Off
    Alarm Range     0.050nm
[Ship Speed]             In   [Over]  Off
    Speed Rage      000.0~025.0kt
Next Page

▲▼◀▶ :Select
ENT:Enter            MENU:Escape
```

图 9-39　报警窗口 1

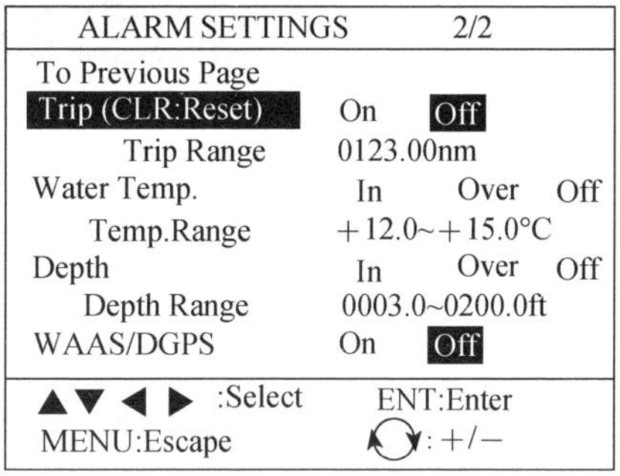

```
ALARM SETTINGS          2/2
To Previous Page
[Trip (CLR:Reset)]       On    [Off]
    Trip Range      0123.00nm
Water Temp.              In    Over   Off
    Temp.Range      +12.0~+15.0℃
Depth                   In    Over   Off
    Depth Range     0003.0~0200.0ft
WAAS/DGPS           On    [Off]

▲▼◀▶ :Select          ENT:Enter
MENU:Escape              ⟳ :+/−
```

图 9-40　报警窗口 2

d. TRIP：航程报警，当船舶的实际航程超过设置值报警。如有需要，按"CLEAR"键重置航行距离和时间。

e. Water Temp：水温报警，选择 OVER（水温高于预置温度范围）或 IN（水温处于预置温度范围）的报警，此功能需要外接温度传感器。

f. Depth：深度报警，选择 OVER（水深高于预置深度范围）或 IN（水深处于预置深度范围）的报警，此功能需要连接测深仪。

g. WAAS/DGPS 警报：当 WAAS/DGPS 信号丢失时发出报警。

在上面的报警设置中，当超出所设置的警报范围时，会发出蜂鸣声，并显示相关的警报信息，可按"CLEAR"键，关闭警报。

7. 关机

①按住 GPS 卫星导航仪接收机右下角"POWER"键，GPS 自动断电。

②关闭直流供电电源。

五、北斗卫星导航系统特有操作

1. 北斗短信

（1）发信息

第一步：在信息编辑界面的右侧（图 9-41），输入号码；按下"输入法"，切换到数字或者 ABC 输入法输入号码。

如果要选择已存的联系人，按下"确定"，从右侧的联系人列表中选出。

第二步：输入内容，按下"方向下"，将输入提示光标移动到短信编辑区；按下"输入法"切换到合适的输入法，进行短信内容的编写。

第三步：发送，按下"方向下"，提示光标移动到"发送"按钮，按下

图 9-41　信息编辑界面

"确定"发送编写的短信。

　　另一种发送的方式：按下"菜单"—"发送"，同样可以发送编写的短信。

　　（2）**收件箱和发件箱**　收到的短信，都被存储在收件箱之中，选中某一条短信，将会自动展开该短信的内容（图 9-42）。

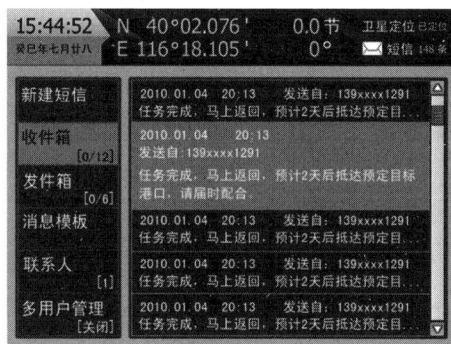

图 9-42　收件箱

　　与收件箱对应的是发件箱，所有编辑后未发出的短信，以及已经发出的短信，都将存储于发件箱。

　　按下"菜单"，弹出菜单，对于收件箱和发件箱中的短信，可以进行以下操作：回复（仅对收件箱）、转发、删除、清空等。

　　（3）**联系人**　将常用的号码存储到联系人列表中，可以更快捷的发送短信。

　　在联系人列表中，按下"菜单"键，弹出菜单，可以执行以下的操作：新建、查看、编辑、删除、发送信息等。

（4）用手机向船载终端发送短信

①充值：

a. 使用北斗充值卡。

终端为本终端充值，编辑短信：BD＋卡密码，发送到 266666。

手机为本机北斗账户充值，编辑短信：BD＋卡密码，发送到 106902000。

手机为终端充值，编辑短信：终端 ID 号码＋BD＋卡密码，发送到 106902000。

b. 使用中国移动充值卡。

终端为本终端充值，编辑短信：YD＋卡号/＋卡密码/＋卡面值，发送到 266666。

手机为本机北斗账户充值，编辑短信：YD＋卡号♯＋卡密码♯＋卡面值，发送到 106902000。

手机为终端充值，编辑短信：北斗 ID 号码＋YD＋卡号♯＋卡密码♯＋卡面值，发送到 106902000。

②发送短信："收件人"位置输入"106902000＋船载终端号码"，直接编辑短信内容进行发送，短信将发送到指定船载终端。

例如，将"祝您一帆风顺！"发送到船载终端 250188，"收件人"位置输入"106902000250188"，短信内容应编写为"祝您一帆风顺！"。

手机收到船载终端发来的短信时，可直接按"回复"键回复该短信。

③查询余额：

编辑短信：YE，发送至 106902000。

2. 紧急报警

在船只遇到紧急情况时，通过紧急报警向运营中心发送求救信号。

（1）**发送紧急报警**　在任意界面下，长按"紧急"3s，系统会弹出提示，要求确定是否发送紧急报警。此时按下"确定"，紧急报警信息将发出。

如果紧急报警信息发送成功，屏幕上会弹出发送成功的提示。

发出报警后，蜂鸣器将不断发出尖锐的提示音，同时界面将开始闪烁，表示当前正处于紧急报警状态。

（2）**紧急报警附加信息**　在确定发送紧急报警之后，紧接着出现的界面是附加信息选择界面（图 9-43）。在列表中选择报警的附加信息，并按下"确定"键，完成报警的流程。

（3）解除紧急报警　在紧急报警状态下，再次按下"紧急"键，系统会弹出提示"确定是否取消紧急报警"。此时按下"确定"键，紧急报警状态将解除。

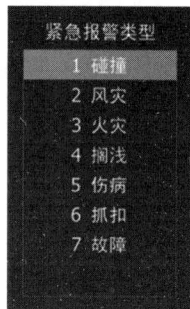

3. 服务

服务模块中集成了多个和运营服务相关的应用，包括：出港报告、进港报告、充值服务、余额查询、业务状态、北斗参数、设备信息和系统设置。

图 9-43　附加信息选择界面

（1）出港报告　船只出港时，发送出港报告。

（2）进港报告　船只进港时，发送进港报告。

（3）充值服务　使用显控单元发送短信会扣去账户中储蓄的余额，如果要向账户中充值，可以通过充值服务模块实现（图 9-44、图 9-45）。

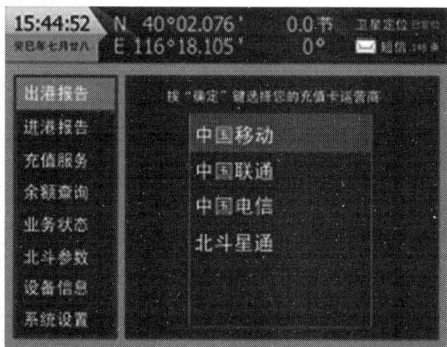

图 9-44　充值服务界面 1

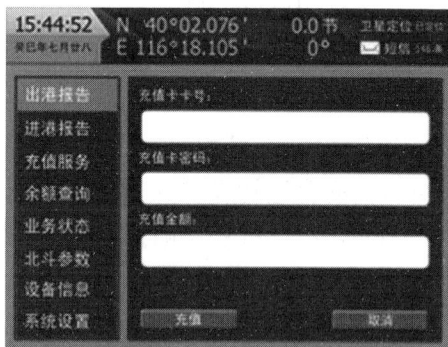

图 9-45　充值服务界面 2

向账户充值，可以选择以下几种运营商的充值卡：中国移动、中国联通、中国电信、北斗星通。请到相关营业厅或销售点咨询购买可用的充值卡。

充值时，首先选择充值卡对应的运营商，然后输入卡号和密码，当收到运营中心发来的确认短信后，说明充值已成功。

（4）余额查询　执行余额查询操作后，会收到运营中心的短信，内容为用户的账户余额。

（5）业务状态　查询当前开通的服务。如果发现部分业务异常，可以在此界面中选择"查询业务状态"来主动更新，获得业务开通状态的信息。

（6）北斗参数　读取与显控单元连接的定位通信单元信息，显示相关的北斗参数。

（7）**设备信息**　读取与显控单元连接的定位通信单元信息，显示相关的设备信息。

思考题

1. 请叙述 GPS 卫星导航系统的组成。

2. 请叙述北斗卫星导航系统的组成。

3. 航海人员选择 GPS 定位坐标系时应如何考虑？

4. 请叙述到达警和锚更警的特点及不同。

5. 请叙述边界警和偏航警的特点及不同。

6. 请简要叙述北斗卫星导航系统短消息发送的步骤。

第十章 船载 AIS 设备操作方法

船舶自动识别系统（automatic identification system，简称 AIS）是在甚高频海上移动频段采用时分多址接入技术，自动广播和接收船舶静态信息、动态信息、航次信息和安全消息，实现船舶识别、监视和通信的系统。目前，AIS 作为雷达的补充，用做船舶之间避碰和自动交换信息的重要助航工具。

第一节 AIS 主要控钮的作用及其使用注意事项

本节要点：AIS 使用注意事项；AIS 主要控扭及作用。

一、AIS 的结构

一般来说，典型的船载 AIS 设备如图 10-1 所示，包括 AIS 主机和外围设备。

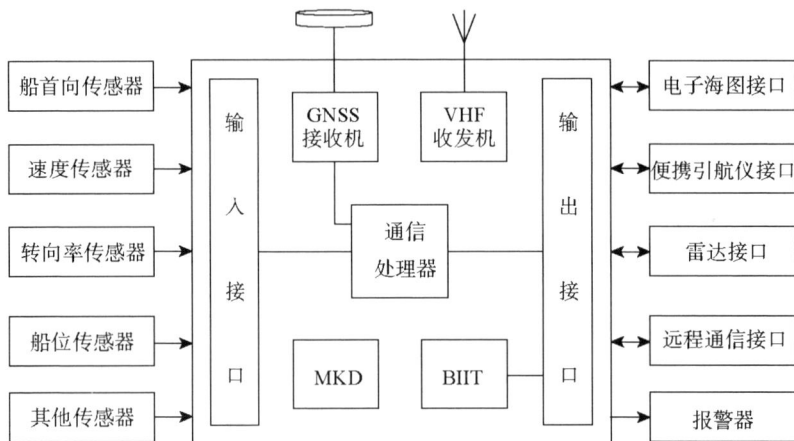

图 10-1　AIS 系统图

外围设备包括船舶运动参数传感器和显示、通信及警报设备。

船舶运动参数传感器有舵向传感器，一般为陀螺罗经；船舶对地速度传感器，一般为计程仪或（GNSS）接收机；船舶旋回速率传感器，一般为船舶转向仪或陀螺罗经，有的船舶未配备或不能提供此数据；全球导航卫星系统（GNSS）接收机，目前以 GPS 接收机为主。此外，如果具备条件，反映船舶姿态等的其他传感器的信号也应通过输入接口与 AIS 设备主机连接。

AIS 信息还可以显示在其他航海仪器的显示终端上，如电子海图显示与信息系统（ECDIS）、雷达等，能够有效地增强它们的功能。AIS 设备主机设有便携式引航仪（personal pilot units，PPU）接口，能够与引航员的便携引航设备或计算机连接。如果将 AIS 数据输出到 VDR 保留，则可以方便日后调查取证和研究。如果将 AIS 设备主机与远程通信终端设备（如 GMDSS 或卫星通信站）连接，则 AIS 数据的传输距离可以不受 VHF 通信距离的限制，但 B 类 AIS 设备可不支持远程通信。AIS 设备及功能的警报可以通过表示接口输出，触发外置警报器。

船载 AIS 设备主机由通信处理器、内置（差分）卫星定位（GNSS）接收机、VHF 数据通信机（1 台 VHF TDMA 发射机、2 台 VHF TDMA 接收机和 1 台 VHF DSC 接收机）、内置完善性测试（BIIT）模块、船舶运动参数传感器输入接口、数据输出接口、以及简易键盘与显示（MKD）单元等组成。

AIS 设备内部都集成了 GNSS 接收机，用以提供本船船位、对地航速/航向以及定时基准。A 类设备往往还配备外接 GNSS 接收机提供以上信号，当外接设备信号中断时，自动切换内部接收机。

MKD 是 AIS 设备的人机交互界面，满足 IMO 的最低配置要求，操作者通过简易键盘可以将信息输入到 AIS 设备，显示屏能够以最少 3 行文字显示信息。

二、AIS 的主要控钮

AIS 设备通常有以下几种主要控钮，参见表 10-1。

表 10-1　AIS 船载设备的主要控钮

控钮	功能说明
Power	显示器的电源开关，主要是在开机、关机时使用
Display	显示按钮。主要有两个作用：①用于调整亮度及对比度，可以快速设置背景光、对比度、LED 亮度和按键亮度等；②在不同的航行环境下，连续循环按动显示转换键，可以选择最适合的显示方式

（续）

控钮	功能说明
Status	可以在本设备上快速设置本船航行状态，而且要求当船舶航行状态发生变化时要及时修改
Mode	用于选择显示模式：AIS 模式主要是用于显示和读取 AIS 船舶数据，配置模式主要是用于数据的设置及修改
字母数字键	主要用于输入字母、数字和各种符号，按下指定的按钮，将显示字母及符号
Page	主要是显示下一页的数据或信息
Enter	确认按钮。用于执行光标位置所显示的操作项目或数据输入及数据修改
Esc	返回到上一页面，或保存数据修改前的数值
∧∨<>	上下左右移动键，用于移动光标或删除先前的数据
Menu	菜单按钮。在任何模式下按此键均可返回菜单，同时显示菜单中的内容
Function keys	功能键。按对应屏幕上的各键可以完成按键的功能

三、使用注意事项

①操作者在使用接收机前，必须认真阅读接收机使用说明书及有关资料。首次操作时，必须有熟悉该机性能并能正确操作该机的人员在场指导。

②每台接收机均应设置专用记录本，由船上有关人员认真填写。记录内容包括：

a. 安装时间，承装单位和负责人员名单，验收情况；

b. 开机和关机的时间及地点，使用接收机的情况及实际工作时间；

c. 故障产生的年、月、日、时，故障现象，实际修理时间，检修处理情况，承修单位及修理人员名单等。

③AIS 电源按键不应频繁启闭，一般启闭间隔时间应大于 5s，以免损坏设备。

④船舶在航行中，AIS 设备应连续工作，严禁关机。在港内，设备的操作应符合港口的规定。

⑤在某些特殊的应用中，需要输入其他信号数据时，输入给 AIS 设备的数据精度应符合说明书要求。

⑥使用 AIS 时，显示屏亮度调节不宜过亮，以能清晰读取显示数据为准。

第二节　AIS 的基本操作

本节要点：AIS 信息分类；获取本船静态、动态信息的方法；船舶直接收发短信息的一般操作步骤。

AIS 船载设备生产厂家及设备型号众多，不同设备的操作界面差别较大，但所有设备都应满足国际相关标准，其功能和显示的内容基本相同，操作也大同小异。

一、电源

船舶无论是航行、抛锚还是其他状态，AIS 船载设备都应在开机状态。然而由于 AIS 设备的连续工作可能威胁船舶安全时（如在海盗出没海域航行），船长可以决定关闭设备。一旦危险因素排除，设备应重新开启。AIS 设备关闭时，静态数据和与航行有关的信息会被保存下来。接通设备的电源后，AIS 信息将在 2min 之内发送。电源的开关时间通常作为安全记录被设备自动保存，并应记录在航海日志中。在港内，设备的操作应符合港口的规定。

二、按键

AIS 设备采用 MKD 键盘配置，按键非常简洁（图 10-2），通常有光标位移导航键 "⊕"、确认键 "ENT"、菜单键 "MENU"、显示转换键 "DISP"、功能键 "NAV STATUS" 和电源键 "PWR" 等，稍复杂的还可包括 10 个字母数字按键、＊键、♯键等。在需要输入文字信息时，有的 AIS 设备可以在屏幕上显示英文软键盘。光标位移导航键用于移动光标在屏幕的位置；确认键用于执行光标位置所显示的操作项目或数据输入；借助菜单键操作可以完成设备的设置或执行各项功能；在不同的航行环境下，连续循环按动显示转换键，可以选择最适合的显示方式。

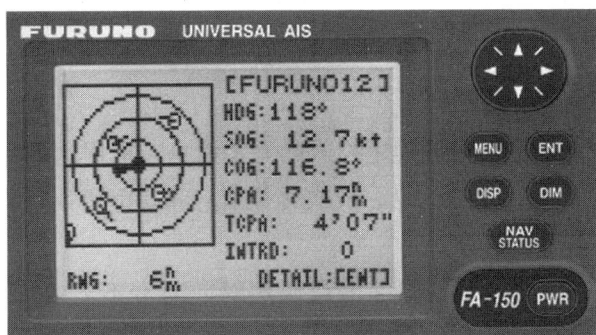

图 10-2　MKD 键盘配置

三、显示

1. 目标数据显示

常见的最小显示器为嵌入的 LCD 显示屏幕，按照国际标准，对于选定的目标至少提供 3 行数据，包括目标的方位、距离和船名，其他数据可以滚动显示。雷达 ARPA 和 ECDIS 屏幕大，适合字母数字数据的显示，通常能够同时显示多个目标的 AIS 数据，也便于数据分析与信息编辑。

2. 本船数据显示

在此模式下，显示器显示本船动态信息和航次信息，并可以输入和编辑航次信息。

3. 安全相关短消息

所谓安全相关短消息也称安全短消息，可以是固定格式的，也可以是驾驶员输入的自由格式的，与航行安全相关的文本消息。当收到短信息时，屏幕会有报警提示，阅读后的信息会被保存，并可以反复调用和阅读或删除。通过按键或软键盘的操作，还可以输入、编辑和存储短信息，并以寻址或广播方式发送。寻址发送时可选择 MMSI 码、信息类型（安全或文本）、信道（自动、A 信道、B 信道和 A&B 信道）。发射的信息通常被设备自动记录保存，发射不成功，则屏幕出现提示信息。所有已阅读和发送的信息可以按照时间列表显示。

4. 报警信息查验

设备可以确认、显示和查询报警信息，包括内外置定位设备状态，各传感器信息报警，收发信机报警等。显示的报警信息有报警时间、报警编号、报警条件、报警的确认状态、报警的描述文字等内容。通过报警信息可以掌握设备的工作状态，及时了解或消除设备故障，保证系统正常运行。

四、船舶 AIS 信息分类

AIS 设备自动发送和接收规定格式的文本信息，根据国际标准，船舶 AIS 信息可分为静态信息、动态信息、航次相关信息和安全相关短消息四类。

1. 静态信息

所谓静态信息是指 AIS 设备正常使用时，通常不需要变更的信息。静态信息在设备安装结束时由安装技术人员设置，在船舶买卖移交时需要重新设定。在修改静态信息时，一般需要输入密码。在设备正常工作时驾驶员不可随意更改此项设置。

AIS 船载设备静态信息参见表 10-2。

表 10-2 AIS 船载设备的静态信息

信息标称	输入方式	输入时机	更新时机
MMSI	人工输入	设备安装	船舶变更国籍买卖移交时
呼号和船名	人工输入	设备安装	船舶更名时
IMO 编号（有的船没有）	人工输入	设备安装	无变更
船长和船宽	人工输入	设备安装	若改变，重新输入
船舶类型	人工输入	设备安装	若改变，重新选择
定位天线的位置	人工输入	设备安装	双向船舶换向行驶时或定位天线位置改变时

表 10-2 中的 MMSI 为海上移动业务识别码，AIS 设备仅在写入 MMSI 的时候，才能给发射信息。

在 AIS 设备中关于船舶种类，依设备厂家型号不同有多项可选项（表 10-3）。

表 10-3 AIS 船载设备的船舶类型名称

Passenger ship	客船	Pleasure craft	休闲游艇
Cargo ship	货船	HSC	高速船
Tanker	油船	Pilot vessel	引航船
WIG	飞翼	Search and rescue vessel	搜救船
Fishing vessel	渔船	TUG	拖轮
Towing vessel	拖带船	Port tender	港口供应船
Towing vessel L＞200m B＞25m	拖带船长＞200m 宽＞25m	With anti-pollution equipment	防污染设备船
Dredge/underwater operation	挖泥/水下作业船	Law enforcement vessel	法律强制船
Vessel-diving operation	潜水作业船	Medical transports	医务运输船
Vessel-military operation	军事作业船	Resolution No. 18 MOB-83	18 号决议规定的中立国船只
Sailing vessel	帆船	Other type of ship	其他种类船舶

定位天线的位置应输入 GNSS 天线到船首尾和左右舷的距离。

AIS 在开机后 2min 内，发射本船的静态数据。静态信息在有更改或有请求时每隔 6min 重发一次。

2. 动态信息

所谓动态信息是指能给通过传感器自动更新的船舶运动参数，AIS 船载设备动态信息参见表 10-4。

表 10-4　AIS 船载设备的动态信息

信息标称	信息来源	更新方式	备注
船位	GNSS	自动	附精度/完善性状态信息
UTC 时间	GNSS	自动	附精度/完善性状态信息
COG（对地航向）	计程仪或 GNSS	自动	可能缺失
SOG（对地航速）	计程仪或 GNSS	自动	可能缺失
船首向	陀螺罗经	自动	
ROT（旋回速率）	ROT 传感器或陀螺罗经	自动	可不提供
（选项）首倾角	相应传感器	自动	可不提供
（选项）纵倾/横摇	相应传感器	自动	可不提供

动态信息包括船位信息，UTC 时间，对地航速/航向，船艏向，船舶旋回速率（如果有），吃水差（如果有）等，纵倾与横摇（如果有）。通过这些信息，能够掌握船舶的实时航行状态。

3. 航次相关信息

所谓航次相关信息也称航行相关信息，是指驾驶员输入的、随航次而更新的船舶货运信息。航次相关信息在船舶装卸货物后开航前或出现变化的任何时候由驾驶员设置（表 10-5）。设置该信息时，有的设备需要密码。应注意的是，设置 ETA 和航线计划需经船长同意。

表 10-5　AIS 船载设备的航次信息

信息标称	输入方式	输入时机	信息内容	更新时机	备注
船舶吃水	手动输入	开航前	开航前最大吃水	根据需要	
危险品货物	手动选择	开航前	危险品货物种类	货物装卸后	主管机关要求时
目的港/ETA	手动输入	开航前	港口名和时间	变化时	经船长同意
航线计划	手动输入	开航前	转向点描述	变化时	经船长同意
航行状态	选择更改	开航前		变化时	

其中航行状态参见表 10-6。

表 10-6　AIS 船载设备的航行状态

Under way using engine	在航机动	Moored	系泊
Under way sailing	在航帆船	Aground	搁浅
At anchor	锚泊	Engaged in fishing	从事捕鱼
Not under command	失控	Reserved for HSC	高速船留用
Restricted maneuverability	操纵能力受限	Reserved for wig	飞翼船留用
Constrained by her draught	吃水受限	Not defined	未定义

有的设备航次相关信息包括了更多的内容，如 ETD、船员人数等。

五、AIS 的一般操作

下面以某型号船载设备为例介绍 AIS 的一般操作。

1. 开机/关机

按"PWR"键就可以开机和关机，开机之前要注意主机的 12-24VDC 直流电源是否正常。开机之后设备发出短的"嘟嘟"响声，屏幕上依次出现图 10-3 所示的内容。

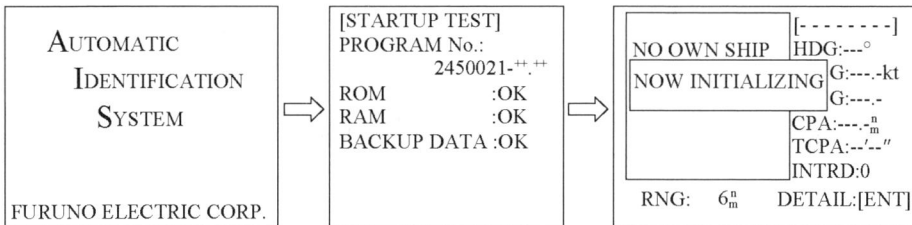

图 10-3　某型号 AIS 启动界面

开机后主机首先要自检，检测 RAM、ROM 等。设备启动后 2min 内开始发射本船静态数据，发射间隔为 6min。静态数据包括 MMSI 码和 IMO 编号、呼号、船名、船长、船宽、GPS 天线位置。发射完静态数据后，接着发射船舶动态数据，动态数据包括船位、航速、航向、回转率、艏向等；改变航向和航速每 2min 发射一次。航次相关数据（如吃水、危险品、目的地、预抵时间）每间隔 6min 发射一次。

系统开机后很快便开始从装备有 AIS 的船舶接收数据，并在作图显示器（PLOTTER DISPLAY）上显示。如果连接了雷达或电子海图（ECDIS），AIS 目标叠加在雷达或电子海图 ECDIS）上。

2. 调整显示器亮度和对比度

按"DIM"键，出现显示器亮度和对比度调整屏幕（图 10-4）。用"上下"键调整屏幕亮度，用"左右"键调整屏幕对比度，设置完成后按"ENT"键退出。

3. 静态数据设置

①按"MENU"键，使用"下"键选择"INITIAL SETTINGS"，按"ENT"键，如图 10-5 所示。

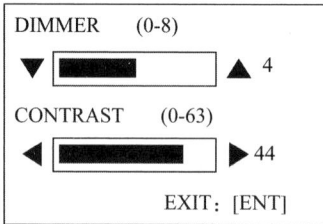

```
DIMMER      (0-8)

▼  ████████  ▲ 4

CONTRAST    (0-63)

◄  ████████  ► 44

            EXIT: [ENT]
```

```
[MENU]
MSG
SENSOR STATUS
INTERNAL GPS
USER SETTINGS
INITIAL SETTINGS
CHANNEL SETTINGS
DIAGNOSTICS
```

图 10-4　亮度和对比度调整界面　　　图 10-5　主菜单界面

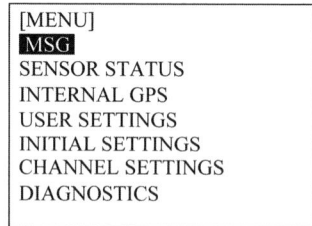

②机器提示需要输入密码，如图 10-6 所示。

③正确输入密码之后，屏幕出现"INITIAL SETTINGS"，如图 10-7 所示。

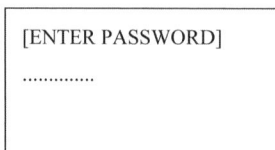

```
[ENTER PASSWORD]
..............
```

```
[INITIAL SETTINGS]
SET MMSI
SET INT ANT POS.
SET ENT ANT POS.
SET SHIP TYPE
SET I/O PORT

          QUIT [MENU]
```

图 10-6　输入密码界面　　　图 10-7　初始化设置界面

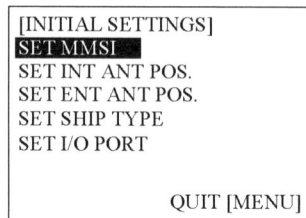

④选择"INITIAL SETTINGS"中的"SET MMSI"，按"ENT"键，如图 10-8 所示。

⑤使用"上下左右"键和"ENT"键输入 MMSI 码，IMO 编号，船名和呼号；按"MENU"键保存并退出。

⑥重复第 1、2、3 步之后，选择"SET INT ANT POS"，按"ENT"键，如图 10-9 所示。

```
[SET MMS]
MMSI: 000000000
IMONO:000000000
NAME:
C.SIN:
                    QUIT [MENU]
```

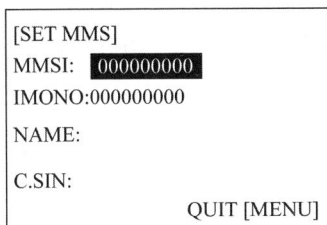

图 10-8 静态数据设置界面

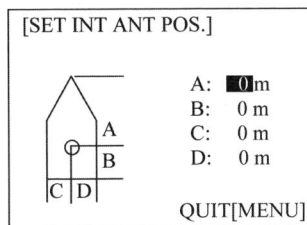

```
[SET INT ANT POS.]
          A: 0m
          B: 0 m
          C: 0 m
          D: 0 m
                    QUIT[MENU]
```

图 10-9 设置内置天线位置界面

⑦输入内置 GPS 天线的位置。输入之后按"MENU"键保存并退出。

⑧重复第 1、2、3 步之后，选择"SET EXT ANT POS"，按"ENT"键。

⑨输入外置 GPS 天线的位置。输入之后按"MENU"键保存并退出。

⑩重复第 1、2、3 步之后，选择"SET SHIP TYPE"，按"ENT"键，如图 10-10 所示。

⑪使用"上下左右"键和"ENT"键选择船舶类型，按"MENU"键保存并退出。

4. 航次相关数据设置

在"NAV STATUS"菜单中有 7 项：航行状态、目的地、到达日期、到达时间、船员人数、船舶类型和船舶吃水。

①按"NAV STATUS"键，打开"NAV STATUS"菜单，使用"上下左右"键和"ENT"键进行航行状态设置（图 10-11）。

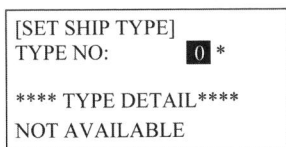

```
[SET SHIP TYPE]
TYPE NO:    0 *

**** TYPE DETAIL****
NOT AVAILABLE
```

图 10-10 设置船舶类型

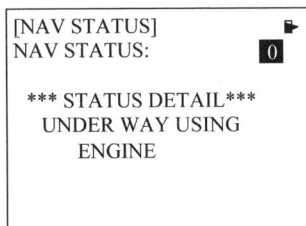

```
[NAV STATUS]
NAV STATUS:    0

*** STATUS DETAIL***
 UNDER WAY USING
    ENGINE
```

图 10-11 航行状态设置

②按"右"键，显示第二个菜单，使用"CursorPad"和"ENT"键进行目的地设置（图 10-12）。

③按"右"键，显示第三个菜单，使用"CursorPad"和"ENT"键进行到达日期和时间设置（图 10-13）。

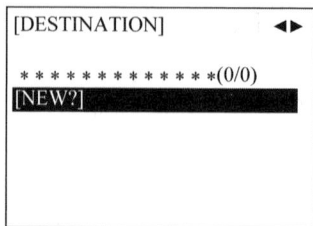

图 10-12　目的港设置界面

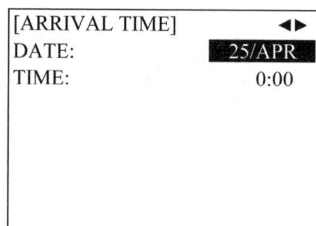

图 10-13　到达日期和时间设置

④按"右"键，显示第四个菜单，使用"CursorPad"和"ENT"键进行货物类型和船舶人数的设置（图 10-14）。

⑤按"右"键，显示第五个菜单，使用"CursorPad"和"ENT"键进行船舶吃水设置（图 10-15）。

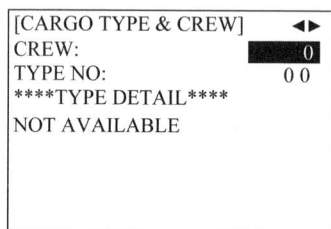

图 10-14　货物类型和船舶人数设置

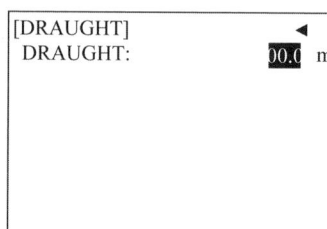

图 10-15　船舶吃水设置界面

⑥设置完之后按"DISP"键关闭菜单，完成航次相关数据的设置。

5. 查看目标船数据

①在标绘模式 plotter display 界面下，按"DISP"键显示目标船列表 TARGET LIST，列出所有接收到的 AIS 目标船（图 10-16）。

②使用"上下"键选择想要查看的目标船，按"ENT"键查看此目标船的数据，通过"左右"键翻页查看其他数据。

6. 查看本船静态数据

每个航次或者每个月需要检查一次，本船的静态数据包括 MMSI、呼号和船名、IMO 编号、船舶类型和定位天线的位置。

图 10-16　目标列表界面

①在标绘模式 plotter display 界面下，按 2 次"DISP"键显示"OWN STATIC DATA"菜单。

②使用"CursorPad"查看本船静态数据，"上下"键为继续，"左右"

键为返回。

7. 查看本船动态数据

本船动态数据包括时间、日期、船舶位置、对地航向、对地航速、旋回速率和船艏向。在标绘模式 plotter display 界面下，按 3 次 "DISP" 键显示 "OWN DYNAMIC DATA" 菜单，如图 10-17 所示。

```
[OWN DYNAMIC DATA]
01/MAY/2004  13:24:55
LAT: 34°45.2132′ N
LON: 135°31.2345′ E
SOG: 8.1 kt INT GPS
COG: 118.5° HDG: 118°
ROT: R10.3°/min*
PA: H    RAIM: USE
```

图 10-17　本船动态数据查看

8. 发射电文

①按 "MENU" 键，打开主菜单。

②使用 "上下" 键选择 MSG，按 "ENT" 键，如图 10-18 所示。

③选择 "CREATE MSG"，按 "ENT" 键，如图 10-19 所示。

```
[MSG]
CREATE MSG
TX LOG
RX LOG
```

图 10-18　短消息界面

```
[CREATE MSG]
SET MSG TYPE
SET MSG
SEND MSG
```

图 10-19　编辑短消息界面

④选择 "SET MSG TYPE"，按 "ENT" 键，如图 10-20 所示。

⑤选择 "ADRS TYPE"，按 "ENT" 键。ADRS CAST 是发给一条指定的目标船；BROAD CAST 是发给所有的目标船，如图 10-21 所示。

⑥选择 "MSG TYPE"，按 "ENT" 键。选择信息类型：NORMAL（安全之外的信息）或者 SAFETY（重要的航行或者气象警告），如图 10-22 所示。

```
[SET MSG TYPE]
ADRS TYPE:BROAD CAST
MMSI     :---------
MSG TYPE :NORMAL
CHANNEL :ALTERNATE
```

图 10-20　设置短消息类型

⑦选择 "CHANNEL"，按 "ENT" 键，如图 10-23 所示。

```
BROAD CAST
ADRS CAST
```

图 10-21　选择发送短消息类型

```
SAFETY
NORMAL
```

图 10-22　选择短消息类型

```
ALTERNATE
BOTH A & B
A
B
```

图 10-23　选择信道界面

⑧按"MENU"键，返回"CREATE MSG"子菜单。

⑨选择"SET MSG"，按"ENT"键。使用"CursorPad"输入信息内容。使用"上下"键选择字母；使用"左右"移动光标（图10-24）。按"ENT"键返回"CREATE MSG"子菜单。

⑩选择"SEND MSG"，按"ENT"键。屏幕提示图10-25的内容。按"左"键选择"YES"，按"ENT"键，发射电文；若选择"NO"，按"ENT"键，不发射电文。

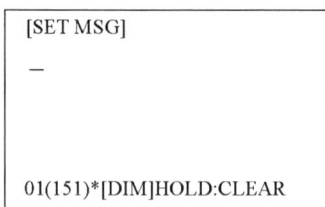

```
[SET MSG]
_




01(151)*[DIM]HOLD:CLEAR
```

图10-24 编辑短消息内容

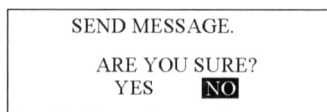

```
SEND MESSAGE.
ARE YOU SURE?
YES      NO
```

图10-25 是否发送短消息

9. 查看接收的电文

接收到电文时，屏幕上显示图10-26的内容。

①按任何按键，都可以消除"MESSAGE!"窗口。

②按"MENU"键，显示主菜单。

③选择"MSG"，按"ENT"键。

④选择"RX LOG"，按"ENT"键，如图10-27所示。

```
MESSAGE !

PRESS ANY KEY
```

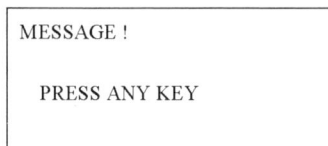

图10-26 接收到短消息提示

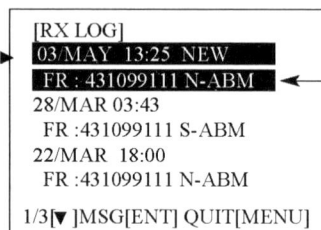

```
[RX LOG]
▶ 03/MAY  13:25  NEW
   FR : 431099111 N-ABM ◀
28/MAR 03:43
 FR :431099111 S-ABM
22/MAR  18:00
 FR :431099111 N-ABM
1/3[▼ ]MSG[ENT] QUIT[MENU]
```

图10-27 接收短消息的记录簿

⑤使用"CursorPad"选择想要查看的信息，按"ENT"键，查看未读电文的内容，如图10-28所示。

⑥按"DISP"键关闭窗口。

10. 报警查验

在标绘模式plotter display界面下，按4次"DISP"键，显示"ALARM STATUS"。使用"上下"键查看报警记录簿（图10-29），列出了报警的日期时间及报警的原因，报警的原因如表 10-7 所示。

```
[RXLOG]
I HAVE CHANGED MY
COURSE TO 350 DEGREE.



            QUIT[MENU]
```

```
[ALARM STATUS]
  EPFS     7/MAY      4:32:16
  L/L      7/MAY      4:02:01
  SOG      7/MAY      2:34:54
  COG      6/MAY      7:09:32
  HDG      3/MAY      8:00:21
  ROT     19/APR      9:05:22
```

图 10-28　查看短消息的内容 　　　　　　图 10-29　报警查验

表 10-7　AIS 船载设备的报警原因列表

报警状态显示	含义
TX	发射故障
ANT	天线电压驻波比超过限度
CH1	TDMA RX1 板故障
CH2	TDMA RX2 板故障
CH70	DSC RX 板故障，不能在 CH70 信道上发射
COG	无效的 COG 数据
EPFS	外接 GPS 没有数据输出
FAIL	一般故障
HDG	无效的 HDG 数据
L/L	没有 L/L 数据
MKD	显示器问题
ROT	无效的 ROT 数据
SOG	无效的 SOG 数据

思考题

1. 什么是自动识别系统？

2. 请叙述 AIS 信息的种类有几种，分别是什么？

3. 船载 AIS 设备静态信息有哪些？这些信息是在什么时候如何输入的？

4. 船载 AIS 设备发送动态信息有哪些？这些信息来自于哪些传感器？

5. 船载 AIS 航次相关信息有哪些？输入时应注意哪些问题？

6. 请结合本船所用设备叙述查看 AIS 静态信息的步骤。

7. 请结合本船所用设备叙述输入 AIS 航次信息的步骤。

8. 请结合本船所用设备叙述当前 AIS 有哪些动态信息。

第十一章 磁罗经结构、检查及使用注意事项

第一节 船用磁罗经

本节要点：磁罗经的结构及各部的作用；方位仪的使用。

磁罗经是一种古老的航海指向仪器，它利用地磁场与磁针等敏感元件相互吸引的作用原理，而使罗盘的磁针指向磁北。磁罗经除可为船舶指示航向外，还可为船舶定位和导航，它与陀螺罗经一起共同保障船舶的安全航行。由于磁罗经具有结构简单，工作性能可靠，除地磁场外可不依赖任何外界条件独立工作的特点，至今仍是船上必备的航海仪器之一。

根据罗盆内有无液体，罗经分为液体罗经和干罗经。现代船舶安装的都是液体罗经，液体罗经的罗盘浸浮在盛满液体的罗盆内，因受液体的阻尼作用，船舶摇摆时，罗盘的指向稳定性较好。另外受液体浮力的作用，可减小轴针与轴帽间的摩擦力，提高了罗盘的灵敏度，这种性能优良的液体罗经在现代船舶上得到普遍使用。

另外，根据磁罗经的用途可将磁罗经分为：标准罗经、操舵罗经、救生艇罗经和应急罗经。根据罗盘的直径大小可将磁罗经分为 190mm 型、165mm 型和 130mm 型的罗经。

一、磁罗经的结构

船用磁罗经由罗经柜、罗盆和自差校正器三部分组成。

1. 罗经柜

罗经柜通常由铜，木，铝等非磁性材料制成，主要用于支撑罗盆和放置自差校正器（图 11-1）。

在罗经柜的顶部有罗经帽，用于保护罗盆，使其避免风吹雨淋和阳光照射，以及在夜航中防止照明灯光外露。

2. 自差校正器

在罗经柜的正前方，有一竖直圆筒，筒内根据需要放置数块消除软半圆自差用的佛氏铁或有一竖直长方形盒在其内放数根消除自差用的软铁条。

在罗经柜左右正横放置象限自差校正器（软铁球或软铁片）的座架，软铁球或软铁盒的中心位于罗盘磁针的平面内，并可根据校正自差的需要内外移动。

在罗经柜内，位于罗盘中心正下方安装一根垂直铜管，管内放置消除倾斜自差的垂直磁铁，该磁铁可由吊链拉动在管内上下移动。

在罗经柜内还有放置消除半圆自差的纵向和横向磁铁的架子，并保证罗经中心应位于纵横磁铁的垂直平分线上。

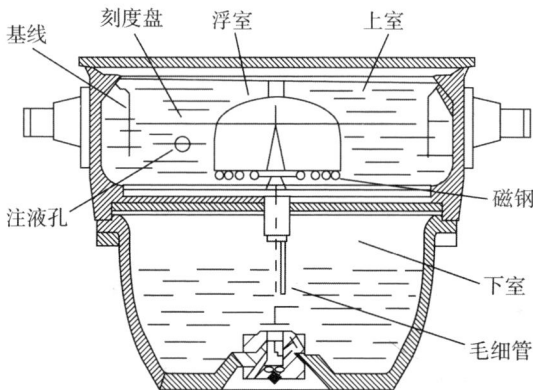

图 11-1　罗经柜

3. 罗盆

罗盆放置在平衡环上，以便在船体发生倾斜时，罗盆仍保持水平。平衡环通常装在减震装置上，以减缓罗盆震动。

罗盆由罗盆本体和罗盘两部分组成，如图 11-2 所示。

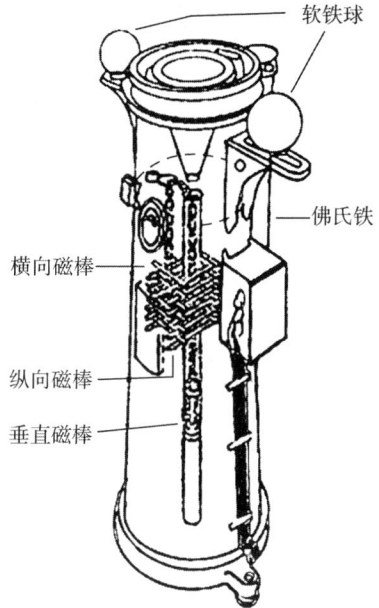

图 11-2　罗　盆

罗盆均由铜制成，其顶部为玻璃盖，玻璃盖的边缘有水密橡皮圈，并用一铜环压紧以保持水密。罗盆底部装有铅块，以降低罗盆重心，在船摇摆时，罗盆仍能保持水平。

罗盆内充满液体，通常为酒精与蒸馏水的混合液，混合液的比例为45%医用酒精和55%蒸馏水。酒精的作用是为了降低冰点，冰点为−26℃。有的罗经的支撑液体还采用纯净的煤油。

在罗盆的侧壁有一注液孔，供灌注液体以排除罗盆内的气泡。注液孔平时由螺丝旋紧以保持水密。

在罗盆内壁的前后方均装有罗经基线，位于船首方向的称为首基线，当首基线位于船首尾面内时，其所指示的罗盘刻度即为本船的航向。

罗盘是磁罗经指示方向的灵敏部件。罗盘均由刻度盘、浮室、磁钢和轴帽组成。

二、方位仪

方位仪是一种配合罗经用来观测物标方位的仪器。通常有方位圈、方位镜、方位针等类型。

图 11-3 所示为方位圈，它由铜制作，有二套互相垂直观测方位的装置。其中一套装置由目视照准架和物标照准架组成。在物标照准架的中间有一竖直线，其下部有天体反射镜和棱镜。天体反射镜用于反射天体（如太阳）的影像，而棱镜用于折射罗盘的刻度。目视照准架为中间有细缝隙的竖架。当测者从细缝中看到物标照准线和物标重合时，物标照准架下棱镜所折射的罗盘刻度，就是该物标的罗经方位。这套装置既可观测物标方位，又可观测天体方位。

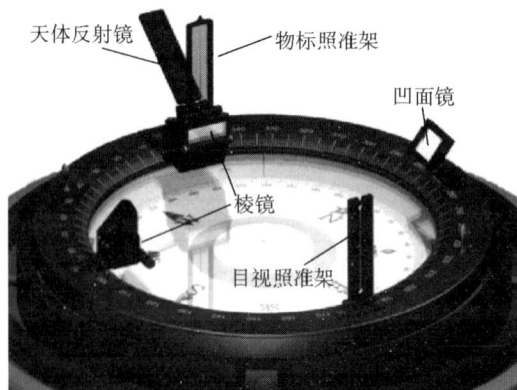

图 11-3　方位圈

另一套装置由可旋转的凹面镜和允许细缝光线通过的棱镜组成，它专门用于观测太阳的方位。若将凹面镜朝向太阳，使太阳聚成一束的反射光经细缝和棱镜的折射，投影至罗盘上，则光线所照亮的罗盘刻度即为太阳的方位。

在方位仪上有水准仪，观测方位时，应使气泡位于中央位置，以提高观测方位的精度。目前在校正罗经时，方位针使用也很普遍，它是在罗盘中心垂直竖一根针，利用太阳照射后，在罗盘平面上投影所照射的度数即为太阳反向罗方位。注意在测定太阳罗方位时，罗盆一定要水平，方位针要准确垂直于罗盆，否则会产生较大的方位误差。

第二节　磁罗经的使用、检查及其注意事项

本节要点：磁罗经灵敏度、摆动半周期检查方法；气泡检查及其消除；使用校正器、方位仪的注意事项。

一、磁罗经的检查

1. 罗盆和罗盘的检查
①罗盆应保持水密，无气泡。罗经液体应无色透明且无沉淀物。
②罗盆在常平环上应保持水平。
③罗盘应无变形，磁针与刻度盘 NS 线应严格平行，误差应小于 0.2°。
④罗经的首尾基线应准确地位于船首尾面内，误差小于 0.5°。

2. 罗盘灵敏度的检查
检查罗盘的灵敏度主要是检查罗盘轴针与轴帽之间的磨损情况，若摩擦力较大时，将会直接影响罗盘指向的准确性。

检查方法：在船停靠码头，船上或岸上机械不工作的情况下，首先准确记下罗经基线所指的航向，然后用一小磁铁或铁器将罗盘从原来平衡位置向左引偏 2°~3°，移开小磁铁，观查罗盘是否返回原航向，然后再向右边做同样的检查，取其误差的平均值。ISO 规定罗盘返回原航向的误差应在 $(3/H)°$ 以内［H 为地磁水平分量，单位为微特（μT），$1Oe=100\mu T$］若罗盘灵敏度不符合要求，须进行修理或调换。

3. 罗盘摆动周期的检查
罗盘磁针磁性的强弱可通过测定罗盘摆动周期来检查的。通常仅测其摆

动半周期，检查方法如下：用磁铁将罗盘从罗经基线引偏 $40°$，移去磁铁，罗盘开始摆动，用秒表记下原航向值连续两次过基线的时间间隔，此间隔即为罗盘摆动的半周期。ISO 规定罗盘摆动半周期应不小于 $(2\,600/H)^{1/2}$ s。同样用磁铁将罗盘向另一侧引偏后，做类似的检查，取两者的平均值。若测得的半周期比规定的标准值大得多，说明磁针的磁性减弱，应予以更换。

4. 消除罗盆内的气泡

罗盆产生气泡的原因主要有两种：其一是由于罗盆不水密，如罗盆上的垫圈老化或玻璃盖上的螺丝未旋紧等原因造成漏水，空气进入罗盆，而形成气泡；另一原因是浮室漏水，空气由浮室中逸出所致。罗盆内的气泡对观测航向和测定物标方位均会产生影响，务必消除。

消除气泡的方法是：将罗盆侧放，注液孔朝上，旋出螺丝，首先鉴别罗盆内装有何种液体，在注入液体前，应从罗盆内取出一些原液体与新液体混合，经过一段时间，确定仍为透明无沉淀后，方可注入新液体，直至气泡完全消除为止。对于盆体分为上下两室的罗盆，在上室注满液体把气泡排除后，还要测量下室液面的高度，其高度应符合说明书的要求。

二、使用磁罗经的注意事项

1. 硬铁校正磁铁的注意事项

消除自差用的磁铁棒应无锈，生锈者会使磁性衰退。还应检查磁铁棒特别是新购进的磁铁棒，其棒上所涂的颜色与磁极是否相符。

2. 软铁校正器的注意事项

软铁校正器应不含有永久磁性，否则会影响校正效果。检查软铁球是否含有永久磁性的方法是：船首固定于某一航向，将软铁球靠拢罗经柜，待罗盘稳定后，缓慢间断地原位旋转软铁球，罗盘应不发生偏转，然后用同样方法检查另一只球。若罗盘发生偏转，说明软铁球含有永久磁性。对于软铁片，可将软铁片盒移近罗经柜，将软铁片首尾倒向插入软铁片盒，罗盘应不发生偏转，否则软铁片含有永久磁性。

检查佛氏铁是否含有永久磁性的方法是：船首固定于磁东或磁西航向上，将佛氏铁逐段以正反向倒置放入罗经正前方的佛氏铁筒中，罗盘不应发生偏转，否则佛氏铁含有永久磁性。

对于含有永久磁性的校正软铁，可将其放在地上敲击或淬火进行退磁，退磁无效者应予以调换。

三、使用方位仪的注意事项

方位仪应能在罗盆上自由转动，其旋转轴应与罗盆中心轴针重合，无论是方位圈或方位镜，其棱镜必须垂直于照准面，否则观测方位时，将产生方位误差。检查方位圈时，把方位圈的舷角定在 0°时，根据照准线从棱镜上看到的罗盘读数，应与船首基线所对的罗盘读数相等，否则方位圈的棱镜面不垂直于照准面，应予以调整。

思考题

1. 简述磁罗经的种类、结构及主要部件的作用。
2. 如何检查磁罗经的灵敏度？
3. 如何检查磁罗经罗盘磁性的大小？
4. 简述磁罗经消除气泡的方法。

第十二章　陀螺罗经

近代船用陀螺罗经，按其结构特征和工作原理，可分为安许茨系列、斯伯利系列和阿玛-勃朗系列三种系列罗经。

任何一种系列的陀螺罗经，均由主罗经及其附属仪器组成。主罗经是陀螺罗经的主体，具有指示船舶航向的性能；主罗经由灵敏部分、随动部分和固定部分组成。附属仪器则是确保主罗经正常工作的必需设备。附属仪器包括：分罗经、航向记录器、罗经电源（变流机或逆变器）、电源控制装置和报警装置等。分罗经、分罗经接线箱和航向记录器用于复示主罗经航向示度的仪器；罗经电源将船电转换成罗经用电；电源控制装置和报警装置用以对陀螺罗经进行启动、关闭和监视其工作。

第一节　安许茨系列罗经

本节要点：安许茨系列罗经组成、启动前检查、启动步骤及其日常使用注意事项。

安许茨（ANSHUTZ）系列陀螺罗经属于液浮支承的双转子摆式罗经。其灵敏部分为一陀螺球；控制力矩利用降低球的重心的方法获得；阻尼力矩则由液体阻尼器产生。在结构上，双转子陀螺球、随动球、液体支承为该系列陀螺罗经的共同特点。下面以安许茨 4 型陀螺罗经为例进行介绍。

一、主罗经的组成及作用

在结构上可以将主罗经分成灵敏部分、随动部分和固定部分。灵敏部分起找北指北作用，由陀螺仪及其控制设备和阻尼设备组成。在船上为了消除附加的干扰力矩对灵敏部分的影响，在主罗经的结构中增设了随动部分，借助于随动系统使其跟踪灵敏部分运动，带动航向刻度盘上的 0°～180°的刻度线与陀螺球主轴南北线始终保持一致；并把灵敏部分支承在固定部分上。固定部分是与船舶甲板固定的部分；提供灵敏部分正常工作的外部条件。它有罗经桌、贮液缸、罗经柜及平衡环悬挂系统。

二、启动前的检查与准备

启动前，对罗经有无认真的检查和谁备，将直接影响罗经启动后的正常工作。因此，启动前应对整套罗经进行认真的检查，发现问题及时处理，做到防患于未然。检查内容如下：

①检查船电开关和变压器上电源开关是否置于"切断"（0）位置。

②检查主罗经各部分在正常位置：检查各仪器内是否清洁干燥；机械部分的传动是否灵活；电缆插头、导线接头和零部件安装是否牢固正常。

③检查主罗经左侧小门内配电盘上的随动开关是否在断的（0）位置。

④检查各分罗经的航向与主罗经的航向是否一致：校对所有分罗经的航向应与主罗经航向一致。

⑤检查航向记录器，校对其航向应与主罗经航向一致；检查航向记录纸是否够用，记录纸左侧的时间标志是否与船时一致。

可以简记为："一个正常，两个关闭，三个一致，最后一个够用。"

三、启动过程

通常应在开航前 4～5h 启动罗经。若前次关闭罗经后，船舶停靠在码头，且航向未曾改变，则可在开航前 2～3h 启动罗经。启动步骤：接通船电开关；接通变压器箱上的电源开关，由"OFF"位置转到"ON"的位置。20min 后，接通随动开关，由"0"位置转到"1"的位置。

启动罗经时需要掌握开关控扭的位置和作用：

①船电开关：一般安装在驾驶台墙壁上的配电箱中。

②罗经电源主开关：在变压器箱的面板上。

③随动开关：在主罗经左侧窗口内。

四、日常使用时的检查

1. 检查支承液体的液面高度

支承液体用于支承陀螺球并构成陀螺球与随动球导电通路。当液面高度不足时，陀螺球顶电极因裸露液面之上，而无法导电。因此，应经常检查支承液体的液量，保证液面至加液孔的距离为 4～5cm。检查时可用小木笺测量（图 12-1）。

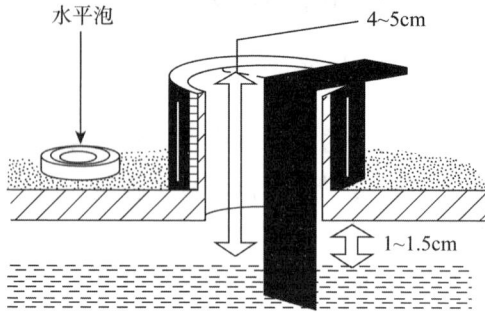

图 12-1　液面高度的检查

2. 检查陀螺球的正常高度

陀螺球的高度是确定陀螺球在随动球中位置如何的重要指标，陀螺球高度不正常，将造成陀螺球与随动球顶部或底部摩擦，引起不定误差。

检查陀螺球高度的方法是：在罗经已经稳定，液温正常，罗经桌水平，打井主罗经尾部的小门，使眼睛与随动球透明玻璃块内外表面的两条水平线位于同一平面内（图 12-2）。以此为基准，观察陀螺球赤道线的高度。正常时赤道红刻线高出 2mm，允许偏差 ±1mm。

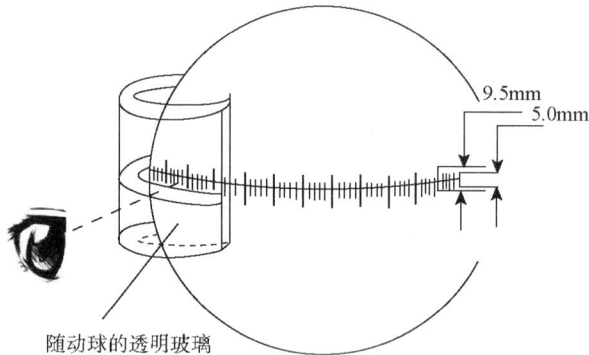

图 12-2　陀螺球高度的检查

3. 支承液体的成分及作用

支承液体的配方：蒸馏水 10L，甘油（20℃ 时，相对密度为 1.23 g/cm³）1L，安息香酸 10g。

甘油用于增大液体相对密度，安息香酸用于导电。当液体相对密度不正常时，添加 30mL 甘油，可使支承液体的相对密度增加 0.000 5g/cm³；反之，添加 30mL 蒸馏水，可使支承液体的相对密度减小 0.000 5g/cm³。

第二节　斯伯利系列罗经

本节要点：斯伯利系列罗经组成、启动前检查、快速启动方法等。

斯伯利系列陀螺罗经属于单转子液体连通器罗经。其灵敏部分由陀螺球（房）和垂直环组成；控制力矩由液体连通器获得；阻尼力矩则由陀螺球（房）西侧重物产生。

一、罗经的组成

整套罗经由主罗经、电子控制器、速纬误差补偿器和发送器箱等组成。主罗经是整套罗经的主体，具有指示船舶航向的性能。电子控制器内安装有静止型逆变器和陀螺马达启动控制电路印制板，将船舶电源变成 115V/400Hz 的三相交流电，向陀螺马达供电；其面板上装有电源开关、旋转开关、方式转换开关、电源指示灯和保险丝等，用以控制罗经电源的接通和断开，以及对罗经进行启动及关闭等。速纬误差补偿器用以消除纬度误差和速度误差。发送器箱内装直流步进式传向系统的控制电路印制板，由此接至各分罗经。

二、主要开关控钮的作用

1. 方式转换开关

方式转换开关置于不同位置时，可控制罗经工作于"旋转""启动""自动校平"和"运转"等方式。

（1）旋转（SLEW）位置　允许主罗经刻度盘在陀螺马达不转时，利用旋转开关与船舶真航向一致，此时陀螺球主轴初始对准北。

（2）启动（START）位置　接通陀螺马达电源，使陀螺马达高速旋转，达到额定转速 12 000r/min，等待时间约 10min。

（3）自动校平（AUTOLEVEL）位置　利用力矩方式使陀螺罗经主轴水平，以减少稳定时间。

（4）运转（RUN）位置　罗经投入正常工作，自动找北指北。

2. 补偿器

（1）纬度误差旋钮　按船舶所在纬度调整，消除纬度误差。

（2）纬度开关　以船舶所在纬度极性进行选择。

（3）速度误差旋钮　按船舶航速调整，消除速度误差。航行期间，船舶纬度每变化5°，或船舶航速每变化5kn，调整一次补偿器（图12-3）。

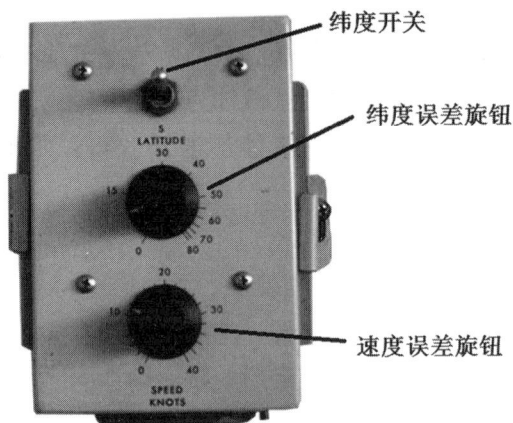

图12-3　速度纬度误差校正器

三、启动前的检查与准备

①船电开关在"OFF"位置。

②电子控制器上的电源开关位于"OFF"位置。

③方式转换开关位于"OFF"位置。

④发送器箱上的电源开关和分罗经开关位于"OFF"位置，如图12-4所示。

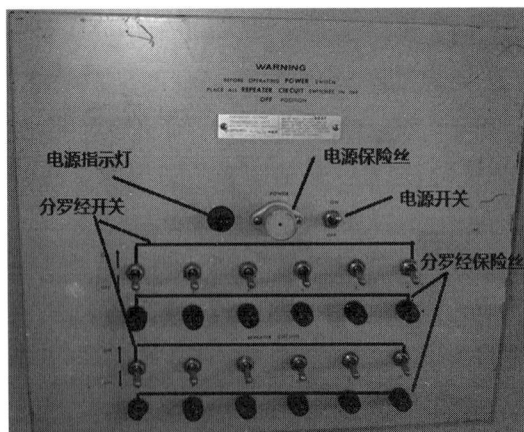

图12-4　分罗经发送箱

⑤主罗经上的锁紧手柄（如有）位于锁紧位置。

四、快速启动过程

借助于分罗经发送箱（图12-4）的方式转换开关、旋转开关及其控制电路，对罗经进行快速启动，用以缩短其稳定时间。

①接通船电开关。

②将电子控制箱上的电源开关置于接通位置"ON"，红色指示灯亮。

③将方式转换开关置于旋转位置"SLEW"。

④按需要向顺时针"CW"或逆时针"CCW"方向调整旋转开关使主罗经刻度盘的指示与船舶航向相同。

⑤将方式转换开关置于启动位置"START"，115V/400Hz三相交流电向主罗经供电，等10min，让陀螺马达转速上升。

⑥将锁紧手柄（如有）位于非锁紧位置，将方式转换开关置于自动校平位置，等10s，直至主罗经刻度盘停止抖动或有微小抖动为止。

⑦将方式转换开关置于运转"RUN"位置。罗经进入正常工作状态，开始自动找北指北。

⑧接通发送器电源开关，校对分罗经的航向与主罗经一致，接通分罗经开关。

⑨设定纬度开关与船舶所在纬度极性相同位置，调整纬度旋钮"LATITUDE"到所在航行纬度上。

⑩调整速度旋钮"SPEED"到所在航速上。

五、关闭罗经

①将电子控制器上的方式转换开关和电源开关置于"OFF"位置。

②主罗经上的锁紧手柄（如有）转至锁紧位置。

③将发送器箱上的电源开关和分罗经开关置于"OFF"位置。

④将船电开关置于"OFF"位置。

思考题

1. 请叙述安许茨4型罗经启动步骤。

2. 请叙述安许茨4型罗经关机步骤。

3. 请叙述安许茨4型罗经支撑液体的成分。

4. 请叙述安许茨4型罗经陀螺球高度检查步骤。

5. 请叙述斯伯利系列罗经有哪些开关及各开关的作用。

6. 请叙述斯伯利系列罗经的快速启动步骤。

7. 请叙述斯伯利系列罗经的关机步骤。

第三篇

航 海 气 象

第十三章　气象学基础知识

众所周知，大气和海洋构成了渔船作业环境。本章主要讲述大气概况、大气的基本运动形式、与航海活动密切相关的气象要素及其变化规律等内容。正确地理解和掌握这些内容，是学好气象学、分析预测天气变化的基础。

第一节　大气概况、气温和气压

本节要点： 大气成分、大气的垂直结构、对流层的主要特征；气压的变化、海平面气压场的基本形式。

一、大气概况

由于地心引力的作用，地球周围聚集着一个空气层，称其为大气层，简称大气。在大气中存在着各种物理过程（如增热、冷却、蒸发、凝结等）和各种物理现象（如风、云、雾、雨等），它们的发生及变化都是与大气本身的组成、结构及物理性质密切相关的。

1. 大气成分

大气主要是由多种气体混合组成的，此外还包括一些悬浮着的固体及液体杂质。通常把大气的组成分为 3 个部分。

（1）干洁空气　大气中除水汽、液体和固体杂质以外的整个混合气体，称为干洁空气或干空气。干洁空气是大气的主要组成成分。

（2）水汽　水汽是气体，它来自地球表面上江、河、湖、海及潮湿物体表面的水分蒸发，并借助空气的垂直对流向上空输送。大气中水汽所占的容积比例，随着时间、地点和气象条件的不同有较大的差异，其变化范围在 0～4%。在一般的自然条件下，水汽可以转变成水滴或冰晶，是大气中唯一可以发生相态变化的成分，像云、雾、雨、雪等都是一定条件下由水汽凝结而成的，可以说水汽是天气演变中的"主角"。

（3）杂质　悬浮在大气中的固体或液体微粒，称为大气杂质（又称气溶胶粒子）。它包括尘埃、烟粒、水滴和冰晶等水汽凝结物及海洋上飞溅的浪花蒸发后残留在空中的微小盐粒等。杂质多集中在大气低层，其分布随着时间、地点及气象条件不同而改变。当有大量的杂质聚集在低空时，会形成霾、雾及沙尘暴等天气现象，使能见度变得恶劣，严重影响海陆交通的安全。

2. 大气的垂直结构

根据高空探测资料分析，在垂直方向上，大气中不同层次的物理性质存在显著差异。气象上依据气温和水汽的垂直分布、大气的扰动程度和电离现象等不同特点，将大气层自下而上划分为对流层、平流层、中间层、热层和散逸层5个层次（图13-1）。

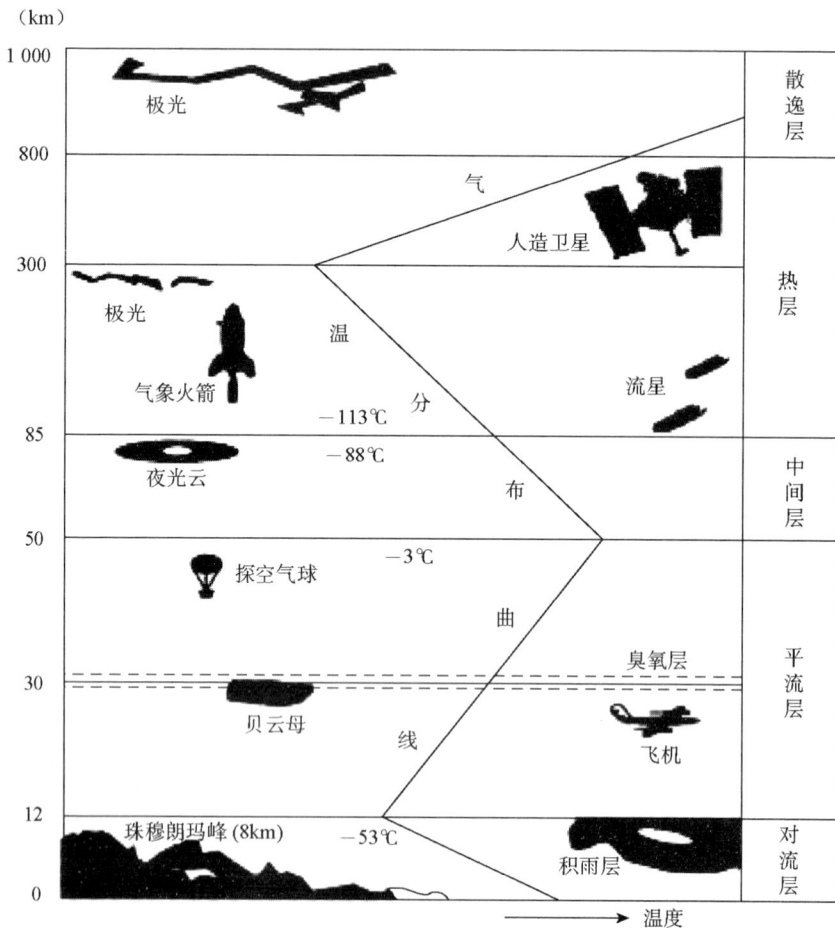

图 13-1　大气的垂直结构

大气的最低层称为对流层，其下界是地表面，通常把地球表面称为大气层的下垫面。整个对流层平均厚度约 10km。对流层集中了大气质量的 80% 和全部水汽，云、雾、雨、雪等主要大气现象都发生于此层，所以它是对人类影响最大的层次，也是渔船作业所涉及的航海气象学研究的重点对象。

对流层有三个主要特征：①气温随高度而降低；②具有强烈的对流和湍流运动。是引起大气上下层动量、热量、能量和水汽等交换的主要方式；③气象要素沿水平方向分布不均匀。如温度、湿度等。

二、气温

1. 气温的定义

气温是表示空气冷热程度的物理量，也是大气状态的重要参数之一。气温的高低本身与人类活动密切相关，因此它成为天气预报的重要项目；同时，大气的冷与暖即温度场的分布在某种意义上决定着空气的干湿与降水，决定着气压场的分布，从而影响天气形势和天气变化的全过程。

2. 温标的概念

温度的度量单位称为温标。我国在实际业务工作和日常生活中采用摄氏温标。

纯水在标准大气压下的冰点和沸点作如下规定：摄氏温标（℃），冰点为 0℃，沸点为 100℃，其间分为 100 等份。

三、气压

1. 气压概述

(1) 气压与天气的关系 气压高，一般天气晴好；气压降低时，天气往往变坏，可能出现阴雨、大风等坏天气；气压开始升高，又意味着天气转好。气压形势的分析和预报，是制作天气预报的基础。

(2) 气压的定义和单位 大气是有重量的。在重力方向上，单位截面上大气柱的重量称为大气压强，简称气压。在标准情况下，即气温为 0℃、纬度 45℃的海平面上，760mm 水银柱高的大气压称为标准大气压，相当于 1 013.25hPa。

气压使用的单位有百帕（hPa）、毫巴（mb）和毫米汞柱高（mmHg）。它们之间的相互关系如下：1hPa = 1mb，1hPa = 3/4mmHg，1mmHg =

4/3hPa。

2. 气压的变化

某地气压的变化就是其上空大气柱中空气质量的增多或减少。当气柱增厚、密度增大时，则空气质量增多，气压就升高；反之气压则减少。因此，气压总是随高度的增加而降低。

气压随时间的变化有周期性变化和非周期性变化两种，航海实践中主要涉及地面气压周期性的日变化和年变化。地面气压的日变化以双峰型最为普遍，其特点是一天中有一个最高值、一个次高值和一个最低值、一个次低值。气压年变化是以一年为周期的波动，一年中最高月平均气压与最低月平均气压之差称为气压年较差。

3. 海平面气压场的基本形式

气压的空间分布称为气压场。由于各地气柱的质量不相同，气压的空间分布也不均匀，气压场呈现出各种不同的气压形式，这些不同的气压形式统称气压系统。海平面气压场的基本形式为：

（1）**低气压** 低气压简称低压，由闭合等压线构成的中心气压比周围低的区域，气压值由中心向外逐渐增高。其空间等压面的形状向下凹陷，如盆地（图 13-2）。在我国天气图上用"低"或"D"标注低压中心，而在国外天气图上用"L"标注低压中心。

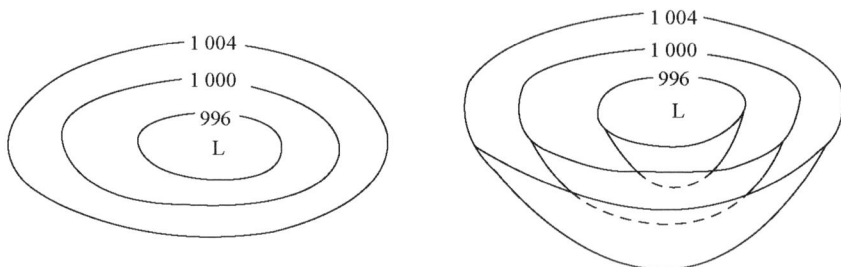

图 13-2　低气压及其空间等压面（气压单位：hPa）

（2）**高气压** 高气压简称高压（high pressure），由闭合等压线围成，中心气压高，向四周逐渐降低。空间等压面向上凸起，形似山丘（图 13-3）。在我国天气图上用"高"或"G"标注高压中心，而在国外天气图上用"H"标注高压中心。

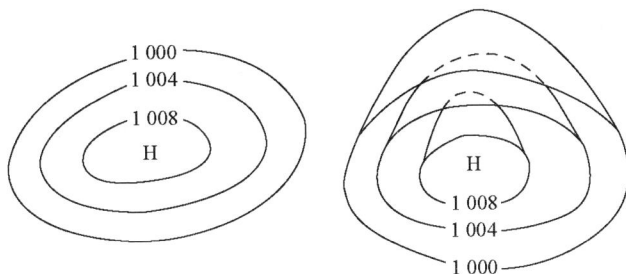

图 13-3　高气压及其空间等压面（气压单位：hPa）

第二节　空气的水平运动——风

本节要点：风速、风向、风压；地形对风的影响。

大气的运动可分为水平运动和垂直运动两部分，通常把空气的水平运动称为风。风是影响船舶航行的重要因素之一。风作用于船体上产生风压力，会使船舶向下风漂移，偏离计划航线；还会使船舶产生偏转，破坏稳性。风还对船舶的船速产生影响。此外，风对船舶的影响还会通过风引起的海浪而间接表现出来。

一、风概述

空气相对下垫面的水平运动称为风。风是向量，既有大小，又有方向，分别用风速（或风力）和风向来表示。

1. 风速

风速是单位时间内空气在水平方向上移动的距离。风速单位常用 m/s，kn（n mile/h，又称"节"）和 km/h 表示，其换算关系如下：

1m/s＝3.6km/h　1kn＝1.852km/h　1km/h＝0.28m/s　1kn≈0.5m/s

风力来表示风速的大小。根据风对地面物体或者海面的影响程度，定出风力等级。目前，国际上采用的风力等级是"蒲福风级"，风级分为 0～17级共 18 个等级，见表 13-1。

在航海实践中，还常用到最大风速、极大风速、瞬时风速以及平均风速等名词。最大风速是指在某个时间段内出现的最大 10min 平均风速值；极大风速（阵风）是指某个时间段内出现的最大瞬时风速值。瞬时风速是指 3s 内的平均风速。平均风速一般是指在规定时间段的平均值，有 3s、1min、

2min、10min 的平均值。

表 13-1　风力等级表

风力级数	名称	海浪高度（m）		海面波浪	陆地地面征象	相当于空旷平地上标准高度10m处的风速		
						（kn）	（m/s）	中数（m/s）
0	静风			平静	静，烟直上	小于1	0～0.2	0～0.2
1	软风	0.1	0.1	微波峰无飞沫	烟能表示风向，但风向标不能动	1～3	0.3～1.5	0.9
2	轻风	0.2	0.3	小波峰未破碎	人面感觉有风，树叶微响，风向标能转动	4～6	1.6～3.3	2.5
3	微风	0.6	1.0	小波峰顶破裂	树叶及微枝摇动不息，旌旗展开	7～10	3.4～5.4	4.4
4	和风	1.0	1.5	小浪白沫波峰	能吹起地面灰尘和纸张，树的小枝摇动	11～16	5.5～7.9	6.7
5	清风	2.0	2.5	中浪折沫峰群	有叶的小树摇摆，内陆的水面有小波	17～21	8.0～10.7	9.4
6	强风	3.0	4.0	大浪白沫离峰	大树枝摇动，电线呼呼有声，举伞困难	22～27	10.8～13.8	12.3
7	疾风	4.0	5.5	破峰白沫成龙	全树摇动，迎风步行感觉不便	28～33	13.9～17.1	15.5
8	大风	5.5	7.5	浪长高有浪花	微枝折毁，人行向前感觉阻力甚大	34～40	17.2～20.7	19.0
9	烈风	7.0	10.0	浪峰倒卷	建筑物有小损（烟囱顶部及平屋摇动）	41～47	20.8～24.4	22.6
10	狂风	9.0	12.5	波浪翻滚咆哮	陆上少见，见时可使树木拔起或使建筑物损坏严重	48～55	24.5～28.4	26.5
11	暴风	11.5	16.0	波峰全呈飞沫	陆上很少见，有则必有广泛损坏	56～63	28.5～32.6	30.6
12	飓风	14.0	—	海浪滔天	陆上绝少见，摧毁力极大	64～71	32.7～36.9	34.8
13						72～80	37.0～41.4	39.2
14						81～89	41.5～46.1	43.8
15						90～99	46.2～50.9	48.6
16						100～108	51.0～56.0	53.5
17						109～118	56.1～61.2	58.7

2. 风向

风向是指风的来向，我国的习惯叫法是"风来流去"。如北方的老百姓经常说的"西北风"，是指风从西北方向吹来。常用度数（0°～360°）或 16个方位来表示。

3. 风压

风压可以理解为风压力，风吹在物体上时，产生风压力，风速越大，则风压力越大。

二、地形对风的影响

1. 绕流和阻挡作用

当气流遇到孤立的山峰和岛屿时，会绕过山峰（岛屿），从两侧通过。这种情况下，在迎风坡风速增强，在背风坡风速减弱，并且在背风坡会产生气旋式或反气旋式涡流。

2. 狭管效应

当气流从开阔地区进入峡谷口时，由于狭管效应，在峡谷中风速加大，风向被迫改变为沿峡谷走向，形成狭谷风。如我国的台湾海峡，地形像个喇叭管，当气流从开阔海面直灌峡口时，海峡内经常出现的东北风或西南风比开阔海面大 1～2 级。

3. 岬角效应

当气流流经向海中突出的半岛或山脉尽头时，会造成气流辐合、流线密集，使风力大大加强，这种现象称为岬角效应。山东半岛的成山头附近就存在岬角效应，使得吹偏北风时，风力常比周围海区大 1～2 级。

4. 海岸效应

海岸附近，因海岸摩擦作用的影响，风速增强或减弱的现象，称为海岸效应。

第三节　大气湿度、云和降水

本节要点：湿度的定义和表示方法；云的形成、分类及其基本特征；降水量、降水强度、降水性质。

一、大气湿度

空气湿度是表示大气中水汽含量多少或潮湿程度的物理量。不含水汽的空气称为干空气。大气中的水汽对船运货物是否受潮变质有很大影响。常用的表示大气湿度的物理量有下列几种。

（1）**水汽压（e）** 大气中所含水汽引起的分压强，称为水汽压。其单位与气压单位相同，采用百帕（hPa）或毫米水银柱高（mmHg）表示。空气中实际水汽含量越多，e 值越大；实际水汽含量越少，e 值越小。所以，水汽压 e 的大小直接表示了空气中水汽含量的多少。

（2）**绝对湿度（a）** 单位体积空气中所含水汽的质量，也就是空气中的水汽密度，单位用 g/cm^3 和 g/m^3 表示。绝对湿度直接表示空气中水汽的多少，量值大，水汽含量多；量值小，水汽含量少。绝对湿度不能通过仪器直接测得，通常由水气压数值计算得到。船舶上一般通过湿度查算表查得。

（3）**相对湿度（f）** 实际水汽压 e 与同温度下的饱和水汽压 E 之比，称为相对湿度，用百分数表示，即：

$$f=\frac{e}{E}\times100\%$$

相对湿度 f 的大小，表示空气距离饱和的程度。当气温一定时，则 E 一定，若 $e<E$，则 $f<100\%$，表示空气未饱和，并且 f 值越小，空气距离饱和程度越远；若 $e=E$，则 $f=100\%$，表示空气饱和；若 $e>E$，则 $f>100\%$，表示空气过饱和。显然，空气相对湿度 f 值的大小不仅取决于水汽压 e，同时还与气温有关。

（4）**露点温度（t_d）** 空气中的水汽含量不变且气压一定时，降低气温，使未饱和空气刚好达到饱和时的温度称为露点温度，简称露点，用符合 t_d 表示，其单位与气温相同。

（5）**温度露点差（$t-t_d$）** 由于实际空气经常处于未饱和状态，即露点经常低于气温。因此，常用气温与露点温度之差 $\Delta t=t-t_d$ 的大小大致判断空气距离饱和的程度。

二、云

云是由大气中水汽凝结（凝华）而形成的微小水滴、小冰晶或两者混合物组成的悬浮在空中的可见聚合体，云是降水的基础。云的形态千变万化，一定的云状常伴随一定的天气，它既是大气运动的产物，在一定程度上又能反映大气的变化趋势。

1. 云的形成
云是由于空气上升运动而发生在高空的水汽凝结现象。

2. 云的分类及其基本特征

云的种类繁多、形态各异，我国国家海洋局编写出版的《船舶海洋水文气象辅助测报规范》中采用的是《中国云图》中的分类，它是根据云底高度把云分为高、中、低 3 族，再结合云的外形特征和结构等分为 10 属，如表13-2 所示。

表 13-2　云的分类及特征

云底高度	云属		外形特征	颜色特点	伴随天气
	学名	符号			
>5.0km	卷云	Ci	纤维状结构	白色无暗影	晕（不全）
	卷层云	Cs	均匀成层，日月轮廓清楚	透明、乳白色	常出现晕
	卷积云	Cc	云块很小，常成行成群排列整齐，像小波纹或鱼鳞	白色，无暗影	天气较好
2.5~5.0km	高层云	As	均匀成层，云底常有条纹结构，多出现在锋面云系中，常布满全天	呈灰白色或灰色	连续或间歇性雨雪
	高积云	Ac	常呈瓦块状、鱼鳞片状或水波状密集云条，常成群、成行、成波状排列	白色或灰白色的透光或蔽光	天气较好
<2.5km	层积云	Sc	云块较大，厚度从几百米到 2 000m，一般由发展的高积云形成	灰色或暗灰色	小雨或雪，毛毛雨或小雪
	层云	St	均匀成层，云底很低但不接触地面（区别于雾），薄处可见日月轮廓	灰色	小雪，毛毛雨
	雨层云	Ns	低而漫无定形，均匀成层，完全遮蔽日月，云底常伴有碎雨云	暗灰色	连续性雨或雪
	（碎雨云）	Fn	云体低而破碎，形状多变，移动较快，出现在雨层云、积雨云、厚的高层云下面	灰色或暗灰色	间歇性雨或雪
	积云	Cu	云体底部较平，顶部凸起成小山丘，云块多不相连	视观测者、云和太阳三者的相对位置而定	一般不产生降水
	积雨云	Cb	云浓而厚，云体庞大，很像耸立的高山，顶部已冻结，呈白色，底部十分阴暗	暗灰色	常出现阵雨、冰雹、雷电、大风天气

三、降水

大气中水汽的凝结（或凝华）物，从空中降到地面的现象称为降水。降水包括由空中降落到地面的凝结物（如雨、雪、霰、冰雹等）和大气中水汽直接在地面上凝结的凝结物（如霜、露等）。

1. 降水量和降水强度

降水（包括近地面凝结出的露水）未经蒸发、渗透、流失，在水平面上所积聚的水层深度，称为降水量，以毫米（mm）为单位表示。单位时间内的降水量，称为降水强度。常用单位是"毫米/小时（mm/h）""毫米/天（mm/d）"。表 13-3 是我国气象部门规定的常用降水量等级表。

表 13-3 降水量等级表

降雨量等级			降雪量等级		
降雨量名称	12h 降雨量（mm）	24h 降雨量（mm）	降雪量名称	12h 降雪量（mm）	24h 降雪量（mm）
零星小雨	<0.1	<0.1	零星小雪	<0.1	<0.1
小雨	0.1～4.9	0.1～9.9	小雪	0.1～0.9	0.1～2.4
小到中雨	3.0～9.9	5.0～16.9	小到中雪	0.5～1.9	1.3～3.7
中雨	5.0～14.9	10.0～24.9	中雪	1.0～2.9	2.5～4.9
中到大雨	10.0～22.9	17.0～37.9	中到大雪	2.0～4.4	3.8～7.4
大雨	15.0～29.9	25.0～49.9	大雪	3.0～5.9	5.0～9.9
大到暴雨	23.0～49.9	38.0～74.9	大到暴雪	4.5～7.5	7.5～15.0
暴雨	30.0～69.9	50.0～99.9	暴雪	≥6.0	≥10.0
暴雨到大暴雨	50.0～104.9	75.0～174.9	阵雪	12h 内降雪累积时间小于 5h，降雪量不超过 3mm	
大暴雨	70.0～140.0	100.0～250.0			
大暴雨到特大暴雨	105.0～170.0	175.0～300.0			
特大暴雨	≥140.0	≥250.0			
阵雨	12h 内降雨累积时间小于 5h，降雨量不超过 15mm				

2. 降水性质

通常分为连续性降水、间歇性降水和阵性降水三种性质不同的降水。

（1）连续性降水　降自雨层云和高层云，降水特点是持续稳定、常具中等雨量，持续时间常在 10h 以上。

（2）**间歇性降水**　降自层积云和厚薄不均匀的高层云。降水强度时大时小、时降时止，但变化很缓慢，云和其他要素也无显著变化。

（3）**阵性降水**　通常降自积雨云、浓积云（不稳定的层积云也可出现）。降水强度变化很快，具有骤降骤止、天空时暗时亮、持续时间较短（通常为几十分钟到几小时），并常伴有强阵风等特点。如果是固体降水，则为大块雪花、霰或冰雹。

第四节　雾和能见度

本节要点：雾的种类与特点、我国近海雾的分布；海面能见度的等级。

雾是影响海面能见度的主要因子，无论在海上还是港口，当发生浓雾时能见度十分恶劣，使得船舶瞭望困难，从而易导致碰撞、偏航、搁浅等事故发生，严重影响船舶航行安全。

一、雾

雾是由悬浮在近地面层大气中的大量细微乳白色小水滴或冰晶组成的，使水平能见度小于1km的天气现象。根据国家标准《雾的预报等级》（GB/T 27964—2011），依据水平能见度通常将雾划分为5个等级：轻雾、大雾、浓雾、强浓雾和特强浓雾。水平能见距离在1～10km之间的称为轻雾；0.5～1km之间的称为大雾；200～500m之间的称为浓雾；50～200m之间的称为强浓雾；水平能见距离不足50m的雾称为特强浓雾。雾的形成与云一样，都是发生在大气中的水汽凝结现象，只是云悬浮在空中，雾贴近地表面，因此可以把雾看成地面上的云。

1. 雾的种类与特点

在海上及海岸区域常见的雾，按照其主要成因可分为平流雾、辐射雾、锋面雾和蒸汽雾等几大类。

（1）**平流雾**　暖湿空气流经冷的下垫面，低层空气冷却，使空气达到饱和水汽凝结而形成的雾，称为平流雾。因这种雾对船舶航行安全危害性最大，所以被海员称为"海雾"。平流雾是暖湿气流流到冷海面上而形成的。

平流雾具有以下特点：①平流雾发生和消散的时间不固定；②浓度大、厚度大；③水平范围广；④持续时间长。

（2）**辐射雾**　在晴朗微风而比较潮湿的夜间，由于地面辐射冷却，近地面层气温降至露点或露点以下，使水汽凝结而形成的雾，称为辐射雾。辐射雾一年四季都能发生，但多发生在秋、冬季节。

（3）锋面雾　锋面雾发生的区域多在锢囚气旋中、暖锋线前或靠近冷锋线后，其中以锢囚锋两侧和暖锋前的雾比较突出。暖锋前的雾区宽度一般 50n mile，沿锋线呈带状分布，有时可长达几百海里。锋面雾的雾区随着锋面和降水区的移动而移动。锋面雾对航行船舶的威胁也很大，仅次于平流雾。

（4）蒸汽雾　冷空气流经暖水面时，由于水温高于气温，水面不断蒸发水汽进入低层空气，使贴近水面的低层空气达到饱和而形成的雾，看起来犹如水面冒热汽，故称为蒸汽雾。

2. 我国近海的海雾分布

中国近海是太平洋的多雾区之一。雾区北起渤海南至北部湾，大致呈带状分布于沿海水域，雾区范围具有南窄北宽的特点，南部宽 100～200km，舟山群岛一带约 400km，黄海 6—7 月几乎全部都是雾区。各海区雾的分布简况如下。

（1）渤海　渤海的雾主要出现于春、夏季，秋季是海雾最少的季节。从地区分布来看，渤海海峡和渤海中部地区较多，海峡附近年雾日（一日中任何时间出现雾，不论持续时间长短均计为一个雾日）20～40 天，而辽东湾北部、渤海湾及莱州湾较少。这是因为渤海是我国的内海，暖流不易到达，也不存在水温不连续带，所以雾很少。

（2）黄海　黄海的雾始于 4 月，4—8 月为雾季，6—7 月最盛。除与东海交界处春季雾区连成片外，青岛近海、成山头近海、鸭绿江口至江华湾、西朝鲜湾、大里山岛附近雾也相当多。青岛近海年雾日 50 余天，5—6 月雾频率最高达 12%～15%；成山头附近年雾日超过 80 天，最长连续雾日曾达 29 天，有"雾窟"之称；鸭绿江口到济州岛的朝鲜西部沿海年雾日也有 50 多天，有时与山东南部沿海的雾区连成一片。

（3）东海　东海的雾始于 3 月，3—7 月为雾季，其中浙江沿海至长江口 4—6 月最盛。雾区分布于东海西部和西北部，台湾海峡西部和福建沿海年雾日 20～30 天，24°N 附近的闽浙沿海年雾日超过 50 天，如台山为 82 天，3—5 月雾频率达 8%～10%，浙江沿岸至长江口一带年雾日 50～60 天，舟山群岛附近的嵊泗为 66 天，4—5 月雾频率最高，可达 11%～15%。而台湾海峡东部、澎湖列岛一带年雾日只有 4～5 天，台湾以东洋面受暖流控制，基本无雾。

（4）**南海**　南海的雾出现在 12 月至次年 5 月，2—3 月最多，8—11 月基本无雾，由冬到初夏，雾区逐渐自北部湾向东移至粤东沿海。北部湾为多雾区，琼州海峡及雷州半岛东部雾也较多，北部湾西北部和琼州海峡年雾日 20～30 天，2—3 月雾频率最高可达 4%～8%，4 月雾迅速减少。南海其余海面各月雾频率大多不足 1%，特别是海南岛榆林港南部海面，冬季受暖流影响，极少有雾出现。

从以上的分布简况可以得出我国近海雾的分布有以下特征：南窄北宽，南少北多，南早北晚，从春至夏雾由南向北推进。

二、海面能见度

1. 海面能见度的概念

在海上，正常目力所能见到的最大水平距离，称为海面能见度，以 km 或 n mile 为单位表示。所谓"能见"就是能将目标物的轮廓从天空背景上分辨出来。

2. 海面能见度的等级

航海实践中，通常能见度不用等级，而以能见度恶劣、能见度不良、能见度中等、能见度良好、能见度很好和能见度极好等用语来表示，其航海能见度术语与海面能见度等级的关系如表 13-4 所示。

表 13-4　海面能见度等级表

等级	能见距离		天气报告中能见度术语	可能出现的天气现象
	（n mile）	（km）		
0	<0.03	<0.05		浓雾
1	0.03～0.10	0.05～0.2	能见度恶劣	浓雾或雪暴
2	0.10～0.25	0.2～0.5		大雾或大雪
3	0.25～0.50	0.5～1	能见度不良	雾或中雪
4	0.50～1.00	1～2		轻雾或暴雨
5	1～2	2～4	能见度中等	小雪、大雨、轻雾
6	2～5	4～10		小雪、中雨、轻雾
7	5～11	10～20	能见度良好	小雨、毛毛雨
8	11～27	20～50	能见度很好	无降水
9	≥27	≥50	能见度极好	空气透明

第五节　海流、海浪、海冰

本节要点：海流的分类、中国近海海流分布概况；海浪的分类及其特点、中国近海风与浪分布概况；海冰的分类、浮冰和冰山的漂移规律、中国沿海冰况。

本节主要介绍海流、海浪、海冰等与船舶作业有密切关系的海洋方面的基本知识。

一、海流

海流是海水的普遍运动形式之一，它不仅对海洋水文气象要素的分布以及天气和气候均有显著影响，而且对船舶航行有直接影响（顺流增速、逆流减速、横流使航迹发生漂移）。此外，海流还能带动流冰，海雾的形成与冷暖海流的分布也有密切关系。

1. 海流概述

（1）海流的定义　海流是指海洋中大规模的海水以相对稳定的速度所作的定向流动。流向指海水流去的方向，与风向的表示方法相差 $180°$，可用 8 方位或以度为单位表示；流速的单位一般用 kn（节，海里/小时）或 n mile/d（海里/天）表示。

（2）海流的分类　海流的一般形态为三维运动，可按照不同的分类方法及其不同的特性分为不同的类型。按形成原因分类：海流主要是在风力、压强梯度力、地转偏向力和摩擦力等的作用下形成的，同时还受海底地形、海岸和岛屿等的影响，但归纳起来不外乎两种。第一种是海面上的风力驱动而形成的；第二种是因为海水的温度、盐度变化而形成的。

2. 中国近海的海流分布

渤海、黄海和东海的海流系统主要由黑潮暖流和沿岸流系两个流系组成（图 13-4）。

（1）黑潮暖流　黑潮暖流及它的三个分支（对马暖流、台湾暖流、黄海暖流）给整个中国东部沿海带来了高温、高盐的大洋海水，称为外海流系。主要是黑潮暖流 $130°E$ 以西这部分构成了东中国海海流系的主干。

①对马暖流：黑潮暖流于 $128°E$、$30°N$ 区域转入太平洋的同时，有一分支继续北上，经朝鲜海峡进入日本海，这一分支通常被称为对马暖流。流幅

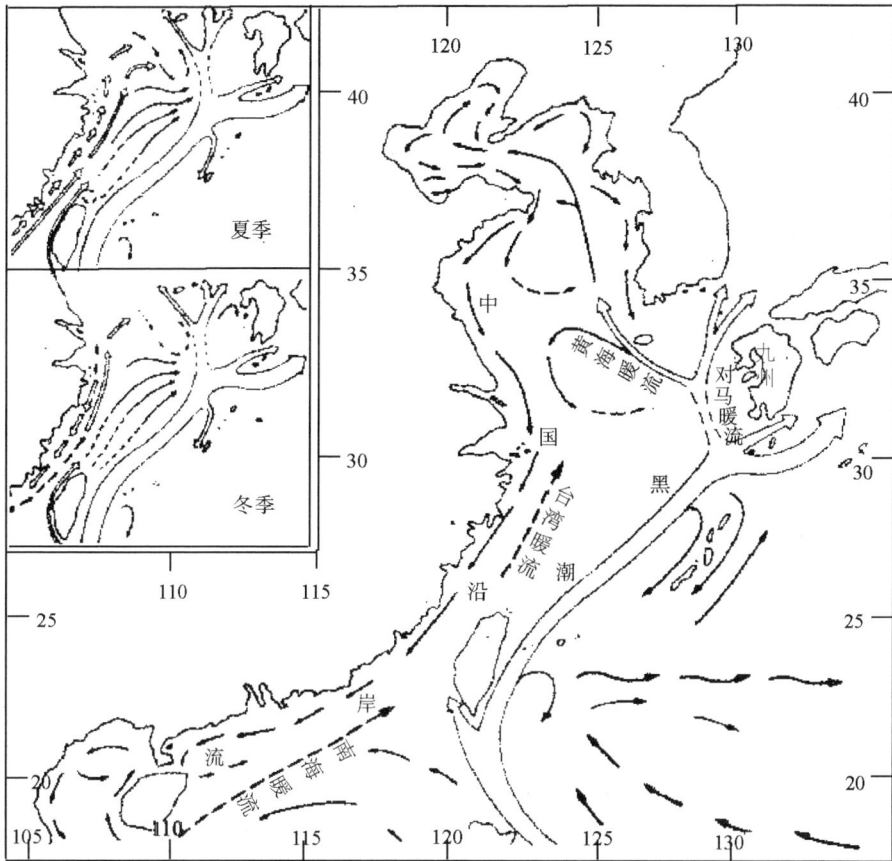

图 13-4　渤海、黄海、东海主要流系

约 40n mile，一般流速约 1kn。对马暖流具有明显的季节变化，最大流速出现在 9 月，约 1.5kn；最小流速出现在 2 月，约 0.4kn。

②黄海暖流：黄海暖流是对马暖流在济州岛南部的一个分支，向西北进入黄海、渤海，沿着黄海槽北上，至 34°N 附近又分为两支：一支向西至苏北沿岸与沿岸流混合随流南下；一支继续北上，在成山头外海进入北黄海，大致沿 120°E 线北上，然后折向西，从渤海海峡北部进入渤海。后一支被称为黄海暖流，它的势力较弱，流速一般达 0.2～0.4kn。

黄海暖流没有黑潮主干那样明显的海流特征，也没有对马暖流那样快的流速。但在温度、盐度分布上，呈现一个明显的高温、高盐的水流，从黄海南部一直延伸至渤海。

③台湾暖流：黑潮在台湾东北部受到地形阻碍，转向东北流动的同时，

有一支继续北上，沿闽浙外海，一般到达 31°N、123°E 的长江口外海。这一黑潮分支被称为台湾暖流，流速随着北上逐渐减弱，流速为 0.5kn，全年流速变化不大，流向也较稳定。

黑潮的闽浙分支在舟山群岛附近与长江口径流和沿岸水交汇，形成明显的锋面。黑潮和上述三个分支给整个东海带来了高温、高盐的水流，因此也把黑潮暖流系统称为外海流系。

(2) 沿岸流系　沿岸流系由我国许多江河入海构成。沿岸河流入海，大陆淡水在沿岸浅水区域与外海水混合后形成一股明显的沿岸流。沿岸流系通常具有低温、低盐的性质，并与外海进入的海流系统构成中国海的海洋环流。中国沿海的沿岸流自北向南主要有辽南沿岸流、辽东沿岸流、渤海沿岸流、苏北沿岸流和闽浙沿岸流等。

沿岸流系在冬季具有明显的寒流性质，在强烈的偏北季风作用下，强度达最强，扩散范围也大，在东海的扩散范围可达 126°E 左右，闽浙沿岸流可经台湾海峡南下到南海；春季，沿岸流由强变弱，并向北收缩；夏季，沿岸流的冷性基本消失，强度最弱。

南海的海流系统（图 13-5）：南海位于热带季风区，夏季盛行西南风，冬季盛行东北风，季风方向与海区长轴一致，有利于稳定流系的发展。南海表面环流的方向和强度随季风变化而变，表现为季风漂流的性质。冬季，南海盛行东北季风，以 12 月至次年 1 月最强，在东北季风的作用下，沿岸流自东北向西南流动，与南海暖流构成南海逆时针方向的环流。夏季，南海盛行西南季风，以 6—8 月最强，在西南季风的作用下，南海暖流与沿岸流汇合，自西南向东北流动。10 月和 4 月为季风转换月份，风向不定，海流处于转换之中，比较凌乱。不论冬季或夏季，南海西部的海流均比东部的强，强流区在越南近海。

二、海浪

海洋波浪是制约船舶运动的首要因素。实际航速主要受制于浪高和浪向，因此大风浪中航行会造成舵效降低、航速下降。另外，当船舶摇摆周期与波浪周期相同时，会发生共振现象，有导致船舶倾覆的危险等。

1. 波浪概述

(1) 波浪要素　海浪是发生在海洋中的周期性的波动现象，又称波浪。波浪最主要的特征就是水面的周期性起伏。

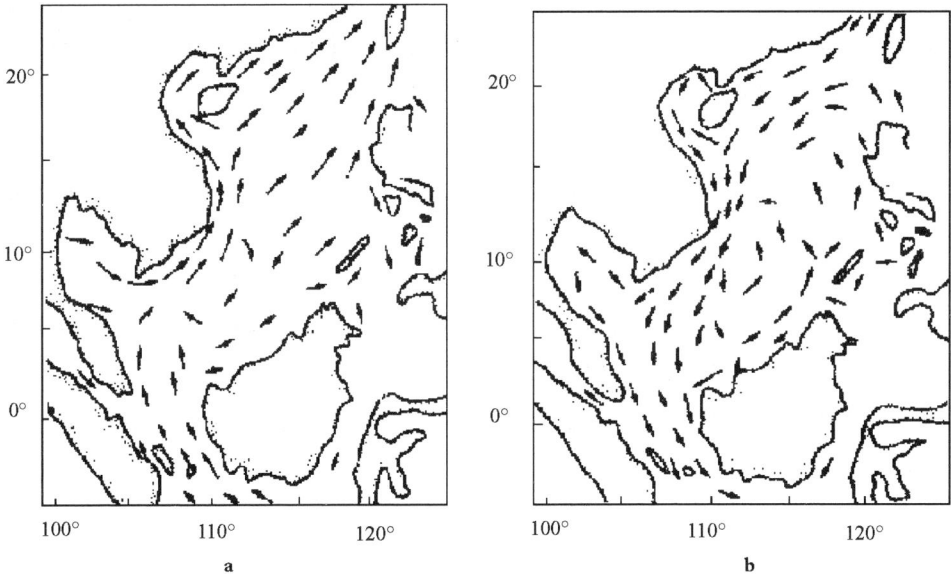

图 13-5　南海表层环流

a. 夏季　b. 冬季

（2）波浪分类　海洋中具有周期不等的各种不同频率的波。按波浪成因和周期（或频率）划分为以下 5 种。

①风浪、涌浪、近岸浪：由风直接作用所引起的水面波动被称为风浪。涌浪指海面上由其他海区传来的以及当地风力迅速减小、平息或风向改变后海面上遗留下来的波动。俗语所言"无风不起浪"是指风浪，而"无风三尺浪"则指涌浪。习惯上将风浪、涌浪以及由它们形成的近岸浪统称为海浪。

②风暴潮：由于气象原因，如台风、风暴等引起的海面异常升高现象称为风暴潮，也称风暴海啸。风暴潮形成的主要原因是海面大气压强不均匀和海面大风现象，据相关统计，气压每下降 1hPa，水位可上升 1cm。当风暴潮波峰与天文潮的高潮重合会使潮位异常升高，叠加在潮水之上的狂风巨浪冲击海堤江堤，吞噬码头、工厂、城市和乡村，使物资不能得到及时转移，人畜逃生困难，从而酿成巨大灾难；而当风暴潮波谷与某地天文潮低潮相重合时，就会严重影响船舶航行，甚至使巨轮搁浅。风暴潮甚至会使潮时推后或提前。尽管风暴潮不常发生，但危害极大。

我国风暴潮多发区有莱州湾、渤海湾、长江口至闽江口、汕头至珠江口、雷州湾和海南岛东北角一带，其中莱州湾、汕头至珠江口是多发区，其影响非常严重。

③海啸：由于海底或海岸附近发生的地震或火山爆发所形成的波动，称为海啸。周期通常为 15～60min。日本是海啸发生最多的国家，我国沿海从北至南均有海啸发生，但我国尤其是大陆沿海，并不是海啸灾害严重的地区。

④潮汐波：由于天体引潮力作用所产生的波动叫潮汐波，周期通常为12h，24h 的半日潮和日潮。

⑤内波：不同密度的水层界面处而产生的波动叫内波。

(3) 海浪预警　海浪预警级别分为Ⅰ，Ⅱ，Ⅲ，Ⅳ四级警报，分别代表特别严重、严重、较重、一般，颜色依次为红色、橙色、黄色和蓝色。

①海浪Ⅰ级（红色）警报：预计未来受影响沿岸海域出现达到或超过国际波级表7级狂浪（有效波高6.0～8.9m）时，或者130°E以西海区出现达到或超过国际波级表9级怒涛（有效波高大于14m）时，至少提前12h发布海浪Ⅰ级（红色）警报。

②海浪Ⅱ级（橙色）警报：预计未来受影响沿岸海域出现达到或超过国际波级表6级巨浪（有效波高4.0～5.9m）时，或者130°E以西海区出现达到或超过国际波级表8级狂涛（有效波高9.0～13.9m）时，至少提前12h发布海浪Ⅱ级（橙色）警报。

③海浪Ⅲ级（黄色）警报：预计未来受影响沿岸海域出现达到或超过国际波级表5级大浪（有效波高2.5～3.9m）时，或者130°E以西海区出现达到或超过国际波级表7级狂涛（有效波高6.0～8.9m）时，至少提前12h发布海浪Ⅲ级（黄色）警报。

④海浪Ⅳ级（蓝色）预报：参照世界气象组织（WMO）规定，无论预报海区有无大浪出现，每天都要按时发布24h，48h，72h 海浪预报。

预计中国沿岸海域将出现大浪过程时，有关部门应在发布海浪橙色以上警报前24h发布海浪消息。

2. 风浪、涌浪、近岸浪

(1) 风浪　风浪是指由于风的直接作用产生的，且一直处在风的作用之下的海面波动状态；风浪的特征往往是波峰尖削，背风面比迎风面陡，波向与风向一致，在海面上的分布很不规律，波峰线短，周期小，当风大时常常出现破碎现象，形成浪花。

(2) 涌浪　涌浪指海面上由其他海区传来的以及当地风力迅速减小、平息或风向改变后海面上遗留下来的波动。涌浪的波面比较平坦、光滑，波峰线长，周期、波长都比较大，波向与风向常不一致。"风停浪不息，无风三尺浪"即是涌浪的写照。涌浪在传播过程中的显著特点是波高逐渐降低，波长、周期逐渐变大，从而波速变快。所以随着传播距离的增加，波长较长、周期较大的波越来越显著。因此，涌浪又被称为长浪。由于波长越长的浪传播速度越快，它往往比海上风暴系统移动快得多，常作为风暴来临前的先兆。

（3）近岸浪　当波浪传至浅水及近岸时，由于水深及地形、岸形的变化，无论其波高、波长、波速及传播方向等都会产生一系列的变化，诸如波向的折射，波高增大从而能量集中，波形卷倒、破碎和反射、绕射等，这种变形的浪称为近岸浪（图13-6）。

图 13-6　近岸浪

3. 中国近海风、浪分布概况

（1）中国近海风的分布　我国位于世界最大的大陆——亚欧大陆的东南部，濒临世界最大的海洋——太平洋，海陆分布对我国气候的影响强烈，使我国的气候具有明显的季风气候特点。每年9月至次年4月间，干冷的冬季季风从西伯利亚和蒙古高原南下，向南方逐渐减弱，造成我国冬季寒冷干燥、南北温差大的特点，盛行西北-东北季风，风向较稳定，风力较强。每年4—9月，由于受热带海洋气团的影响，普遍高温多雨，盛行西南-东南季风，风力较弱，风向也不如冬季季风稳定。我国海域辽阔，南北相差将近40个纬度，所以各海区的气候特点也不尽相同，渤海、黄海北部冬长夏短，黄海中、南部和东海北部四季分明，东海南部和南海北部夏长冬短，南海中、南部长夏无冬。我国近海风的分布概况如下。

①风向：冬季，我国海区盛行偏北风，风力较强，自北向南风向有由西北向东北顺转的趋势，黄海多西北风和北风，东海主要是偏北风和东北风，南海多东北风。东海盛行风频率最高，南海次之，黄海、渤海最低。夏季，我国沿海盛行偏南风，风力不如冬季风力强。渤海、黄海及东海北部为东南

季风，东海南部及南海为西南季风。春秋季为季风过渡时期，盛行风不稳定，风向较乱。一般说来，由夏季风转为冬季风要比由冬季风转为夏季风来得快。

②平均风力：秋末和冬季风力较大，达到全年最大值，南海沿岸平时一般风力较小。春季是渤海、黄海湾区平均风力最大的季节，东海北部风力也较大，但次于冬季。夏季，沿海盛行风的风力比冬季的小得多。在此季节内，热带气旋在中国沿海尤其在东海和南海北部活动频繁，热带气旋侵袭时风力很强。另外，年平均大风（风力＞8级）日数，东海沿岸最多，黄海、渤海沿岸次之，南海沿岸最少。此外，台湾海峡大风较多。

（2）中国近海浪的分布　中国近海的海浪主要受季风制约。从总的情况看，冬季山东半岛成山头附近、朝鲜济州岛以南海域、日本琉球岛西侧的海域、台湾海峡及台湾以东的近海海面，均属大浪区。

春季，由于气旋和反气旋活动频繁，风向不稳定，浪向也多变，盛行浪向不明显。就平均而言，南海多东北浪，平均波高1.0～1.5m，大浪频率10％～20％；黄海、渤海和东海浪向多变，相对多南浪、西南浪、东南浪和东浪，平均波高0.8～1.8m，东海大浪频率可达10％～20％。

夏季，受东南季风和西南季风的影响，以偏南向浪为主。黄海、渤海和东海主要多东南浪和南浪，平均波高1.0～1.4m，黄海、渤海大浪频率≤3％，东海大浪频率5％～10％；南海主要多西南浪和南浪，平均波高1.0～1.5m，大浪频率5％。夏季风浪较小，但是在有热带气旋活动时，可造成巨浪和强的涌浪。

秋季，浪向多变，渤海主要多西北浪和北浪，平均波高1.1～1.4m，大浪频率6％～8％；黄海和东海多北浪和东北浪，黄海平均波高1.0～1.5m，大浪频率6％～10％；东海平均波高1.3～2.2m，大浪频率20％～35％；南海主要多东北浪和东浪，平均波高1.2～2.0m，大浪频率10％～25％。

冬季，长江口以北海域盛行偏北季风；渤海和黄海多西北浪和北向浪，平均波高1.0～1.5m，最大波高可达7.0～7.5m，大浪频率5％～15％；东海和南海盛行东北季风，以东北浪居多。东海主要多北浪和东北浪，平均波高1.5～2.3m，最大波高可达7.5～8.0m，大浪频率20％～40％，南海主要多东北浪，平均波高1.5～2.5m，最大波高可达7.5～8.0m，大浪频率15％～30％。台湾海峡东北浪占优势，频率高达62％，最大波高可达9.5m。在寒潮大风的影响下，渤海海峡北向浪最大波高达8.0m，山东半岛东部成山头一带最大波高 6.4m，山东半岛南部沿海一般大浪较少，苏北和浙闽沿海的最大波高在 2.9～4.1m，台湾海峡最大波高达 9.5m，广东沿海最大波高在 3.3m 以下，西沙群岛附近最大波高为 4.4m，南沙群岛附近最大波高可达 9.5m。

就海区角度而言，东海和南海水域辽阔，风向稳定，有利于风浪的充分成长，风浪较大；黄海和渤海海浪的成长受到区域的限制，风浪较小。

三、海冰

海冰能封锁航道和港口，破坏港口设施；流冰能切割、挟持或碰撞船只。因此，冬季在高纬度海域航行或在有海冰经常活动的海域航行时，必须考虑海冰对船舶航行安全的影响。

广义的海冰是指海洋中各种冰的总称，它包括海水本身结冰和由大陆冰川、江河流入海洋中的陆源冰。

1. 海冰简介

(1) **海冰的形成**　由于海水中含有大里的溶解盐类，所以海水的结冰过程、结冰速度和海冰的物理性质都与纯水冰不同。

海水的结冰，主要是纯水的冻结，会将盐分大部排出冰外。

(2) **海冰的分类**

①按冰的运动状态可分为固定冰和流冰。固定冰是指附着于海岸、海底、河岸、河底而不流动的冰，其宽度可从海岸向外延伸几米至数百米，但一般终止于 25m 等深线处。流冰又称流冰群，它由各种形状各种大小的冰块组成，随风、流漂移。

②按冰的生成源地可分为海冰、河冰和陆冰。

③冰山是从冰川分离下来的、高出海面 5m 以上的各种形状的巨大冰块，属陆冰范畴。

(3) **船舶临近冰区的征兆**

①海水温度急剧降低时，表明前方可能有海冰存在，但要排除是强寒流的影响。

②出现小块浮冰，有时可听到冰块互相撞击的响声。

③在流冰的边缘处经常出现浓雾屏带。

④望见远处海面反射出的光芒，可断定该方向必有海冰存在。

⑤在大风浪中航行，突然波浪减弱，或突然海面变得平静，表明其上风

处有冰区存在。

⑥听到海浪在冰中的冲击声或海冰因风浪挤压发出碎裂的声音，或冰山的融碎声、倒塌声。

（4）**浮冰和冰山的漂移规律**　影响海冰漂移的主要因素是风和流，冰的漂移运动是风和流引起的漂移运动的合运动。

2. 中国沿海冰况

我国渤海及黄海北部，冬季受强冷空气侵袭，有不同程度的结冰现象。11月中下旬至次年3月上旬为结冰期，其中1—2月冰情较严重，是所谓的盛冰期。就地区而言，辽东湾的冰期最长，冰情也最严重，其次是渤海湾，第三是莱州湾。1—2月冰情较严重期间，渤海和黄海北部沿岸固定冰一般在距岸1km范围内，某些浅水区固定冰宽度可达5～15km。冰的厚度，北部多为20～40cm，最大60cm左右；南部多在10～30cm，最大约40cm。除固定冰外，还有大量的浮冰，浮冰一般在距岸20～40km范围内。浮冰随风、流漂移，它们的大小不一，且有堆积现象。

3. 船体积冰

当气温较低、海上风较强时，波浪的飞沫在空中变成过冷水滴，一旦碰到船体便发生凝结，形成船体积冰。船体积冰又称重冰集结或甲板冰，能压断天线，阻隔通信，严重时可使船舶重心上升，甚至失去平衡而突然倾覆。

思考题

1. 简述大气成分及对流层的主要特征。
2. 简述海平面气压场的基本形式。
3. 简述地形对风的影响。
4. 简述湿度的定义和表示方法。
5. 简述云的分类及特征。
6. 降水定义及降水性质。
7. 简述雾的种类、成因、特点及我国近海雾的分布。
8. 简述流的成因及我国近海流的分布概况。
9. 简述风浪、涌浪、近岸浪成因及我国近海风、浪的分布概况。
10. 简述船舶临近冰区的征兆及中国沿海冰况。

第十四章 天气系统及其天气特征

天气是某一区域时间内气象要素（温度、气压、湿度、风、云等）的综合表征，也是大气状态（冷暖、风雨、干湿、阴晴等）及其变化的总称。天气系统是指具有一定温度、气压或风等气象要素空间结构特征的大气运动系统。如以气压分布为特征分为高气压、低气压、高压脊、低压槽等；如以风的分布为特征分为气旋、反气旋等；如以气温分布为特征分为气团和锋等；如以某些天气现象为特征分为雷暴、热带云团等。各种天气系统都具有一定的空间尺度和时间尺度。

天气系统依据各自的生消条件和能量来源总是处在不断新生、发展和消亡过程中，在不同发展阶段有其对应的天气特征分布。因此，一个地区的天气和天气变化取决于控制该地区的天气系统及其发展演变过程，也是大气的动力过程和热力过程的综合结果。在天气预报中，通过对于各种天气系统的预报，可以大致预报未来一段时间内的天气变化。

第一节 气团和锋

本节要点：气团的分类与特征、影响我国的气团；锋的空间结构、分类及一般性质，暖锋天气，冷锋天气，静止锋天气；气旋的分类及其天气特征；锋面气旋的天气结构和活动规律，影响中国海域的锋面气旋。

地球上的天气现象和天气变化是由大气的物理属性和运动过程所决定的，而大气的物理属性是大气在运动过程中同地理环境不断作用形成的。地球表面十分辽阔，地表性质错综复杂，在地表运动着的大气具有多种多样的物理属性。但从全球来看，在一定范围内存在着水平方向上物理属性相对均匀的大块空气和物理属性很不均匀的狭窄空气带，前者称为气团，后者称为锋，本节主要讨论气团和锋的相关知识。

一、气团

1. 气团的概念

一般来说，由于纬度、下垫面、地形及植被、土壤含水量等因素的不同，地球表面的大气物理属性（温度、湿度与稳定度等）在水平方向上和垂直方向上有一定差异，即大气物理属性是不均匀的，这也是对流层的一个重要特点。但就局部区域而言，在水平方向上仍然存在着物理属性比较均匀、垂直方向变化比较一致的一大块空气，这样的空气块称为气团。气团的水平范围一般可达几百到几千千米，垂直范围可达几千米到十几千米，常可发展到对流层顶，其内天气特点也大致相同。

2. 气团的形成

气团形成需要两个条件：一是范围广阔、地表性质比较均匀的下垫面；二是要有适当的大气环流条件。

3. 气团的变性

气团形成后，随着环流条件的变化，由源地移动到另一地区时，由于下垫面性质以及物理过程的改变，气团的属性也随之发生相应的变化，这种气团原有物理属性的改变过程被称为气团变性。一般来说，冷气团移向暖区时容易变暖，而暖气团移向冷区时则不易变冷。

气团总是随着大气的运动而不停地移动着，停滞或缓行的状态只是暂时的、相对的，而气团的变性是绝对的，气团的形成只是不断变性过程中的一个相对稳定阶段。日常天气预报所说的"冷空气""暖空气"大多是已经离开源地而且有着不同程度变性的气团。

4. 气团的分类与特征

按照气团的不同物理属性或气团所在源地的地理位置差异，有热力分类法和地理分类法两种。

（1）按气团的热力分类　热力分类法是根据气团温度与其所经过的下垫面之间的温度对比而将气团分为冷气团和暖气团。凡是气团温度高于流经地区下垫面温度的气团都称为暖气团；相反，将气团温度低于流经区域下垫面温度的称为冷气团。冷暖气团还可以根据相邻气团之间的温度对比来划分，温度较高的气团称为暖气团，温度较低的气团称为冷气团。

①暖气团：暖气团使所经之地变暖，而本身逐渐冷却，气温直减率减小，气层趋于稳定，有时形成逆温层或等温层，不利于对流的发展。如果暖

气团中水汽含量较多，常形成很低的层云、层积云，并下毛毛雨、小雨或小雪。有时，因为底层空气迅速冷却，还会形成平流雾。所以暖气团中能见度通常比较差。特别是冬季，从海洋移入中国渤海、黄海和东海的暖气团，就是能引起这种天气的典型气团。如果暖气团中的水汽含量较少，天气就好一些，一般是少云或无云天气。

②冷气团：冷气团使所经之地变冷，而本身逐渐变暖。由于气团底层迅速增温，气温直减率增大，层结稳定度减小，对流容易发展，因此冷气团具有不稳定的天气特点。夏季，如果冷气团中水汽含量多，常形成积雨云或积云，甚至出现阵性大风、阵性降水或者雷暴天气。冬季，通常冷气团中水汽含量很少，此时只出现少量淡积云甚至碧空无云。冷气团中气温、风等气象要素一般有明显的日变化，低层能见度一般较好。

（2）地理分类　根据气团源地的地理位置和下垫面性质进行的分类称为地理分类。根据地理分类原则，通常将气团分为四类：冰洋气团、极地气团、热带气团和赤道气团。其中，前三类气团又可分为大陆性气团和海洋性气团两种。赤道地区只在海洋上才具有可以形成气团的条件，因此只有赤道海洋气团。

5. 影响我国的气团

我国大部分地区地处西风带，气流活动频繁，因此一般不是气团源地。活动在我国境内的气团，大多是从其他地区移来的变性气团，其中最主要的是变性极地大陆气团和变性热带海洋气团。冬季主要受来自西伯利亚和蒙古的变性极地大陆气团的影响，它所控制的地区天气干燥、晴朗、低温、多偏北风。此外，来自北太平洋副热带地区的热带海洋气团可以影响到华南、华东和云南等地。夏季，东部沿海主要受变性的热带海洋气团影响；西伯利亚气团在我国长城以北和西北地区活动频繁。以上两种气团的交汇，是我国盛夏南北方区域性降水的主要原因。春季，西伯利亚气团和热带海洋气团两者势力相当，互有进退，因此是锋系及气旋活动最盛的时期。秋季，变性的西伯利亚气团占主导地位，热带海洋气团退居东南海上，我国东部地区在单一的气团控制下，出现全年最宜人的天气。

二、锋

1. 锋的定义和空间结构

锋是两个性质不同的气团相遇时两者之间形成的狭窄而又倾斜的过渡

带。锋两侧的气象要素（温度、湿度、风等）有很大的差异，当锋通过时，天气将发生剧烈变化。锋具有一定的宽度并在空间内呈倾斜状态，其下方为冷气团，上方为暖气团（图14-1）。

2. 锋的分类

根据锋两侧冷、暖气团强度、移动方向和结构状况，一般把锋划分为冷锋、暖锋、准静止锋和锢囚锋4种类型。

锋面在移动过程中，冷气团起主导作用，冷气团推动暖气团向暖气团一侧移动，这类锋称为冷锋，如图14-2a所示。锋面在移动过程中，暖气团起主导

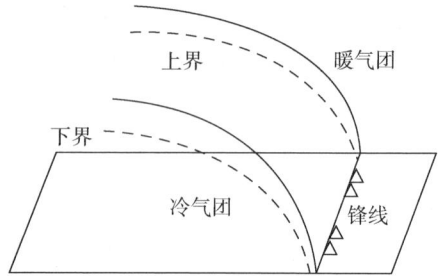

图14-1 锋的模型

作用，推动冷气团向冷气团一侧移动，这类锋称为暖锋，如图14-2b所示。当冷、暖气团的势力相当时，锋的移动十分缓慢或相对静止，这种锋称为静止锋或准静止锋，如图14-2c所示。

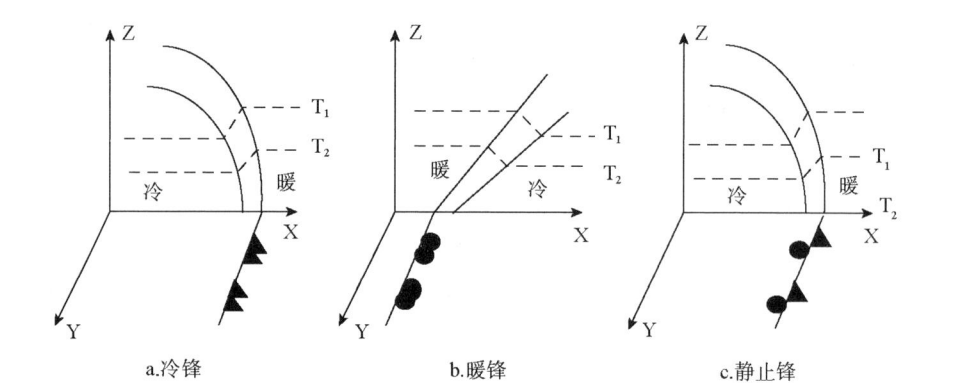

a.冷锋　　　　　　b.暖锋　　　　　　c.静止锋

图14-2 锋的分类

3. 锋的一般性质

（1）锋附近的温度场　锋两侧间的水平温度梯度比气团内的温度梯度大得多。气团内部的气温水平分布比较均匀，通常在100km内的气温差为1～2℃。而在锋两侧间，水平方向上的温度差异非常明显，在100km的水平距离内温差可达10℃左右。

（2）锋附近的气压场　锋附近区域气压的分布不均匀，如图14-3所示（L表示低压；H表示高压；箭头表示风向；三角表示冷锋；圆球表示暖锋；三角和圆球表示锢囚锋）。

（3）锋附近的风场　锋附近的风场是同气压场相适应的。在锋线两侧的风场具有明显的气旋性切变，即我国沿海风向呈逆时针方向旋转，如图14-3所示。

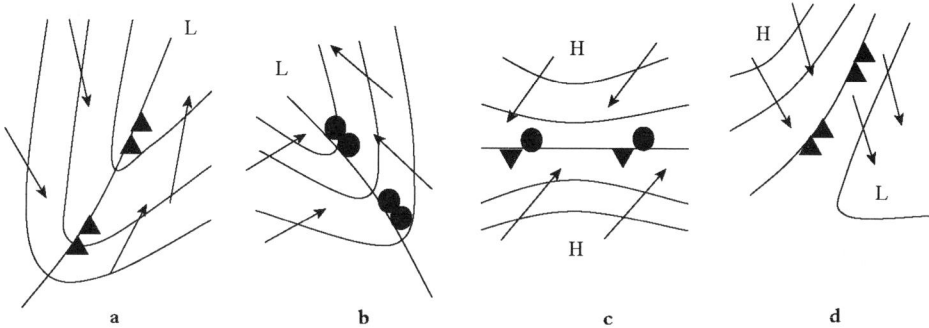

图14-3　北半球地面锋线附近常见几种气压场与风场配置形式

a. 冷锋　b. 暖锋　c. 静止锋　d. 冷锋

4. 锋面天气模式

锋面天气模式主要指锋附近的云系、降水、风、能见度等气象要素的分布和演变的一般特征。以下主要介绍几种典型锋面天气模式。

（1）暖锋天气　暖锋的坡度较小。暖锋中暖气团在推挤冷气团过程中缓慢沿锋面向上滑行，滑行过程中冷却，当暖气团升到凝结高度后在锋面上产生云系。如果条件适合，锋上常常出现广阔的、系统的层状云系（图14-4）。

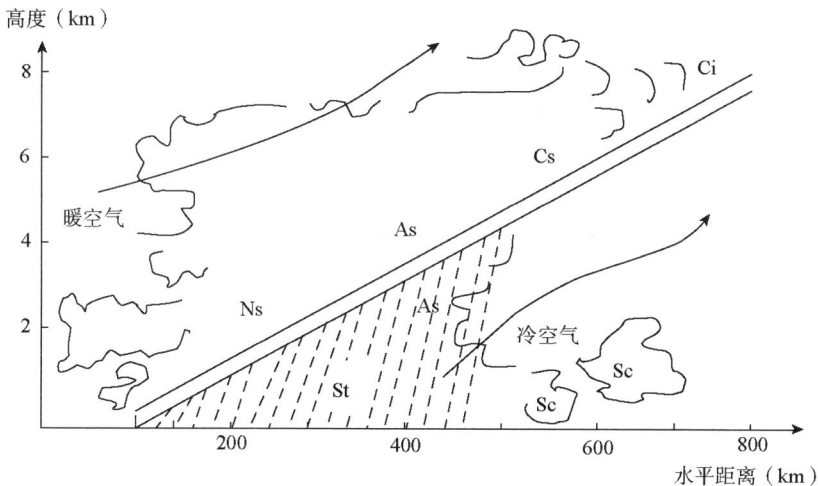

图14-4　暖锋天气模式

典型云序有：卷云（Ci）、卷层云（Cs）、高层云（As）、雨层云（Ns）。云层的厚度视暖空气上升的高度而异，一般可达几千米。暖锋降水主要发生在雨层云内，多是连续性降水。降水范围随锋面坡度大小而有变化，一般为300～400km。

暖锋下面的冷气团中，由于空气比较潮湿，在气流作用下常产生层积云和积云。如果锋上暖空气中降下的雨滴在冷气团中蒸发，使冷气团中水汽含量增多并达饱和时，冷气团可能会产生碎积云和碎层云。如果饱和凝结现象出现在锋线附近的地面层时，将形成锋面雾。

夏季暖空气不稳定时，可能出现积雨云、雷雨等阵性天气。春季暖气团中水汽含量较少时，可能仅仅出现一些高云，很少有降水。

在我国，明显的暖锋出现得较少，大多伴随着气旋出现。春、秋季暖锋一般出现在江淮流域和东北地区，夏季多出现在黄河流域。

（2）冷锋天气　冷锋根据移动速度的快慢分为两种类型：第一型冷锋和第二型冷锋。

第一型冷锋（缓行冷锋）移动缓慢，锋面坡度较小，其天气模式如图14-5所示。当暖气团比较稳定、水汽比较充沛时，产生与暖锋相似的层状云系，只是云系的分布序列与暖锋相反，而且云系和雨区主要位于地面锋后。由于第一型冷锋锋面坡度大于暖锋，因而云区和雨区都比暖锋的窄些，且多稳定性降水。但当锋前暖气团不稳定时，在地面锋线附近也常出现积雨云和雷阵雨天气。第一型冷锋是影响中国天气的重要天气系统之一，一般由西北向东南移动。

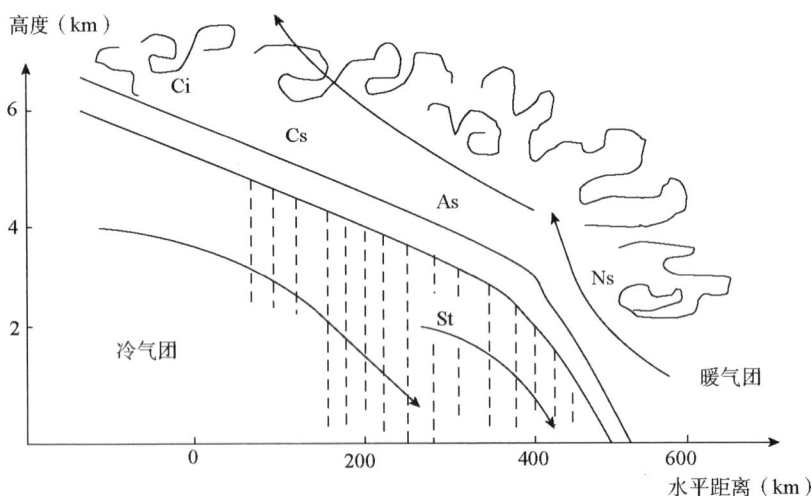

图14-5　第一型冷锋天气模式

第二型冷锋（急行冷锋）移动快、坡度大，其天气模式如图 14-6 所示。冷锋后的冷气团势力强，移速快，猛烈地冲击着暖空气，使暖空气急速上升，形成范围较窄、沿锋线排列很长的积状云带，产生对流性降水天气。第二型冷锋在我国较少出现，春季会在长江流域和黄河流域时有出现。

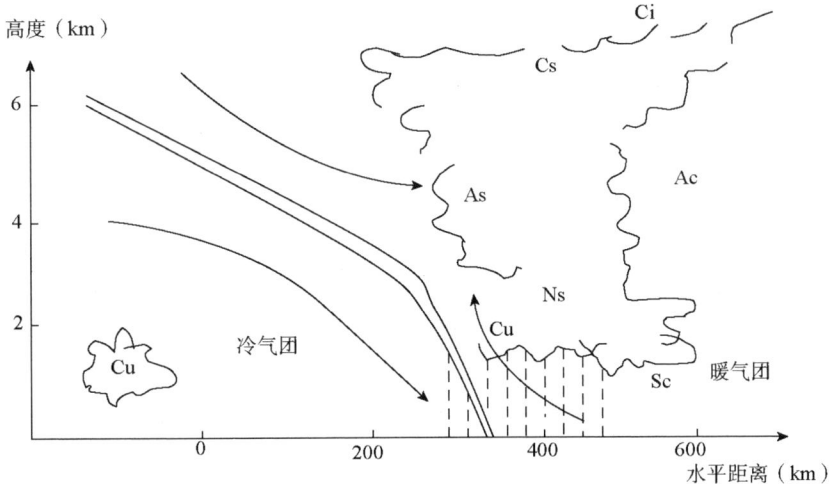

图 14-6　第二型冷锋天气模式

（3）**静止锋天气**　准静止锋天气同一型冷锋天气类似，只是坡度比冷锋更小，沿锋面上滑的暖空气可以伸展到距锋线很远的地方，所以云区和降水区比冷锋的更为宽广，降水强度比较小，但持续时间长，可以造成连阴雨天气。唐代杜甫的"清明时节雨纷纷"就是我国江南地区这种天气的真实写照。

三、锋面气旋

锋面气旋是锋面与中高纬气旋结合在一起的天气系统，主要活动在中、高纬度，多见于温带地区。锋面气旋可导致强的降水、雷暴和大风天气，是影响中高纬大洋航行的重要的海上风暴系统。

1. 气旋概述

（1）**气旋的概念**　在北半球逆时针方向旋转、在南半球顺时针方向旋转的大型水平空气涡旋被称为气旋（cyclone）。从气压场的角度而言，在同一高度上，气旋中心的气压比周围的低，故气旋也可称为低气压（简称低压）。因此，气旋和低压是同一个天气系统分别在流场和气压场上的名称，除赤道和低纬地区外，在天气分析和预报工作中，两者基本可以通用。

（2）气旋的强度和范围　气旋的强度可用中心气压值来表示。中心气压值越低，最大风速越大，气旋越强；反之则弱。当气旋的中心气压值随时间变化降低时，被称为气旋发展或加深；当气旋中心气压值随时间变化升高时，则被称为气旋减弱或填塞。海面气旋中心气压随季节而异，一般在 970～1 010hPa 之间，发展强大的气旋，可能低至 920hPa 以下。气旋强度越大，风速越强，在强的气旋中，海面最大风速可超过 30m/s。

气旋的水平范围以最外围一条闭合等压线的直径长度表示。不同类型气旋的水平范围相差较大。平均直径一般在 1 000km 左右，大的可达 3 000km，小的只有 200km 或更小。

（3）气旋的分类　根据气旋形成和活动的主要地理区域，可将气旋分为温带气旋和热带气旋两大类；按其热力结构的不同，可将气旋分为锋面气旋和无锋面气旋两大类。不同类型的气旋在一定条件下可以互相转化。

（4）气旋的一般天气特征　在近地面和低层大气中，由于地面摩擦力的影响，风向斜穿等压线。在北半球气旋中，风逆时针旋转，向中心辐合；在南半球气旋中，风顺时针旋转，向中心辐合。水平气流向气旋中心辐合后，必然产生上升运动，上升气流到达高空后，又向四周水平辐散。通常一个气旋影响某一个地区时，易出现阴雨大风天气，风速气旋中心附近风速最大，风速向外逐渐减小。

2. 锋面气旋概述

（1）锋面气旋的基本特征　锋面与地面气旋结合在一起的天气系统，被称为锋面气旋（frontal cyclone）。这种天气系统多产生和活动于温带地区，因此又被称为温带气旋。锋面气旋的范围大、风区长，可在海上形成巨浪以及大风、降水、雷暴等危险天气，在冬季有时也能引起低压后部的冷空气南下，形成寒潮天气，严重威胁我国沿海地区的船舶航行和渔业生产，是我国沿海的灾害性天气系统。

（2）锋面气旋的生命史　锋面气旋的演变过程，大致可分为初生阶段、发展阶段、锢囚阶段和消亡阶段。锋面气旋的生命期一般是 5 天左右。

（3）锋面气旋的爆发性发展　在中纬度海洋上常发生一种急速发展的气旋，其成因主要为冷空气移到暖洋面上，会产生很强的水汽和热量交换，使得气旋获得能量而爆发性发展，气旋中心气压在 24h 内可以下降 24hPa 以上，引起海上强风，风速可达 20～30m/s，严重威胁船舶海上作业安全。当

24h内气旋加深率至少每小时 1hPa 时，称为气旋的爆发性发展，这种气旋称为爆发性气旋。在我国沿海区域，这类气旋最多发生在 30°N～45°N 之间的冬季风活动区。其发生数有明显的季节性变化，多发生在冬半年，以 1 月最频繁。

3. 锋面气旋的天气结构和活动规律

（1）锋面气旋的天气模式　锋面气旋的天气不仅取决于气旋温压场结构，还与气团的稳定度、水汽条件、高空环流形势以及气旋发展阶段等因素有关，随地区、季节不同而不同。锋面气旋的天气特征是比较复杂的，而且气旋处在不同的发展阶段，天气现象也不同；但从发展成熟的锋面气旋的温压场、流场和天气现象来看，又具有一些共同特征。

下面以北半球某船分别沿 AB 线从锋面气旋以南（低纬度一侧）驶过和沿 CD 线从锋面气旋以北（高纬度一侧）驶过时的天气变化特征为例来介绍锋面气旋的天气模式（图 14-7）。

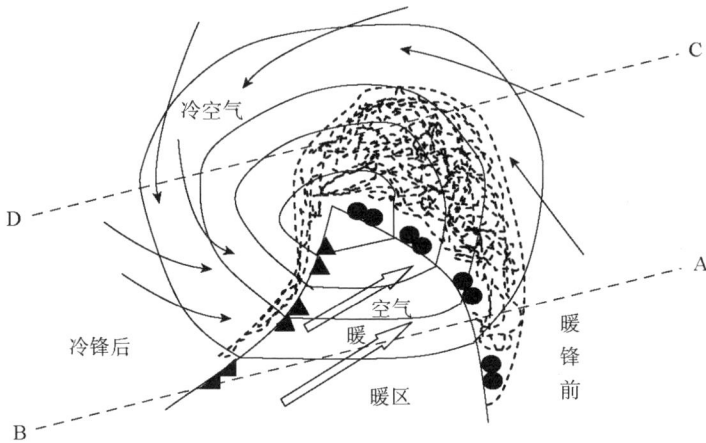

图 14-7　北半球锋面气旋天气模式

①船舶沿 AB 线从锋面气旋以南（低纬度一侧）驶过时的天气变化：

a. 锋面前部（东部）：锋面气旋前部为暖锋云系和降水。云系向前伸展很远，特别是靠近气旋中心区域，云的边缘离中心可达 1 500km 左右。最前面的是卷云（Ci），顺次为卷层云（Cs）、高层云（As）、雨层云（Ns）。降水位于地面暖锋前 200～400km 范围内，同样以靠近气旋中心部分为最宽，一般为连续性降水。若空气不稳定时，还会出现积雨云、降性大风和雷阵雨。随着暖锋的接近，气压明显降低，风速有所增大，有时还会出现 6 级或更强的大风。在北半球，暖锋前多吹 E-SE 风。此外，在锋前 50～100n mile 范围内常有锋面雾。

b. 气旋暖区（暖锋后，冷锋前）：进入暖区后，气压基本停止下降。风向多转为 S-SW。其天气特征主要取决于暖气团的性质。如果暖气团比较潮湿，靠近中心的地方会有层云（St）、层积云（Sc），有时可出现大片平流雾或毛毛雨，离中心较远的地方通常是少云。如果暖气团比较干燥，至多有一层薄的云出现。

c. 冷锋后部（西部）：冷锋过后，风向多转为 N-NW，风力一般迅速增大，在海上常可达 7～8 级，有时甚至超过 11 级。气压迅速回升，具有冷锋的云系和降水。如果第一型冷锋，天气一般为层状云、连续性降水和锋面雾。如果是第二型冷锋，则天气多为积状云、阵性大风和雷阵雨。当船舶远离冷锋后，天气转晴，风力逐渐减小。

②船舶沿 CD 线从锋面气旋以北（高纬度一侧）驶过时的天气变化：船舶沿 CD 线从锋面气旋中心以北（高纬度一侧）通过时，则遇到的是锋面附近冷气团里的天气。靠近气旋中心时，有很厚的云层和较强的降水，云依次为卷云（Ci）、卷层云（Cs）、高层云（As）、雨层云（Ns）。在北半球观测到的风向随时间变化逆时针方向变化，依次为：SE-E-NE-N-NW。

因此，在我国沿海，船舶可以通过观测风和云系的变化，判断船舶从锋面气旋的哪一侧通过。当测得风向随时间做顺时针变化时，船舶通过气旋中心低纬一侧；当测得风向随时间做逆时针变化时，船舶通过气旋中心高纬一侧。当出现云系依次为 Ci-Cs-As-Ns-As 时，船舶通过气旋中心高纬一侧；当出现云系依次为 Ci-Cs-As-Ns-St-Cb 时，船舶通过气旋中心低纬一侧。

（2）锋面气旋的风浪分布特征　对西北太平洋冬季海面上的气旋研究表明，气旋中的风浪分布并不是中心对称的，气旋南侧的强风、大浪大于北侧，最大的强风中心和大浪中心出现在气旋中心西南偏南方向。低气压中心西南侧的风浪最为强烈，3m 以上的狂浪中心位于低压中心南南西方向 300～600n mile 处，出现波高 7m 的狂浪中心（图 14-8）。因此，船舶航行时应尽量避开这一部位。

4. 影响中国海域的锋面气旋

就中国近海而言，20°N 以北的海区，全年均可受到温带气旋的影响。中国近海气旋的统计结果表明：3—5 月气旋活动最多，为全年的最盛季节；

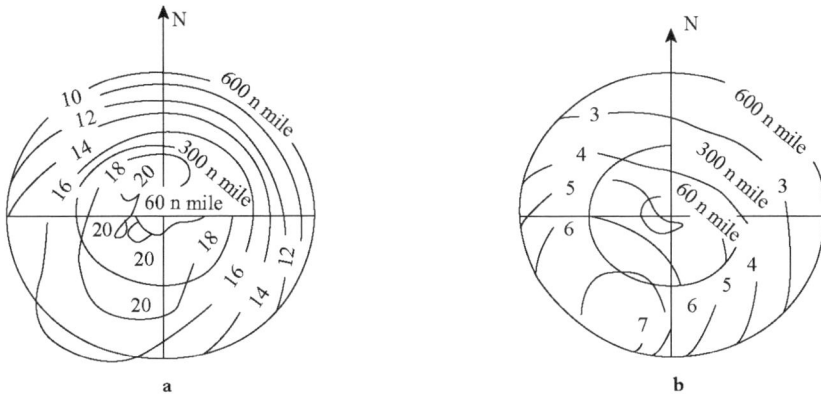

图14-8　典型锋面气旋的风、浪分布

a. 风速分布（m/s）　　b. 浪高分布（m）

1月和12月为全年气旋活动最少的月份。就全年来说，影响中国近海的温带气旋，主要从中国长江中下游到日本南部海上。下面分别介绍影响中国近海的黄河气旋、江淮气旋和东海气旋。

（1）**黄河气旋**　黄河气旋大部分是在黄河中下游地区以及黄海海面上生成的。黄河气旋影响黄河下游、辽东半岛、山东半岛、渤海、黄海北部和中部海面。黄河气旋一年四季均可发生，但主要发生在下半年（6—9月），占全年发生总数80%左右。黄河气旋常引起较强的大风，风力可达8级以上。当它向渤海移动时，渤海和辽东半岛一带常可出现5～7级大风。水汽含量充沛时，可出现大雨或暴雨天气。

（2）**江淮气旋**　江淮气旋生成于长江中下游、湘赣地区及淮河流域，一年四季都可发生，但主要发生在春季和初夏（3—7月），占全年发生总数的2/3以上，其中6月份最活跃。气旋生成后，绝大多数向东北偏东方向移动入海，江淮气旋在陆上一般风速不大，入海后常能迅速发展产生较强的大风。暖锋前为偏东大风，暖区为偏南大风，冷锋后为偏北大风。主要影响黄海南部和黄海中部海面，有时也会影响黄海北部、渤海一带。

（3）**东海气旋**　东海气旋是指在东海海域内发生、发展的气旋或江淮气旋移入东海后改称的，主要影响东海和黄海南部一带海域。东海气旋主要发生在春季，其次为冬季，夏季很少。其天气特征与江淮气旋的类似，常引起狂风、暴雨和低能见度等恶劣天气。东海气旋生成后向东北方向移动，到达日本南部后，常会强烈发展，天气与海况都十分恶劣，其影响范围也不断扩展。气旋在发生发展过程中，会给东海带来阴雨、大雾天气，或出现突发性的大风，风力可达 6～8 级，持续时间 6～12h。如气旋在近海北上发展时，大风可影响至黄海南部，持续时间 1～2 天。

第二节 冷 高 压

本节要点：冷高压的天气特征及其移动规律；我国冷空气活动概况及冷空气入侵我国的路径；寒潮的概念和标准，寒潮天气特征和活动规律，寒潮预警。

一、反气旋概述

1. 反气旋的概念

在北半球顺时针方向旋转、在南半球逆时针方向旋转的大型水平空气涡旋称为反气旋（anticyclone），又称高气压（简称高压），它们是同一个天气系统分别在流场和气压场上的名称，除低纬地区外，一般两者可以相互换用。

2. 反气旋的强度和范围

反气旋的强度一般用其中心气压值来表示，中心气压值越高，反气旋越强，反之，则越弱。另外，反气旋的强度也可以用其中的最大风速衡量，最大风速越大，表示反气旋越强。在强的反气旋中，地面最大风速可达 20～30m/s。反气旋中的强风一般出现在边缘地区。当反气旋的中心气压值随着时间变化升高时，称反气旋发展或加强；若中心气压值随时间变化降低，称反气旋减弱。反气旋的地面中心气压值一般为 1 020～1 040hPa。

3. 反气旋的分类

根据反气旋形成和活动的主要地理区域可将反气旋分为极地反气旋、温带反气旋和副热带反气旋。

4. 反气旋的一般天气特征

由于反气旋的气流是由中心旋转向外流动，在反气旋中心必然有下沉气流，以补充向四周外流的空气。通常在反气旋的中心附近，下沉气流强，天气晴朗。有时在夜间或清晨还会出现辐射雾，日出后逐渐消散。如果有辐射逆温或上空有下沉逆温或两者同时存在时，逆温层下面聚集了水汽和其他杂质，低层能见度较低。当水汽较多时，在逆温层下往往出现层云、层积云、毛毛雨及雾等天气现象。在逆温层以上，能见度很好，碧空无云。

二、冷高压

冷高压（又称冷性反气旋）在中、高纬度地区一年四季活动都很频繁，尤其在冬半年势力最强，是影响中、高纬度广大地区的重要天气系统之一。最强的冷高压地面最大风速可达 30m/s（蒲氏 11 级）。冷高压的范围一般比锋面气旋大得多，直径多为 1 500～2 000km，大的可达 5 000km 以上，最大的冷高压可与最大的大陆或海洋相比，小的也有几百海里。冷高压中心气压值一般在 1 020～1 040hPa。亚洲的冷高压是世界上最强的冷高压，对东亚和西北太平洋的天气和气候都有直接影响，本节主要介绍冷高压的相关知识。

1. 冷高压天气特征

根据冷高压控制地区的不同天气特征，通常可将冷高压大致分为冷高压前部、内部和后部三个天气区。

（1）**冷高压前部（东部）**　冷高压侵入时，它所造成的恶劣天气主要出现在冷高压前缘的冷锋附近。在这里等压线较密集，冷气流较强。主要天气特征是气温明显下降，偏北风较大，并常伴有雨雪。降温幅度和风力大小则由冷空气强度、路径及季节的不同而有差异。冬半年，寒潮或强冷空气带来的天气最为强烈。在高纬度海上航行时，在冷高压前部除可能遭遇大风浪外，还因为气温剧降，容易引起船体积冰等危害。

（2）**冷高压内部（中部）**　冷锋区过后，则转受冷高压内部控制。等压线变稀疏，风速明显减小。由于气团干冷，冷高压中部盛行下沉气流，以晴冷、少云天气为主，风力较弱。在内陆、港口附近和沿海，由于辐射逆温和下沉逆温的存在容易出现辐射雾、烟、霾等天气现象。冬季可能有层云、层积云出现，夏季可能有淡积云出现。下沉逆温层上的波动，容易形成波状云。高压中部天气一般可以维持 2～3 天，以后随着气团的变性增暖，气温开始回升。人们常把这个天气过程叫做"一天北风三日寒"。

（3）**冷高压后部（西部）**　当冷高压中心入海后，我国沿海地区就处在高压后部，偏南气流把海上的暖湿空气输送过来，气温有所回升，温度升高，出现近似暖锋性质的天气。春季，在变性入海冷高压后部，常出现平流雾和毛毛雨天气，严重影响我国沿海的能见度。

2. 冷高压的移动

冷高压的移动受高空气流引导，因此北半球总体上都是自西向东或自西北向东南方向移动，故我国北方常称为"西北风"。冷高压在我国消失的不多，多数经我国东移入海，逐渐变性成为暖性高压，最后并入副热带高压中或在海上减弱消失。

三、影响我国的冷空气

1. 冷空气活动概况

冷空气是导致天气变化的重要角色。我国一年四季都有冷空气活动，其强度和影响范围随季节而异。据统计，全年平均每4天左右就有一次冷空气活动。在春秋季节，冷空气仍可带来大风、降温、降水等天气。下半年，特别是夏季，冷空气活动对我国沿海影响较小。但是由于暖湿空气活跃，只要有冷空气南下，就会造成大范围降水，并往往伴有雷暴、雷雨大风或冰雹天气。

2. 入侵我国冷空气的路径

冷空气在侵入我国以前，95％都要经过西伯利亚中部（70°E～90°E，43°N～65°N）地区，并在那里积累加强，这个地区称为寒潮关键区。冷空气从关键区到入侵华北、东北地区一般需3天左右；侵入长江以南，一般要4天左右。冷空气从关键区经蒙古到我国华北北部后，如果其主力继续东移，经渤海侵入华北，再从黄河下游向南移动到两湖盆地地区，此路的冷空气常使渤海和黄海出现大风天气。这种大风天气严重影响我国北方沿海的渔船作业安全。

四、寒潮

1. 寒潮的概念和标准

寒潮是指大规模强冷空气（在气压场上为强冷高压）大举南下时造成的剧烈降温和大风的天气过程。由于这种冷空气来势凶猛，如汹涌澎湃的潮水一样，所以我国气象工作者把它叫做寒潮或寒潮爆发。由于我国幅员辽阔，南方和北方气候差异很大，一般而言，北方采用的寒潮标准是24h降温10℃以上，或48h降温12℃以上，同时最低气温低于4℃；南方采用的寒潮标准是24h降温8℃以上，或48h降温10℃以上，同时最低气温低于5℃。寒潮是一种大范围的天气过程，在全国各地都可能发生，可引发霜冻、冻害等多种自然灾害。

2. 寒潮天气特征和活动规律

寒潮天气的主要特征是剧烈降温和大风，有时还伴有雨、雪或霜冻天气。寒潮是影响航运的主要天气过程之一。寒潮大风到达海上时，由于海面摩擦力小，风力一般可达 7～8 级，阵风甚至达到 11～12 级，能激起很高的海浪。对船舶进出港和安全航行都会造成较大影响。另外，寒潮大风可以制造海上风暴潮，形成数米高的巨浪，对海上船只有毁灭性的打击。在高纬度海上航行的船舶，除了可能遭遇大风浪外，还容易引起船体积冰等危害。

寒潮冷锋过境前，多吹偏南风，风力一般较弱，天气相对较温暖。冷锋一过境，便转为偏北风。若冷锋南下快，锋前低压系统比较强时，在冷锋的北侧，风向一旦转北，风速就立即增大。若冷锋南下慢，锋前低压系统比较弱时，则在风向转偏北后风力逐渐增大，最大风力常出现在冷锋过境后 3h 左右，通常在黄渤海和东海风向多为西北风和北风，台湾海峡及其附近洋面和南海多为东北风，大风持续时间一般为 1～2 天，有时在 2 天以上，海上可形成大浪到狂浪，对我国渔船作业影响很大。

寒潮冷锋过境后，随着冷锋的远离，转受冷高压内部天气控制，天气晴冷。

寒潮活动有明显的季节性，3—4 月频数最高，其次是 11 月。虽然全国性寒潮一般开始于 9 月下旬，到次年 5 月结束，但冬半年的全国性寒潮平均每年 3～4 次。北方寒潮或南方寒潮约 2 次。此外，寒潮活动的年变化也很明显，有些年份全国性寒潮多达 5 次，而有些年份一次也没有。

3. 寒潮预警

寒潮致灾严重、影响大、持续时间长，是预警服务和社会关注的重点。当寒潮出现时，有关气象部门将发布"寒潮预警信号"。在我国，寒潮预警信号分 4 级，分别以蓝色、黄色、橙色、红色表示（表 14-1）。

表 14-1 中央气象台寒潮预警发布标准

信号名称	信号标志	信号意义
蓝色预警信号	℃ 寒潮 蓝 COLD WAVE	48h 内最低气温将要下降 8℃以上，最低气温小于等于 4℃，陆地平均风力可达 5 级以上；或者已经下降 8℃以上，最低气温小于等于 4℃，平均风力达 5 级以上，并可能持续
黄色预警信号	℃ 寒潮 黄 COLD WAVE	24h 内最低气温将要下降 10℃以上，最低气温小于等于 4℃，陆地平均风力可达 6 级以上；或者已经下降 10℃以上，最低气温小于等于 4℃，平均风力达 6 级以上，并可能持续

（续）

信号名称	信号标志	信号意义
橙色预警信号		24h内最低气温将要下降12℃以上，最低气温小于等于0℃，陆地平均风力可达6级以上；或者已经下降12℃以上，最低气温小于等于0℃，平均风力达6级以上，并可能持续
红色预警信号		24h内最低气温将要下降16℃以上，最低气温小于等于0℃，陆地平均风力可达6级以上；或者已经下降16℃以上，最低气温小于等于0℃，平均风力达6级以上，并可能持续

第三节　副热带高压

本节要点： 全球副热带高压的分布特点；西北太平洋副热带高压天气特征、活动规律及其对中国沿海天气的影响。

一、副热带高压概述

在南、北半球副热带地区（20°N～35°N纬度地区），经常维持着沿纬圈分布的高压带，称为副热带高压带。由于海陆分布，纬圈方向上产生不均匀的加热作用，副热带高压带常断裂成若干个具有闭合中心的高压单体，称为副热带高压，简称副高。

副热带高压主要位于大洋上，常年存在，分别为北太平洋副热带高压（又被称为夏威夷高压）、北大西洋副热带高压（又被称为亚速尔高压）、南太平洋副热带高压、南大西洋副热带高压和南印度洋副热带高压。

副热带高压呈椭圆形，其长轴大致同纬圈平行，是大型、持久的暖性深厚行星尺度天气系统（暖中心与高压中心并不一定完全重合），它是控制热带、副热带地区的大气活动中心，是组成大气环流的重要成员之一。由于副高占据广大空间，稳定少动，它的维持和活动对低纬度地区与中高纬度地区之间的水汽、热量、能量、动量的输送和平衡起着重要的作用，对低纬度环流和天气变化具有重大影响。如出现在西北太平洋上的副热带高压（又称西太平洋副高），其西端的脊常伸到我国沿海，夏季可伸入我国大陆，冬季在南海上空还形成独立的南海高压，对我国及东亚的天气起到直接的和重大的影响。

二、西北太平洋副热带高压

1. 天气特征

副热带高压的天气分布如图 14-9 所示。在高压内部一般辐散气流占优势，为下沉气流区，特别是脊线附近下沉气流盛行，多晴朗少云天气，风力微弱，天气炎热。副高的北侧与盛行西风带相邻，气旋和锋面活动频繁，上升运动强，再加上西部偏南气流带来丰沛的水汽，于是这些水汽在副高北侧凝结，形成大范围的雨带，雨带通常位于副高脊线之北 5～8 个纬距处，走向大致和脊线平行。副高南侧为东风气流（信风），当无气旋性环流时，一般天气晴好，但当有东风波、热带气旋等系统活动时，则会出现雷暴、大风、暴雨等恶劣天气。副高的东部因吹偏北向的冷气流，且大洋东部存在着冷的涌升流，所以下层数百米高度内成为相对的冷空气层，大气层结稳定，大洋上有时会出现低的层云和雾，长期受其控制的一些陆地，因久旱无雨而变成沙漠。副高西部的天气与东部差异很大，在副高西部是偏南暖气流，又是位于暖海流上空，低层大气层结不稳定，多雷阵雨和大风。

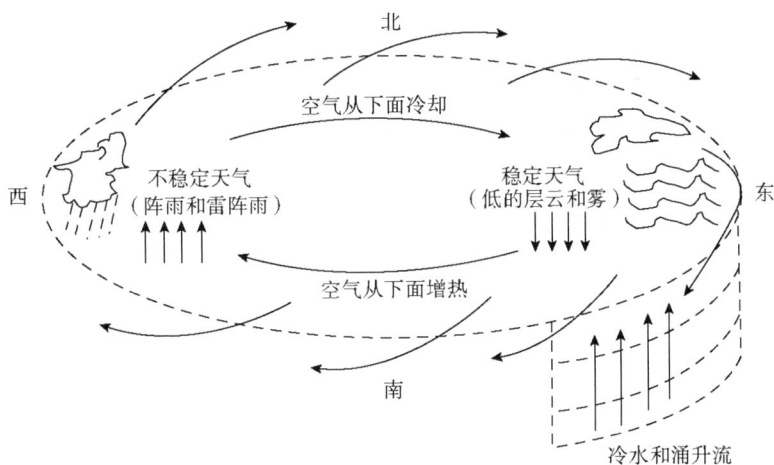

图 14-9　西北太平洋副热带高压天气分布特征

2. 活动规律

西北太平洋副高的活动，表现为副高强度、位置、范围的季节性变化和非季节性变化。西北太平洋副高多呈东西向扁长形状，除在盛夏偶有南北狭长的形状外，一般脊线都呈西南西-东北东走向。

（1）**季节性变化**　副高的强度、位置、范围有明显的季节变化。冬季，副高强度弱，范围小，退居海上和低纬地区；夏季则势力增强，范围扩大，控制了副热带地区的海洋和大陆。从春到夏，副高不断北进，入秋以后又南退。

副高一年中北进与南退过程并不是匀速进行的，而表现为稳定少变、缓慢移动和跳跃三种形式。一般北进持续时间较久，速度较缓慢，南退经历的时间短，速度快。冬季副高脊线在15°N附近徘徊，随着季节的变暖，脊线开始缓慢北移，5月底至6月初，尤其是6月中旬，出现第一次北跃，脊线突然北跃至20°N以北，并稳定在20°N～25°N；到7月上、中旬，脊线再次北跳过25°N，在25°N～30°N摆动；7月底或8月初，脊线跨越30°N到达一年中最北的位置；从9月起，脊线开始南退，9月上旬脊线回跳到25°N附近，10月上旬回跳到20°N以南地区，结束了为期1年的季节性南北移动。一般在6～7月副高跳跃性北进时，其强度出现突然增强，9月中旬以后出现突然减弱。

（2）**非季节性变化**　西北太平洋副高在随季节作南、北移动的同时，还有较短时期的活动，即北进中可能有短暂的南退，南退中可能出现短暂的北进，且北进常伴有西伸，南退常伴有东缩。如果将一个进退算一个周期的话，则长的可达10天以上，短的只有1～2天，多数为6～7天。一般称10～15天的周期为中周期，6～7天的为短周期。副高的中短周期变化除内在原因外，还与周围天气系统的活动有密切联系。

3. 对中国沿海天气的影响

（1）**副高季节性位移的影响**　西北太平洋副高季节性位移不仅与东亚不同纬度的季风进退有直接联系，而且影响我国东部雨带的活动。

春末夏初，当西太平洋副高脊显著加强时，若我国东部沿海地区有低压（槽）发展，构成"东高西低"的形势，脊西部常可出现偏南大风。此外，副高西伸脊边缘控制我国沿海时，其西侧的偏南气流将低纬暖湿空气输送到沿岸冷流水域时，常形成大范围的平流雾。而这样的天气将严重降低海面的能见度，给渔船作业造成相当大的危险。

（2）**副高短期活动的影响**　西太平洋副高脊的短期东西进退对沿海天气也有很大的影响。副高脊西伸时，西部地区往往为低压和槽控制，水汽较多，在高压脊西部气旋式风切变地区会产生热雷暴；随着脊的进一步西伸，下沉气流逐渐加强，受其控制地区则出现晴热少云天气。当副高脊东缩时，西部常伴有低槽东移，上升运动发展，若大气潮湿不稳定，常形成大范围的雷阵雨天气。

第四节　热带气旋

本节要点：热带气旋的强度等级标准、编号、命名、预警、天气结构和模式；西北太平洋热带气旋的源地、发生季节、移动路径及速度；船舶测算和避离热带气旋。

热带气旋（tropical cyclone）是形成于热带海洋上的、具有暖心结构的、强烈的气旋性涡旋，是对流层中最强大的风暴，被称为"风暴之王"。热带气旋是一种破坏力很大的灾害性天气系统，当热带气旋来临时，会带来狂风暴雨天气，海面产生巨浪和风暴潮，容易造成生命财产的巨大损失，严重威胁海上船舶安全。因此，掌握热带气旋的发生、发展和活动规律极为重要。

一、热带气旋的强度等级标准、编号和命名

1. 热带气旋的强度等级标准

热带气旋的强度用中心气压值或中心附近最大平均风速来表示，中心气压越低或中心附近最大平均风速越大，热带气旋就越强。热带气旋中心附近最大风力与热带气旋中心气压有密切关系，气压越低，风力越大。热带气旋的强度等级一般根据中心附近最大风力（最大风力通常以风级或风速表示）评定，1989 年世界气象组织规定，按照热带气旋中心附近平均风力的大小，把热带气旋划分成热带低压、热带风暴、强热带风暴和台风或飓风 4 类。

不同的地区和气象组织对热带气旋有不同的分级方法，而且不同等级的名称也各不相同。我国国家气象局采用的是世界气象组织分类方法（表14-2）。

2. 热带气旋的编号和命名

（1）热带气旋的编号　我国国家气象局将发生在经度 180°以西、赤道以北的西北太平洋和南中国海面上出现的中心附近的最大平均风力达到 8 级或以上的热带气旋，从每年 1 月 1 日起按照其出现的先后次序进行编

号。编号用四个数码，前两个数码表示年份的末两位，后两个数码表示在该年出现的先后次序。如"1521"表示 2015 年出现在上述海域的第 21 个热带气旋。

表 14-2 中国国家气象局和日本气象厅热带气旋分类等级标准

气象组织	热带气旋等级名称	中心附近最大平均风速	中心附近最大风力（级）
中国国家气象局（NMC）	热带低压 TD	10.8～17.1m/s	6～7
	热带风暴 TS	17.2～24.4m/s	8～9
	强热带风暴 STS	24.5～32.6m/s	10～11
	台风 TY	32.7～41.4m/s	12～13
	强台风 Severe TY	41.5～50.9m/s	14～15
	超强台风 Super TY	≥51.0m/s	≥16
日本气象厅（JMA）	热带低压 TD	22～33kn	6～7
	热带风暴 TS	34～47kn	8～9
	强热带风暴 STS	48～63kn	10～11
	台风 T（强）	64～80kn	12～13
	台风 T（非常强）	81～102kn	14～15
	台风 T（猛烈）	≥103kn	≥16

（2）**热带气旋的命名** 在西北太平洋，热带气旋的命名表由世界气象组织台风委员会制订。共有五份命名表分别由 14 个委员国或地区各提供两个名字组成，名字会按所提供国家或地区的英文名顺序使用。热带气旋名字为循环使用（即用完 140 个后，回到第一个重新开始）。当热带气旋在某地区造成严重破坏时，该地区可要求将其除名，为该热带气旋起名的国家或地区会再提一个名字作替补。

3. 热带气旋警报

热带气旋警报是指受热带气旋影响的国家或地区，在热带气旋侵袭时以不同的形式通过各种手段和方式向公众或用户发布的警告性信息。这些警告信息涉及警告范围内可能遭受的灾害，而不是单纯重复热带气旋的预测路径及强度，对于保障人命及财产安全非常重要。

根据《中央气象台气象灾害预警发布办法》，我国的热带气旋警报称为台风预警，按以下标准发布（表 14-3）。

表 14-3　中央气象台台风预警发布标准

信号名称	信号标志	信号意义
蓝色预警信号	台风 蓝 TYPHOON	24h 内可能或者已经受热带气旋影响，沿海或者陆地平均风力达 6 级以上，或者阵风 8 级以上并可能持续
黄色预警信号	台风 黄 TYPHOON	24h 内可能或者已经受热带气旋影响，沿海或者陆地平均风力达 8 级以上，或者阵风 10 级以上并可能持续
橙色预警信号	台风 橙 TYPHOON	12h 内可能或者已经受热带气旋影响，沿海或者陆地平均风力达 10 级以上，或者阵风 12 级以上并可能持续
红色预警信号	台风 红 TYPHOON	6h 内可能或者已经受热带气旋影响，沿海或者陆地平均风力达 12 级以上，或阵风达 14 级以上并可能持续

二、西北太平洋热带气旋的源地及发生季节

根据西北太平洋热带气旋多年来首次达到热带风暴位置的统计得知，西北太平洋上达到热带风暴标准的热带气旋出现的位置，主要集中在 3 个区域：一个是我国南海中部的东北海区；二是菲律宾以东、加罗林群岛西部岛国帕劳的北部洋面；三是关岛附近至西南方的加罗林群岛中部洋面。

我国濒临西北太平洋，是全球受热带气旋影响最大的国家之一。以下是一些关于热带气旋对中国影响情况的统计结果。

①年均有 20.1 个热带气旋进入海岸线 300km 的沿海海域，其中南海频率最大，占总数的 60.4%。

②在我国登陆的风力≥8 级的热带气旋年均 7～8 个，主要集中在广东和海南，其次是台湾、福建和浙江，上海和长江以北沿海省份极少，因此华南沿海最多，占 58.1%，其次是华东沿海占 37.3%。

③登陆热带气旋其中出现在 5—12 月，其中 7—9 月占全年登陆热带气旋总数的 76.4%，是热带气旋袭击我国的高峰季节，1—4 月几乎没有热带气旋在我国登陆，但仍有热带气旋在南海四大群岛活动。

三、热带气旋的天气结构和模式

发展成熟的热带气旋多呈圆形对称分布，圆形涡旋的直径一般为600～1 000km，个别可达2 000km以上。热带气旋垂直伸展一般到对流层上部，个别可达到平流层下部（15～20km），热带气旋的垂直尺度与水平尺度的比值约为1:50。由此可知，热带气旋是一个扁圆形的气旋性涡旋。

1. 气压场特征

强烈发展的热带气旋海平面气压中心气压一般可达到950hPa以下。在地面天气图上，热带气旋区域内等压线非常密集，从外围至中心气压急剧降低，中心附近呈漏斗状陡降和陡升，这是热带气旋的一个显著特征。

2. 风场特征及天气模式

热带气旋的地面流场，按风速大小通常可分为外围区、涡旋区和眼区3个区域（图14-10）。

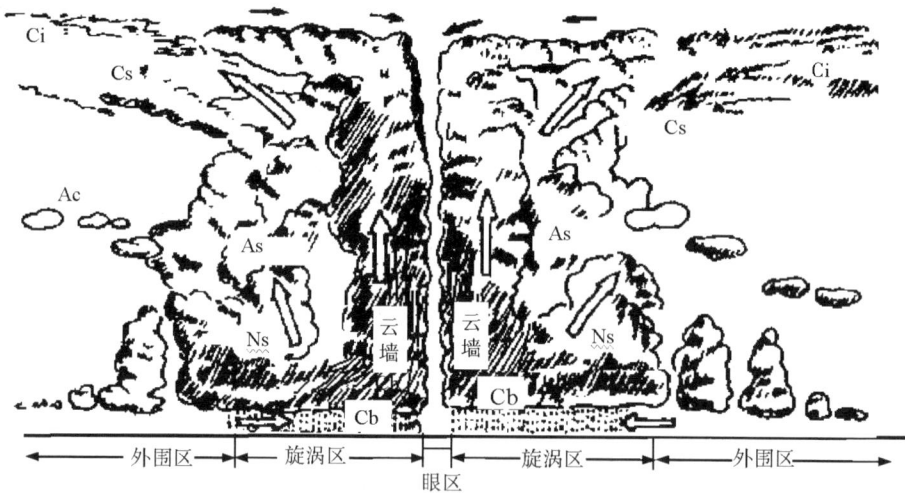

图14-10 台风结构垂直剖面示意图

（1）**外围区** 自热带气旋边缘向里风速逐渐增大，风力一般在8级以下，呈阵性。在渔业实践中，当接近热带低压环流外缘时，气压开始缓慢下降，风速渐增；高空出现辐射状卷云、卷层云和日月晕环，夜间星光闪烁，能见度特别好。当风力增大到5～6级时即进入外围区。进入外围区后，气温升高，湿度增大，天气闷热；气压继续下降，离台风中心越近，气压下降越快，水平气压梯度越大，风速增大越快；云层逐渐增厚，天色越来越黑，出现高积云、高层云，低空有被称为"飞云"或"猪头云"的塔状层积云和浓积云随风向前疾驶；出现高层云时，开始下雨，雨势逐渐增大。

（2）涡旋区 风力在 8 级以上。风的径向分布特征是越往中心风力越大。在近中心附近为围绕眼的最大风速区，平均宽 10～100km，通常与围绕眼区的云墙区相重合，是热带气旋破坏力最猛烈、最集中的区域。

在涡旋区内，进入 8～9 级风圈后，气压急剧下降，天空被浓厚灰暗且不规则的雨层云所遮蔽，开始降大暴雨。雨层云和外圈的多种云系组成螺旋云带旋向台风眼壁。进入 10～12 级风圈后，即进入台风云墙区，水平气压梯度迅速增大，气压几乎直线下降，每小时可下降 10～30hPa，气压随时间的变化成为漏斗状。在 10～12 级风圈内，对流上升运动强烈，产生浓厚乌黑高大的积雨云，这些积雨云常组合成宽达数十千米、高达 8～9km 的环状垂直云墙，成为台风眼壁，云墙下倾盆大雨，能见度非常差，是台风中最大降水所在之处。

（3）眼区 平均半径 5～30km，温度达到最高，形成暖中心，气压降到最低，风速向中心迅速减小到 3～4 级，有时近乎是静风，降水突然停止，晴天少云。但这里出现三角浪或金字塔式浪，海况十分恶劣。

四、西北太平洋热带气旋的移动路径及速度

1. 移动路径

经过多年对西北太平洋热带气旋移动路径的分析，发现该地区热带气旋的主要路径如图 14-11 所示。由图可见，西北太平洋热带气旋的路径主要有西行、西北行和转向 3 类。其中西行的热带气旋数量占总数的 19%，西北行的热带气旋数量占总数的 27%，转向的热带气旋数量占总数的 49%，其他的热带气旋数量占总数的 5%。

（1）西行路径 热带气旋经过菲律宾或巴林塘海峡、巴士海峡进入南海，西行经过南海，在华南沿海、海南岛或越南沿海一带登陆，也可能会突然转到广东省登陆。这条路径的热带气旋对南海和华南沿海影响最大。9 月至次年 2 月发生的热带气旋多数沿这类路径移动。

（2）西北行路径（登陆路径） 热带气旋从菲律宾以东向西北偏西方向移动，在台湾、福建一带登陆；或从菲律宾以东向西北方向移动，穿过琉球群岛，在浙江一带登陆。这类热带气旋登陆后多数在我国大陆上消失。这类路径的热带气旋对我国东部海区和华东地区影响最大。7—9 月是该登陆路径热带气旋的盛行期。

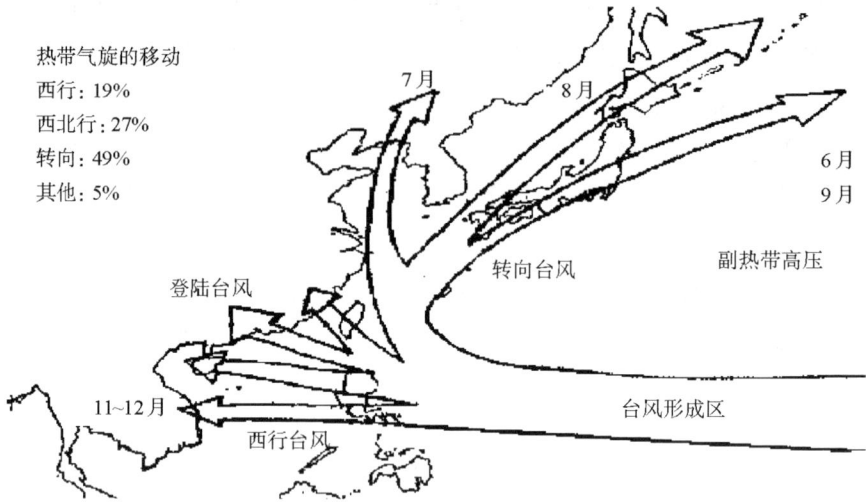

热带气旋的移动
西行：19%
西北行：27%
转向：49%
其他：5%

图 14-11　西北太平洋热带气旋移动主要路径图

（3）转向路径（抛物线型）　热带气旋从菲律宾或我国台湾以东洋面向西北方向移动，到达我国东部海区或在我国沿海登陆，然后转向东北方向朝日本移去，路径呈抛物线形。这类路径的热带气旋对我国东部沿海地区及日本影响最大。7—11 月转向路径最为多见。

（4）特殊路径　热带气旋在移动中还可能出现打转、蛇形变化、突然折向、回旋或停滞等异常现象，其路径比较复杂。

2. 移动速度

热带气旋的移动速度与其所处的发展阶段、移动路径和地理纬度有一定关系。一般说来，热带气旋在加强阶段的移速低于减弱阶段的移速；转向前的移速慢于转向后的移速，接近转向点时移速变慢，转向时的移速最慢，一旦转向，移速迅速加快；热带气旋在低纬时的移速慢于在高纬时的移速。平均而言，热带气旋在西行阶段移速 20～30km/h，转向后可增至 40km/h，最快可达 100km/h。

五、船舶测算和避离热带气旋

为了保证航行安全，使船舶免受热带气旋的袭击，要及时掌握航行海区有无热带气旋信息，所以正确判断热带气旋动向是十分重要的。

1. 热带气旋来临前的征兆

热带气旋来临前海象、天象和物象等方面的征兆（反常现象），可以帮助我们判断航行海区附近有无热带气旋活动，或已知热带气旋活动的最新动向。

（1）云　当热带气旋外围接近时，天空出现辐射状卷云，并逐渐变厚、变密。随着热带气旋的移近，逐渐出现了卷层云、高层云和层积云，低空伴有的灰黑色的碎层云和碎积云随风急驶。在中纬度地区，高云一般从偏西向偏东方向移动，当热带气旋西行时，高云随热带气旋自偏东向偏西方向移动。所以如果看到高云移向反常时，也可作为热带气象来临的征兆。

（2）风　当热带气旋接近时，当地的盛行风会发生改变。在信风区域内，若小范围内发现东风风速比平均值大25%以上时，就应当提高警惕，尤其是在流线有气旋性弯曲的地方。以我国为例，在南海沿岸西南风季节里，或是东海、黄海沿岸南风、东南风季节里，若观测到东风或东北风出现并逐渐加强，说明可能有热带气旋来临。

（3）气压　热带气旋到达前2～3天，气压总的趋势是下降的，但是还可以看出日变化。随着热带气旋的接近，气压明显下降，日变化消失。

（4）涌浪　如果无风来涌浪，说明远处可能有热带气旋存在，因为热带气旋产生的涌浪往往先于热带气旋1～2天到达。另外，从涌浪的来向还可以判断热带气旋中心所在的方向，例如，当热带气旋向西北方向移动，则从东南方向来的涌浪就会加强，涌浪增强得越来越快，表明热带气旋正在移近；如果涌浪增强到一定程度后又逐渐减弱，说明热带气旋已经在远处转向。但须注意，涌浪在前进过程中如受到岛屿或陆地的阻挡，可能改变方向和强度。

（5）海水发臭或发光　有些地方由于热带气旋引起的涌浪或风海流使海水发生翻动，海底的腐烂物质上浮而发出腥臭气味。热带气旋到来前一两天，海水温度常升高，某些能发光的浮游生物群集在海面，有时会导致海水发光。

（6）海响　在热带气旋到来前一两天，沿海某些地方有时可以听见海响，象远处吹号角一样。海响与平常风浪所引起的响声不同，它往往在寂静时才能听到，持续时间也较长，有时在两个地点同时发生。广东汕头一带就有"东吼叫，西吼应，台风来到鼻梁根"的说法。

对于上述热带气旋预兆，应根据多种资料进行综合分析，切勿单凭其中某一条就简单下结论。

2. 热带气旋中心方位判定法

（1）观察云和涌　如前所述，热带气旋临近，但尚未受其环流影响时，就可看到远处天边出现辐射状卷云，这种云在水天线上的汇聚点方向指示热带气旋中心所在的方位。在外海，有规律的和不断增强的涌浪的来向，指示热带气旋中心（或其他风暴中心）所在的方位。

（2）**根据风压定律和风力大小判断** 当船舶受到热带气旋环流影响时，可根据船上测算的真风判断热带气旋中心方位。背真风而立，以测者正前方为0°，在北半球，热带气旋中心在左前方45°～90°的方位；在南半球，热带气旋中心在右前方45°～90°的方位。当风力为6级以下，热带气旋中心在45°左右方位；风力8级时，中心在67.5°方位；风力大于10级，中心在90°左右方位（图14-12）。

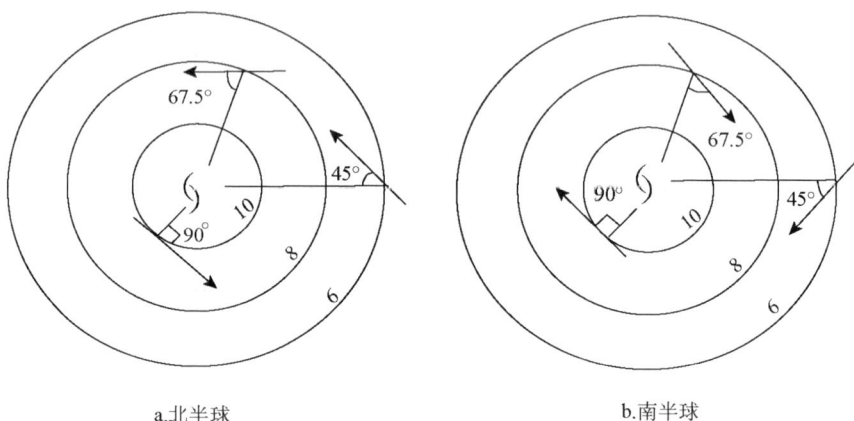

a.北半球 b.南半球

图14-12 根据风向、风力判定热带气旋中心方位

3. 船舶所处热带气旋的部位及其判定法

（1）**危险半圆和危险象限** 顺着热带气旋移动的方向往前看，把热带气旋分为两个半圆，移动方向右侧的半圆称为右半圆，左侧的半圆称为左半圆。在北半球，右半圆又被称为危险半圆，左半圆又被称为可航半圆；而在南半球，右半圆为可航半圆，左半圆为危险半圆。在北半球，右前象限被称为危险象限；在南半球，左前象限被称为危险象限。

在影响我国的热带气旋中，风绕中心逆时针方向吹，右半圆各处的风向与热带气旋整体的移动方向接近一致，风速与热带气旋移速两者矢量叠加，互相加强而使风力加大。特别是右半圆中心附近后部，由于风时和风程较长，波高最大。据统计，影响我国的热带气旋最大波高出现在右后象限距中心20～50n mile的地方；在左半圆，风向与热带气旋移向基本相反，矢量叠加的结果是，风力被抵消一部分，相对较小。

（2）船舶所处热带气旋部位的判定方法　船舶一旦误入热带气旋区，必须首先正确地判断船舶在热带气旋中的部位，然后再采取适当的措施尽快驶离。在缺乏气象台发布的热带气旋中心位置和移动方向等情报的特殊情况下，可以利用本船现场观测的真风和气压判断船舶所处的热带气旋部位。

处于滞航状态下的船舶每隔一段时间进行一次观测，如当真风向随时间顺时针方向变化时，表明船舶处在右半圆；当真风向逆时针方向变化时，表明船舶处在左半圆；若真风向基本不变，则表明船舶处在热带气旋的进路上，如图 14-13 所示。由于越接近热带气旋中心，风力越大，气压越低。因此，当风速随时间变化增大（或气压随时间变化降低）时，表明船舶处在前半圆。

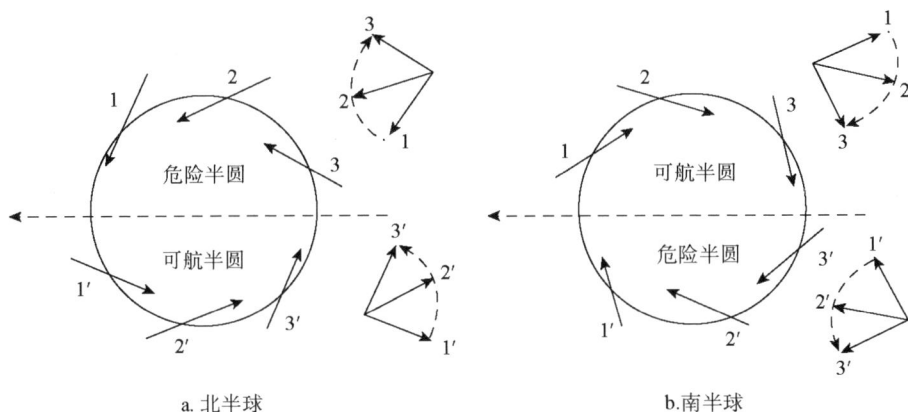

图 14-13　热带气旋左右半圆的风向变化规律

当风速随时间变化减小（或气压随时间变化上升）时，则表明船舶处在后半圆。例如，在北半球，当风向顺转，风力增大（或气压下降）时，则可断定船舶处在危险象限（右前象限）；在南半球，当风向逆转，风力增大（或气压降低）时，则表明船舶处于危险象限（左前象限）。

注意，当热带气旋转向时可能停滞不前，或原地打转，船舶测得的风和气压都不会有显著变化，上述方法是无效的。

思考题

1. 简述气团的概念、形成条件和变形过程。

2. 简述气团的分类及各自天气特征。

3. 锋的分类及一般天气特征。

4. 简述锋面气旋的主要天气模式。

5. 分别说明船舶从气旋中心南北两侧穿越时云系和风向的变化。

6. 何为反气旋？简述反气旋的分类和强度表示方法。

7. 简述典型冷高压的天气模式。

8. 说明影响我国冷空气的源地和路径。

9. 何谓寒潮？简述寒潮天气活动规律。

10. 绘图说明西太平洋副热带高压的天气模式。

11. 简述西北太平洋副热带高压的活动规律及对中国沿海天气的影响。

12. 简述西北太平洋热带气旋的分类名称、等级和命名原则。

13. 简述典型热带气旋的天气结构模式。

14. 说明西北太平洋热带气旋的主要移动路径。

15. 为什么北（南）半球热带气旋的右（左）半圆为危险半圆？右（左）前象限为危险象限？

16. 船舶如何根据风向、风速和气压的变化判断船舶所处热带气旋部位？

17. 试比较锋面气旋与热带气旋的异同。

第十五章　船舶气象信息的获取和应用

通过接收气象部门为船舶发布的海上天气报告（weather report）、警报（warning）和气象传真图并对它们进行阅读和分析，船舶可以及时而全面地掌握海上天气和海况的演变情况，有助于进一步保障航行安全和提高船舶营运效益。

第一节　船舶获取气象信息的途径

本节要点：气象传真图、天气报告或警报的获取。

现代通信技术的飞速发展使船舶获取气象信息的途径越来越多。目前船舶可以通过船载气象传真机实时接收航区附近国家气象传真台发布的各种气象传真图，以便获取航区的天气和海况资料。互联网在船舶上的广泛普及使得船员可以通过互联网查阅、下载所需的气象和海况信息。另外，沿岸航行的船舶可通过守听 VHF 和收看电视广播获取气象信息。

一、气象传真图的获取

气象传真图是通过无线电传输的天气和海洋图像信息，目前广泛用于船舶上获取气象信息。世界气象组织将全球各地的气象传真广播台划分为 6 个区域，即亚洲、非洲、南美洲、北美洲、西南太平洋和欧洲。目前，世界已有气象传真发射台 40 多个，分布在陆地和岛屿，遍布全球。船舶可以根据自身需要，有选择地进行接收相关传真图。各气象传真广播台使用的呼号、频率、广播时间和节目内容等可在每年印发的《无线电信号表》第三卷（*Admiralty List of Radio Signals*，Vol. Ⅲ）查到。图 15-1 给出了世界上主要气象传真广播台的分布概况。

二、天气报告或警报的获取

现在世界各国都按国际海事组织（IMO）和世界气象组织（WMO）所

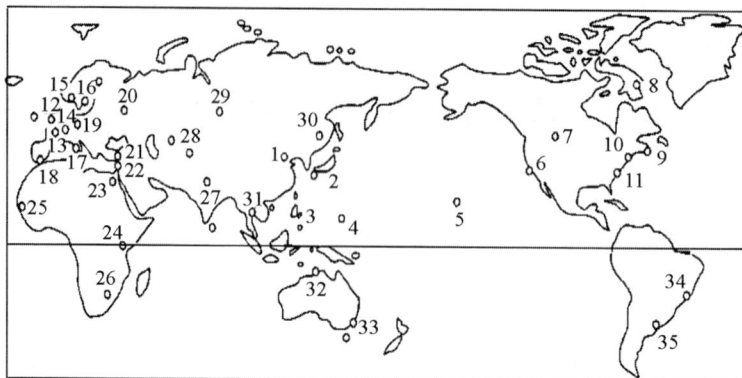

图 15-1　世界主要气象传真广播台

划定的海区范围，由指定的海岸无线电台广播海上天气报告和警报。例如，我国在大连、上海、广州、香港、基隆、花莲和高雄等地设有海岸电台，每天定时用中、英文明码电报向国内外商船转发由当地气象台制作的海上天气报告和警报。船员可查阅每年印发的《无线电信号表》第五卷相关内容对 NAVTEX 或 Inmarsat-C 站（EGC 功能）进行正确的设置，以便能够接收相关海区的天气报告或警报。图 15-2 给出了大连岸台负责播报的海域。香港台的预报区域包括：香港（HONG KONG）、广东（GUANG DONG）、东沙群岛（DONG SHA，PRATAS）、台湾海峡（TAIWAN STRAIT）、台湾省北部（NORTH TAIWAN）、台湾省东部（EAST TAIWAN）、琉球群岛（RYUKYU）、舟山（ZHOU SHAN）、西沙群岛（XISHA，PARACEL）、巴士海峡（BA SHI）、巴林塘海峡（BALINTANG）、黄岩（HUANGYAN，SCARBOROUGH）、民都洛（MINDORO）、南沙群岛（NANSHA）、华烈拉（VRELLA）、岘港（DANANG）、北部湾（BEI-BUWAN，TONKIN）。基隆、花莲、高雄的预报范围为台湾附近海域。

三、获取气象信息的其他途径

近年来随着互联网的飞速发展，各种海洋气象资料通过互联网进行传播也得到了广泛的应用，互联网获取的气象资料具有快速、彩色、高画质和动态等许多优点。以下是东亚及太平洋地区几个主要气象网站的网址：

世界气象组织网址：http：//www.wmo.ch/index-en.html

中国气象局网址：http：//www.cma.gov.cn/

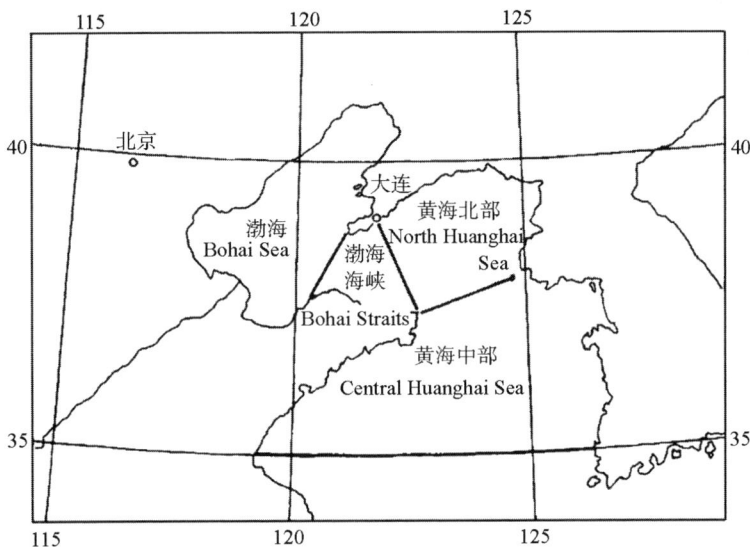

图 15-2　大连岸台播发范围

中国中央气象台网址：http：// www. nmc. gov. cn/publish/observations/index. htm

中国香港网址：http：// www. weather. org. hk/chinese/

中国台湾网址：http：// www. cwb. gov. tw/V4/

日本气象厅网址：http：// www. jma. go. jp/jma/indexe. html

日本国际气象海洋株式会社网址：http：// www. imocwx. com/

另外，在港口附近或沿岸航行的船舶可通过守听 VHF 和收看电视广播获取气象信息。

第二节　传真图的识读和应用

本节要点：气象传真图的种类；地面分析图、地面预报图的识读及应用。

一、气象传真图

目前，世界各国发布的气象传真图种类繁多。其中，适合航海使用的主要有三大类：①传真天气图，包括地面分析图（AS）、地面预报图（FS）、高空分析图（AU）和高空预报图（FU）；②传真海况图，包括波浪分析图

（AW）、波浪预报图（FW）、表层海流图（SO，FO）、表层海温图（CO，FO）和海冰状况图（ST，FI）；③传真卫星云图，包括红外（IR）和可见光（VIS）云图。船舶可根据需要，利用气象传真接收机（或互联网）有选择地接收各国气象部门发布的气象传真图。

传真图一般在图角注有图名标题，简称图题（heading），其中标明该图的图类、图区、图时、传真广播台呼号（或名称）等。图题一般采用如下格式：

```
TTAA        CCC
YYGGgg   MMM   JJJJ
 …           …           …
```

其中：TT 为图类代号，参见表 15-1；AA 为图区代号，参见表 15-2；CCCC 为传真台呼号，各传真台有固定的呼号，如北京台为 BAF，东京一台为 JMH；YY 为日期；GG 为时；gg 为分；Z 为世界时 Zebra Time 的缩写；有些国家则用 GMT 表示世界时；MMM 为月份的缩略形式；JJJJ 为年；···表示其他说明。有些国家发布的传真图图题比上述图题内容详细，有的则较简单。

表 15-1　航海常用气象传真图类代号及其说明

符　　号	说　　明
A：Analysis	分析图
AS	地面分析 Surface analysis
AU	高空分析 Upper-air analysis
AW	海洋波浪分析 Sea wave analysis
F：Forecast	预报图
FB	重要天气预报 Significant weather prognosis
FE	中期预报 Extended forecast
FS	地面预报 Surface prognosis
FU	高空预报 Upper-air prognosis
FW	海洋波浪预报 Sea wave prognosis
W：Warning	警告图
WH	飓风警告 Hurricane warning
WT	热带气旋（台风）警告 Tropical cyclone（Typhoon）warning

表 15-2 部分气象传真图区代号及其说明

符号	说　　明	符号	说　　明
AS	亚洲 Asia	IO	印度洋 Indian Ocean
AU	澳大利亚 Australia	JP	日本 Japan
CI	中国 China	NT	北大西洋 North Atlantic
EU	欧洲 Europe	PA	太平洋 Pacific
FE	远东 Far East	PN	北太平洋 North Pacific
GM	关岛 Guam	XN	北半球 Northern Hemisphere
GA	阿拉斯加湾 Gulf of Alaska	XT	热带地区 Tropical belt

二、地面传真天气图的识读和应用

地面传真天气图（简称地面图）是航海中最常用、最重要的基本天气图之一。地面图又分为地面分析图（AS）和地面预报图（FS）两种。

1. 地面分析图的识读及应用

图 15-3 为日本东京 JMH 台发布的地面分析图，现结合此图说明地面分析图的主要内容、常用符号和英文缩写的含义。

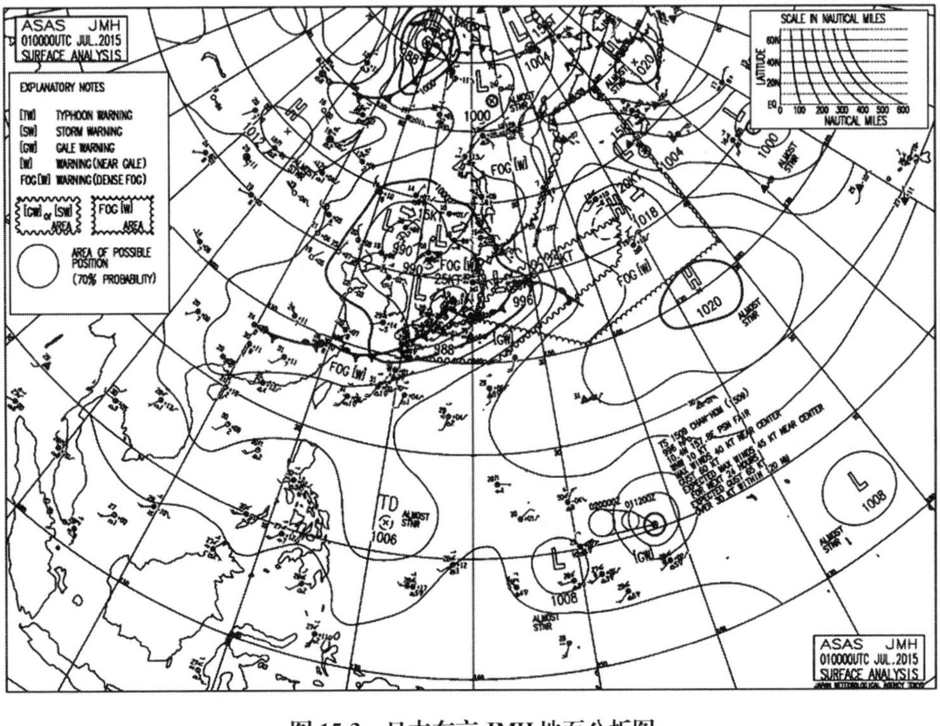

图 15-3 日本东京 JMH 地面分析图

（资料来源：日本国际气象海洋株式会社）

（1）**图题** 图 15-3 中左上角和右下角的长方形框内的内容为图题。其中第一行第一个 AS 为图类代号，意思是地面分析，第二个 AS 为图区代号，表示东亚和西北太平洋区域，JMH 为传真台呼号，表示东京一台；第二行表示图时为 2015 年 7 月 01 日 00 时 00 分（世界时），注意实况分析图的图时为图上资料的观测时间，而非收图时间；第三行是图类的英文全拼。

（2）**气压系统** 在地面图上除绘有海岸线和经纬度网格线（通常为 $10° \times 10°$）外，用黑实线绘制等压线，如 996，1000，1004 等，相邻等压线间隔为 4hPa。一般用"×"表示气压系统中心位置，普通高、低气压除了分别标注 H、L 符号、中心气压值外，增加了系统移动和发展情况的说明，通常用下列符号或英文缩写表示：箭矢表示气压系统中心的移动方向，所注数字表示移动速度，单位为 kn；如箭矢旁无数字而代之以 SLW 或 SLY 时，表示有移向，但移速小于 5kn；如无箭矢而只标注 STNR 或 QSTNR 或 ALMOST STNR 字样时，表示气压系统中心移向不定，移速小于 5kn，为（准）静止系统。此外，NEW 表示新生的气压系统，UKN 表示情况不明。

对于热带气旋，按其强度等级用下列缩写符号表示：

TD（Tropical depression）——热带低压；风力<8 级（风速≤33kn）。

TS（Tropical storm）——热带风暴；风力 8~9 级（风速 34~47kn）。

STS（Severe tropical storm）——强热带风暴；风力 10~11 级（风速 48~63kn）。

T（Typhoon）——台风。风力≥12 级（风速≥64kn）。

此外为了引起注意，在地面分析图上通常对热带风暴等级以上的热带气旋和风力≥10 级的强锋面气旋的未来动态，以图示的方法给出预报：用一个扇形区（实线）表示热带气旋或强锋面气旋未来的移动方向，扇形前面的虚线圆表示气旋中心可能到达的位置，气旋中心进入虚线圆的概率为 70%，故虚线圆又称为概率圆。概率圆边上的数字表示预报日期和时间。图中分别绘画出了 1509 号热带风暴"CHAN-HOM（灿鸿）"世界时 7 月 1 日 1200 时和 7 月 2 日 0000 时的预报概率圆的位置。

（3）**警报** 当海上已经出现或预计未来 24h 内将出现恶劣天气时，在相应的位置上注有醒目的警报符号。警报符号有：

〔W〕——一般警报（Warning），表示风力≤7 级，或有必要警告提防大雾等情况。

〔GW〕——大风警报（Gale warning），风力 8～9 级。

〔SW〕——风暴警报（Storm warning），风力≥10 级（或由热带气旋引起的风力为 10～11 级的强热带风暴）。

〔TW〕——台风警报（Typhoon warning），风力≥12 级。

〔WH〕——飓风警报（Hurricane warning），风力≥12 级。

〔WO〕——其他警报（Other warning）。

FOG〔W〕——浓雾警报，海面水平能见度<1km（或 0.5n mile）。

此外，对于热带风暴等级以上的热带气旋或风力≥10 级〔SW〕的强低压系统，在图下面的空白部分还列有一段或几段英文简报，文中常使用缩略语和习用简化形式。如图 15-3 所示，右下角一段英文简报的中文大意为：2015 年第 9 号热带风暴"CHAN-HOM（灿鸿）"，中心气压 996hPa，中心位置 10.4°N、157.8°E，风暴中心以 10kn 速度向西北西移动，定位精度一般（误差 20～40n mile），中心最大风力 40kn，阵风 60kn，在未来 24h 内，预计中心最大风力 45kn，阵风 65kn，20n mile 范围半径内风力超过 30kn。

英文简报中热带气旋（或风力≥10 级的强低压）的定位精度一般分三种情况：PSN GOOD 表示飞机定位，误差<20n mile；PSN FAIR 表示卫星定位，误差为 20～40n mile；PSN POOR 表示外推定位，误差>40n mile。如果船舶离热带气旋中心很近时，需要注意热带气旋中心的定位精度。

（4）锋 图中日本附近有冷锋、暖锋、静止锋各一条。一条静止锋从东海沿着纬线方向横穿我国中西部地区。

（5）风向、风速图例 国外传真图上常用节（kn）表示风速，一条短矢羽表示风速为 5kn 左右，一条长矢羽表示风速 10kn 左右，一面三角旗矢羽表示风速为 50kn 左右；国内传真图上常用"m/s"表示风速，一条短矢羽表示风速为 2m/s 左右，一条长矢羽表示风速为 4m/s 左右，一面三角旗矢羽表示风速为 20m/s 左右。在天气图中，矢羽的方向应指向低压一侧（表 15-3）。

表 15-3 风向、风速图例

国 际		国 内	
图例	风向、风速（kn）	图例	风向、风速（m/s）
 ○———	东风、3～7	 ———⊤	东风、2

（续）

国　　际		国　　内	
图例	风向、风速（kn）	图例	风向、风速（m/s）
	东北风、8～12		东北风、3～4
	东南风、13～17		东南风、5～6
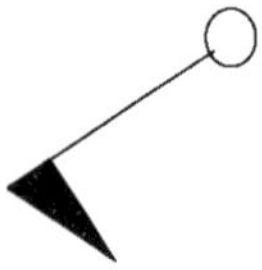	西南风、48～52		西南风 19～20
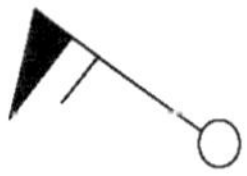	西北风、53～57	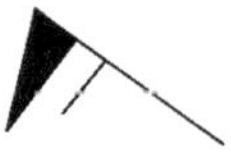	西北风，21～22
	北风、58～62		北风、23～24

2. 地面预报图的识读及应用

地面预报图（FS）是预报未来某一时刻的地面天气形势和重要天气过程的天气图。利用该图，船舶可以做出航线天气预报。

图 15-4 是日本东京 JMH 台发布的地面 24h 预报图。图题中第一行 FS 表示地面预报，其他符号的含义同地面分析图；第二行图时 2015 年 7 月 01 日 00 时 00 分（世界时）表示预报起始时刻；第三行表示预报的未来时刻〔2015 年 7 月 02 日 00 时 00 分（世界时）〕；第四行意思是 24h 地面预报（预报时效）。

图中绘出了等压线的分布情况，标注了气压系统的类别、中心位置和强度，还有锋的类别、位置以及热带气旋中最大风速值和大风分布情况，并在图的左上部方框中给出冰区和雾区符号的说明。图中预报 1509 号热带风暴"CHAN-HOM（灿鸿）"中心气压 994hPa，中心最大风力 45kn。该图是在数值预报的基础上，结合有经验预报员的人工订正后发出的，它对包括中国近海和日本周围海域在内的西北太平洋的短期天气预报有较高的参考价值。使用时应参考最近一张地面分析图和现场实测资料。

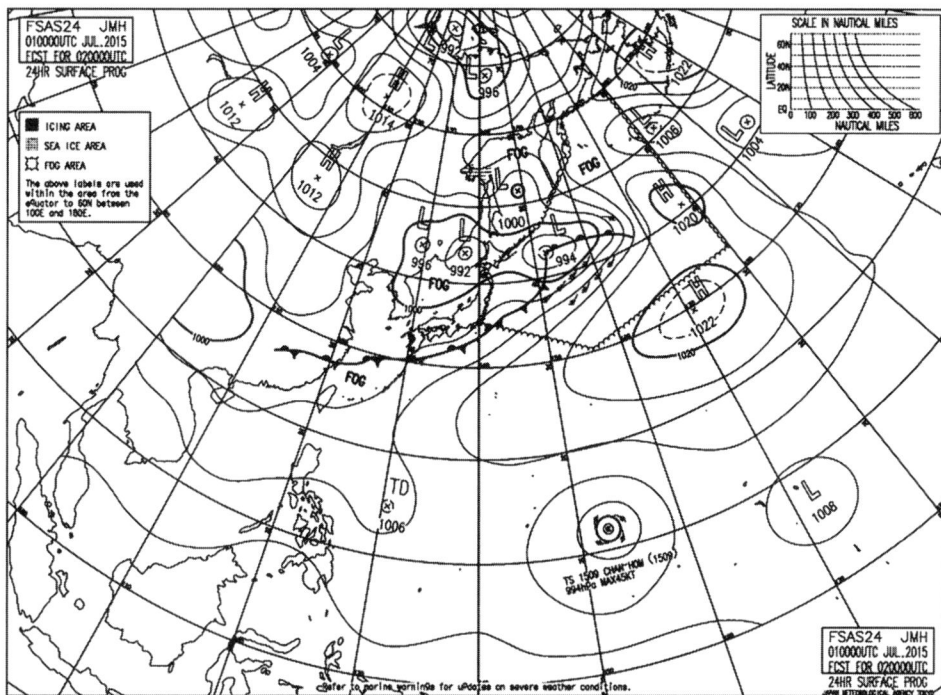

图 15-4 日本东京 JMH 地面预报图（24h）

（资料来源：日本国际气象海洋株式会社）

思考题

1. 船舶可以通过哪些途径获取气象信息？
2. 解释气象传真图中常用警报符号的具体含义。
3. 举例解释地面传真图中说明热带气旋和温带气旋的英文短文。
4. 船舶如何分析和应用地面传真图？